关键 张翔 著

众砚争辉

砚种卷

中华砚文化汇典

中华炎黄文化研究会砚文化工作委员会 主编

人民美術出版社
北京

《中华砚文化汇典》编审委员会

（以姓氏笔画为序）

《中华砚文化汇典》编撰委员会

（以姓氏笔画为序）

《中华砚文化汇典》
编撰说明

一、《中华砚文化汇典》（以下简称《汇典》）是由中华炎黄文化研究会主导，中华炎黄文化研究会砚文化工作委员会主编的重点文化工程，启动于2012年7月，由时任中华炎黄文化研究会副会长、砚文化联合会会长刘红军倡议发起并组织实施。指导思想是：贯彻落实党中央关于弘扬中华优秀传统文化一系列指示精神，系统挖掘和整理我国丰富的砚文化资源，对中华砚文化中具有代表性和非常经典的内容进行梳理归纳，力求全面系统、完整齐备，尽力打造一部有史以来内容最为丰富、涵括最为全面、卷帙最为浩瀚的中华砚文化大百科全书，以填补中华优秀传统文化的空白，为实现中华民族伟大复兴的中国梦做出应有贡献。

二、全书共分八卷，每卷设基本书目若干册，分别为：《砚史卷》，基本内容为历史脉络、时代风格、资源演变、代表著作、代表人物、代表砚台等；《藏砚卷》，基本内容为博物馆藏砚、民间藏砚；《文献卷》，基本内容为文献介绍、文献原文、生僻字注音、校注点评等；《砚谱卷》，基本内容为砚谱介绍、砚谱作者介绍、砚谱文字介绍、砚上文字解释等；《砚种卷》，基本内容为产地历史沿革、材料特性、地质构造、资源分布、资源演变等；《工艺卷》，基本内容为工艺原则、工艺标准、工艺传统、工艺演变、工具及砚盒制作等；《铭文卷》，基本内容为铭文作者介绍、铭文、铭文注释等；《传记卷》，基本内容为人物生平、人物砚事、人物评价等。

三、此书编审委员会成员由著名学者、专家组成，名誉主任许嘉璐是第九、十届全国人民代表大会常务委员会副委员长，中华炎黄文化研究会会长，并作总序；九名编审委员都是在我国政治、历史、文化领域有重要成果的专家或知名学者。

四、此书编撰委员会设主任委员、副主任委员、学术顾问和委员若干人，每卷设编撰负责人和作者。所有作者都是经过严格认真筛选、反复研究论证确定的。他们都是我国砚文化领域的行家，还有的是亚太地区手工艺大师、中国工艺美术大师等，他们长年坚守在弘扬中华砚文化的第一线，有着丰富的实践经验和大量的研究成果。

五、此书编务委员会成员主要由砚文化委员会的常务委员、工作人员等组成。他们在书籍的撰写和出版过程中，做了大量的组织协调和具体落实工作。

六、《汇典》编撰过程中，主要坚持三个原则：一是全面系统真实的原则。要求编撰人员站在整个中华砚文化全局的高度思考问题，不为某个地域或某些个人争得失，最大限度搜集整理砚文化历史资料，广泛征求砚界专家学者意见，力求全面、系统、真实。二是既尊重历史、又尊重现实的原则。砚台基本是按砚材产地来命名的，然后再论及坑口、质地、色泽和石品。由于我国行政区域的不断划分，有些砚种究竟属于哪个地方，出现了一些争议，但在编撰中我们始终坚持客观反映历史和现实，防止以偏概全。三是求同存异的原则。对已有充分论据、大多人认可的就明确下来；对有不同看法、又一时难以搞清的，就把两种观点摆出来，留给读者和后人参考借鉴，修改完善。依据上述三条原则，尽力考察核实，客观反映历史和现实。

参与《汇典》编撰的砚界专家、学者和工作人员近百人，几年来，大家查阅收集了大量资料，进行了深入调查研究，广泛征求了意见建议，尽心尽责编撰成稿。但由于中华砚文化历史跨度大，涉及范围广，可参考资料少，加之编撰人员能力水平有限，书中难免有粗疏错漏等不尽如人意的地方，希望广大读者理解包容并批评指正。

《中华砚文化汇典》
总 序

砚，作为中华民族独创的“文房四宝”之一，源于原始社会的研磨器，秦汉时期正式与笔墨结合，唐宋时期产生了四大名砚，明清时期逐步由实用品转化为艺术品，达到了文化砚发展的巅峰。

砚，集文学、历史、书法、绘画、雕刻于一身，浓缩了中华民族各朝代政治、经济、文化、科技乃至地域风情、民风习俗、审美情趣等信息，蕴含着民族的智慧，具有历史价值、艺术价值、使用价值、欣赏价值、研究价值和收藏价值，是华夏文化艺术殿堂中一朵绚丽夺目的奇葩。

自古以来，用砚、爱砚、藏砚、说砚者多，而综合历史、社会、文化以及地质等门类的知识以研究之的人却不多。怀着对中国传统文化传承与发展的责任感和使命感，中华炎黄文化研究会砚文化委员会整合我国砚界人才，深入挖掘，系统整理，认真审核，组织编撰了八卷五十余册洋洋大观的《中华砚文化汇典》。

《中华砚文化汇典》不啻为我国首部砚文化“百科全书”，既对砚文化璀璨的历史进行了梳理和总结，又对当代砚文化的现状和研究成果做了较充分的记录与展示，既具有较高的学术性，又具有向大众普及的功能。希望它能激发和推动今后砚学的研究走向热络和深入，从而激发砚及其文化的创新发展。

砚，作为传统文化的物质载体之一，既雅且俗，可赏可用，散布于南北，通用于东西。《中华砚文化汇典》的出版或可促使砚及其文化，成为沟通世界华人和异国爱好者的又一桥梁和渠道。

许嘉璐

2018 年 5 月 29 日

《砚种卷》序

《砚种卷》是《中华砚文化汇典》（以下简称《汇典》）的第五分卷，共二十余册。其基本内容是两部分：一是文字，主要介绍各砚种发展史、材料特性、地质构造、资源分布、雕刻风格、制作工艺等；二是图片，主要展示产地风光、材料坑口、开采作业、坑口示例、石品示例与鉴别等。

由于我国地域辽阔，且在很长一段历史时期内生产落后、交通不畅、信息闭塞，致使砚这类书写工具往往就地取材、就地制作，呈遍地开花之势。据不完全统计，在我国，北起黑龙江，南至海南，东自台湾，西到西藏的广袤大地上，有32个省、市、自治区历史上和现在均有砚的产出，先后出现的砚种有300余个，蔚为大观，世所罕见。它们石色多样，纹理丰富，姿态万千，变化无穷，让人赏心悦目；它们石质缜密，温润如玉，软硬适中，发墨益毫，叫人赞不绝口；它们因材施艺，各具风格，技艺精湛，巧夺天工，使人叹为观止。除石质砚外，还有砖瓦砚、玉石砚、竹木砚、漆砂砚、陶瓷砚、金属砚、象牙砚，甚至有橡胶砚、水泥砚等，琳琅满目，美不胜收。

然而令人遗憾的是，由于历史的局限，我们的这些瑰宝，有的已经被岁月湮没，其产地、石质、纹色、雕刻甚至名字也没有留下，有的砚虽然“幸存”下来，也有文字记载，有的还上了“砚谱”“砚录”，但文字大多很简单，所谓图像也是手绘或拓片，远不能表现出砚的形制、质地、纹色、图案、雕刻风格。至于砚石的性质、结构、成分，更无从谈起。及至近现代，随着摄影和印刷技术的出现和发展、出版业的兴起和繁荣，有关砚台的书籍、画册不断涌现，但多是形单影只，真正客观、公正、全面、系统地介绍中国砚台的书也不多，一些书中也还存在着谬误和讹传，这些都严重阻碍了砚文化的继承、传播和发展。

《砚种卷》在编撰中，充分利用现有资源，广泛深入调查研究，尽最大努力将历史上曾经出现的砚和现在有产出的砚搜集起来，将其品种、历史、产地、坑口、石质、纹色、雕刻风格、代表人物和精品砚作等最大限度地展现出来，使其成为具有权威性、学术性和可读性的典籍。其中《众砚争辉》集中收录介绍了两百余种砚台，为纲领性分册；《鲁砚》为本省的综合册，当地其他砚种作为其附属部分；其余均以一册一砚的形式详细介绍了“四大名砚”——端砚、歙砚、洮砚、澄泥砚及苴却砚、松花砚等较有名气的地方砚。这些分册史料翔实，内容丰富，文字严谨，图片精美，比较完整准确地反映了这些砚种的历史和现状。

随着时间的推移，一些新的考古发掘会把一些砚种的历史改写，一些历史文献的发现会使我们的认识相对滞后，一些新砚种的开发会让我们的砚坛更加丰富，一些新的砚作会为我国的砚雕艺术增光添彩，但这些不会让《汇典》过时，不会让《汇典》失色，其作为前无古人的壮举将永载史册。

《砚种卷》各册均由各砚种的砚雕名家、学者严格按《汇典》编写大纲撰稿。他们长年在雕砚和研究的第一线，最有发言权。他们为书稿付出了巨大的心血和努力，因此，其著述颇具公信力。尽管如此，受各种条件的制约，这中间也会有这样那样的缺点甚至谬误，敬希砚界专家、学者、同人和砚台的收藏者、爱好者及广大读者，在充分肯定成绩的同时，也给予批评指正。

关　键

2017年10月于京华冷砚斋

《众砚争辉》
序

砚是中华民族的祖先发明的一种书画工具。据考证，砚起源于新石器时期，距今已有数千年的历史。在这漫长的历史长河中，砚与人们生活有着密切联系，随着时代的发展、社会的进步，砚台的品种样式不断增多，工艺水平不断提高，逐渐由使用工具发展成为极具观赏价值、收藏价值、文史价值的艺术珍品。

据史料记载，我国的砚台品种繁多，有 300 多个品种，但我们经过反复比较甄别，发现有很多是一石多名、同石异名或将砚铭误作砚石名称等，因而剔除了 100 多个品种。且随着硬笔和计算机的出现，有不少小砚种失传。因此，实际传世或者仍有生产的砚种，目前能收集到的大约有 160 多个品种，尤以鲁砚、湘砚、蜀砚品种为众，占据半数之多。其余在一些文献中有记载，但没有传承的约 50 个品种，本书以附录形式作简要介绍。

《众砚争辉》正文由四大名砚、各地砚种、其他材质砚三部分组成，其中各地砚种按国家行政区域划分排序。《众砚争辉》是《中华砚文化汇典》中《砚种卷》的开篇，只是简要介绍各砚种的基本情况，起到纲领和索引的作用。各砚种详细情况介绍，请看《砚种卷》的其他专集。

编者

2018 年 4 月

关键，冷砚斋主人，1947年出生于北京，自幼喜好金石、书法、绘画等中国传统文化，并由此与砚结缘。1966年毕业于北京市工艺美术学校，后长期从事相关工作。20世纪80年代开始系统接触和收集中国地方砚种，经过30多年的努力，对地方砚种的历史、现状、石质特色和雕刻风格等都有较深的研究和独到见解，并已收藏国内20余个省、市、自治区迄今还在生产的地方砚近百种。有多篇理论文章在相关刊物上发表，2010年有《中国名砚——地方砚》一书出版。

中华炎黄文化研究会砚文化工作委员会专家，《中华砚文化汇典》之《砚种卷》主编。

张翔，溪韵阁主人，1958 年 4 月出生，浙江吴兴人。1982 年 1 月毕业于浙江师范学院中文系，曾任职于地方党政部门、金融机构。现为自由砚评撰稿人，中华地方砚种收藏研究者，《中华砚文化汇典》编撰委员会委员。

2002 年开始收藏砚台，2007 年 1 月在新浪网开设以中华砚文化为主的博客“山在河边”，2009 年开始潜心收藏研究各地石砚，目前已收藏各地砚石品种 160 多种近 300 个坑口。近年来，遍访各地制砚名家，实地考察砚石坑口，撰写访砚笔记、砚评、藏砚心得及砚石考证等文章 200 多万字。

目录

第一章

四大名砚

中国“四大名砚”之说，史无记载，亦未论证，乃近人约定俗成。然端砚、歙砚、洮砚，乃至澄泥砚、红丝砚等，诚然是中华传统艺术之瑰宝。其石质石品甚优，下墨发墨俱佳，且可上溯唐宋，已为世人公认。时至今日，仍列众砚之首。

第一节　端砚

端砚产于广东省肇庆市（古称端州），因地得名。砚石出自东郊西江羚羊峡南麓斧柯山端溪和对岸羚羊山及北岭山南坡一带。

端砚和歙砚、洮砚以及澄泥砚并称为“中国四大名砚”，也是群砚之首，具有悠久的历史。因其优美的石质石品、独特的风格和传统的雕刻技艺，多少年来被骚人墨客视为文化瑰宝，并深受达官贵人和帝王将相的宠爱，名传中外，誉满四海。（图 1-1-1 至图 1-1-11）

端砚最优质的砚石主要集中在羚羊峡以东斧柯山一带。主要砚坑有：老坑、坑仔岩、麻子坑、宋坑、梅花坑、冚罗蕉、古塔岩等，尤以老坑、坑仔岩、麻子坑石质更佳，被誉为“三大名坑”，俗称“上三坑”。

端石属沉积岩中的泥质岩，形成于距今 4 亿年前的泥盆纪中期，硬度大约为摩氏 2.8—3.5 度。端砚石质纯净、细腻、娇嫩、滋润，有秀而多姿、呵气研墨、扣之木声、发墨不损毫等优点。端石绚丽多彩，有紫、绿、白三种基色，以紫色为主调。有鱼脑冻、青花、蕉叶白、天青、火捺、猪肝冻、金星点、金银线、冰纹、石眼等丰富石品。石眼是端砚的重要特征。古代文人对石眼情有独钟，认为石眼细润有神，犹如人的眼睛，别具一格。石眼之所以备受青睐，主要是石料难得，其实实用价值并不大。古人云：“无眼不成端，有眼端之病。”著名书法家赵朴初诗云：“端砚能传百代名，今朝益信石工神。不虚万里风轮转，来赏青花看紫云。”

端砚在唐代武德年间（618—626）就闻名全国，根据清代计楠的《石隐砚谈》记载："东坡云，端溪石，始于唐武德之世。"以此推算，则端砚至今有近1400年的历史。传说唐朝时，一位梁秀才的儿子决心继承父志，用先父留给他的端砚每天练字5000，写文章一篇，日复一日，从不间断。21岁时他进京参加会试，带上了先父留下的端砚。考试正逢农历腊月初八，京城天寒地冻，滴水成冰。梁举人手捧端砚，冒着严寒走进考场。考场上其他考生的砚台里的墨汁全部结成了冰，弄得这些考生心慌意乱，手足无措。唯独梁举人用的端砚，仍然发墨迅速，书写流畅。梁举人心里高兴，文思泉涌，一挥而就。最终金榜题名，中了进士。衣锦还乡时，他逢人便说："所以能考中进士，多亏端砚。"从此，他把会试用的端砚珍藏起来，作为传家宝，端砚也从此名扬天下。

唐高宗永徽年间（649—655），中书令许敬宗之女嫁给岭南豪族冯盎之子冯玳，得冯所赠端砚，400年后苏轼所见许敬宗砚，乃为传世珍品。唐武则天圣历三年（700），武则天以刻有"日月合璧，五星连珠"图纹的端砚赐给名臣狄仁杰。狄仁杰受赏赐后得知采砚石工的艰辛劳动，便上奏请武后下旨减去贡品数目。神龙元年（705），韦承庆被贬高要尉，有人送端砚给他，韦将其置于案上。一年多后，赴任辰州刺史，并退还端砚（此事被作为拒贿先例，记于历代《肇庆府志》）。

端砚的雕刻艺术在我国众多砚种中是出类拔萃的，唐代诗人刘禹锡所言"端州石砚人间重"，不仅是对端砚在我国传统砚文化中占有重要地位的肯定，也是对端砚深厚的文化内涵和高超的雕刻技艺的肯定。在历代砚工们不懈的努力下，明末清初更逐步形成了独特的粤派雕刻风格，其主要特征总体来看就是侧重雕工，巧用石品，刀法精细婉转，轻盈流畅，成砚构图饱满，富丽堂皇，形象生动，细致入微。

现在，肇庆市生产的端砚，既保留了传统工艺的民族特色和地方特色，同时在立意、题材、构图、造型上又有新的突破，创造了端砚实用之外的新艺术意境，更受人们的青睐。由于几大名坑的砚材几近枯竭，原料越来越珍贵，故端砚之收藏价值越来越高，升值潜力也愈加凸显。

2006年5月，端砚制作技艺列入第一批国家级非物质文化遗产项目名录。广东省肇庆市的程文、杨焯忠被确定为国家级非物质文化遗产项目端砚制作技艺代表性传承人。

图 1-1-1　石渠砚（正、背）（青花、玫瑰紫）

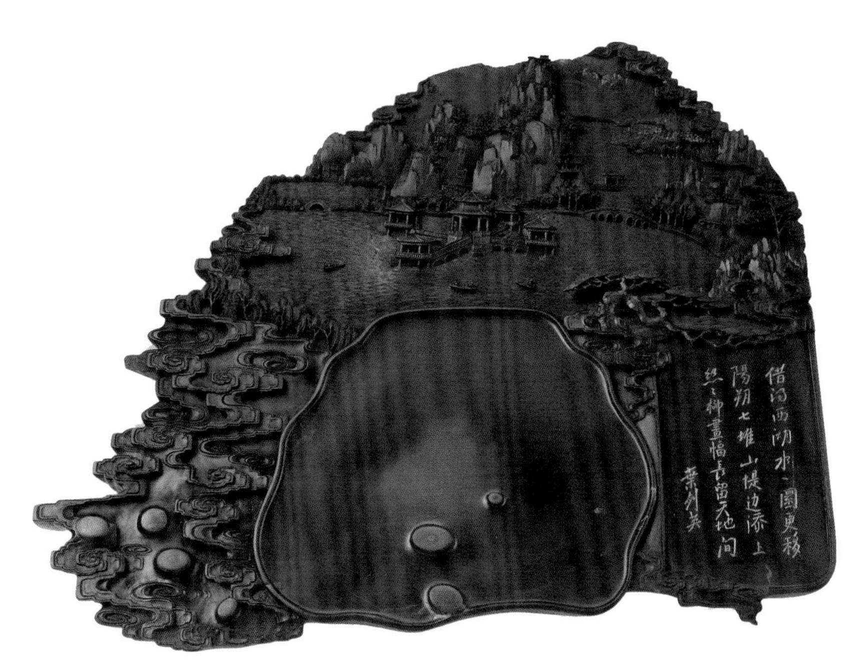

图 1-1-2　星湖春晓砚（鱼脑冻、石眼、天青冻）

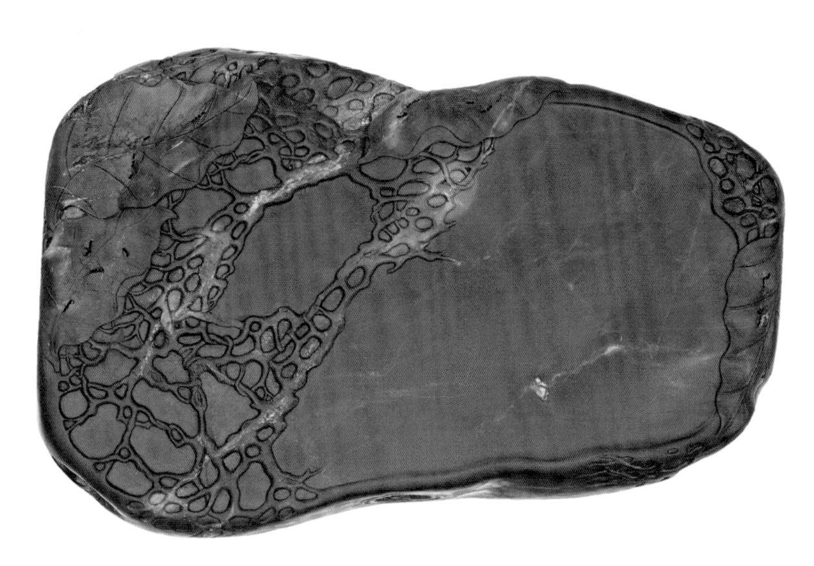

图 1-1-3　大业有成砚（冰纹、金星点、石皮）

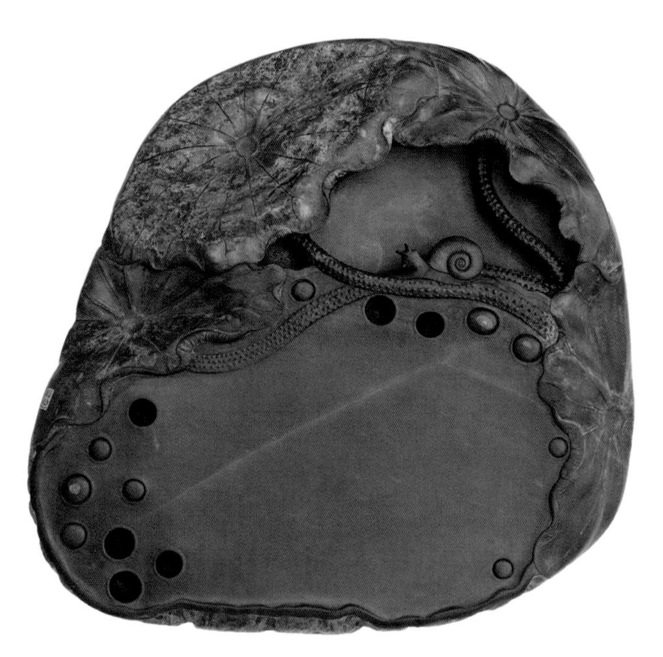

图 1-1-4　雨后秋荷砚（银线、石皮、石眼）

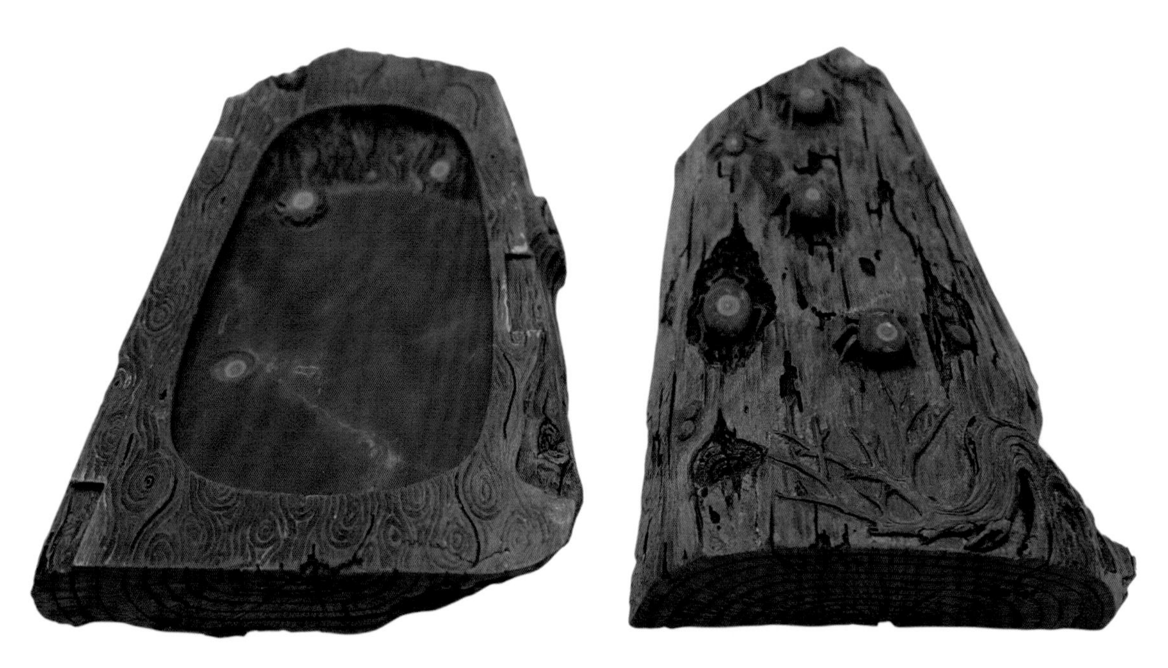

图 1-1-5　枯木重生砚（正、背）（石眼、青花）

图 1-1-6　三僧悟空砚（胭脂火捺）

图 1-1-7　福在眼前砚（石眼、青花）

图 1-1-8　西园雅集砚（绿色、石皮）

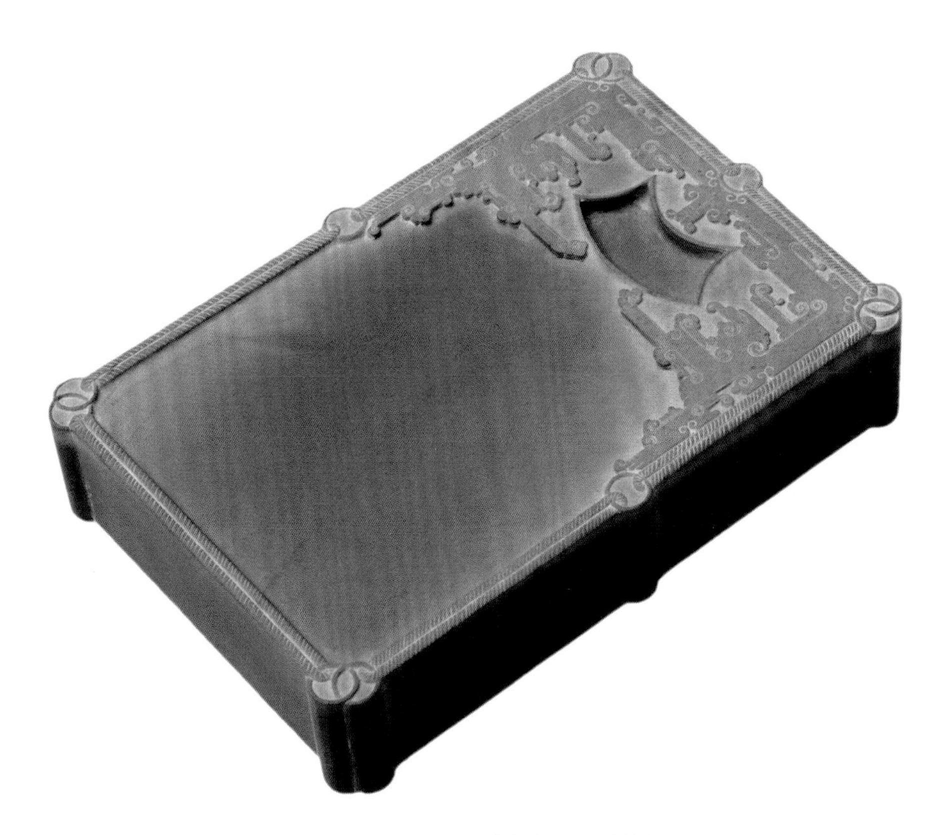

图 1-1-9　博古连环砚（绿色）

图 1-1-10　踏雪寻梅砚（白色）

图 1-1-11　携琴访友砚（白色）

第二节　歙砚

歙砚因产于古歙州而得名。古歙州，即今安徽省歙县、屯溪、黟县、祁门、休宁和江西省婺源等“一府六县”，其中尤以婺源龙尾山所产砚石制成的砚为最优，故也称“龙尾砚”。（图 1-2-1 至图 1-2-13）

歙石属变质岩中碎屑岩结构的粘板岩，即粉砂质板岩，石质呈板页岩类似的层状，其地质年代为震旦纪，距今 10 亿年以上，硬度达到摩氏 4 度。歙石的产地分布于黄山山脉和白际山脉之间，几乎遍及古歙州，其中江西省婺源县砚坑位于龙尾山的溪头乡砚山和大畈乡济溪，是优质歙石的主产地。砚山的眉纹坑、罗纹坑、金星坑、水舷坑为歙砚四大名坑，现或封或废，均已绝产，故老坑砚石十分珍稀。此外，还有水蕨坑、溪头坑、叶九坑、济源坑、碧里坑和芙蓉溪子石和柴林石等。歙县、休宁、黟县等地也有各自的坑口。

歙砚纹理缜密，坚润细腻，扣之有金声，抚之如玉，形成所谓的“金声玉德”，真正具备了“涩不留笔，滑不拒墨”二德相兼的优点和独一无二的“多年积墨，一涤而净”的特质。其色泽大多以青碧、黑灰色为主，也有绿、紫、黄、红不等，华美绝伦。有眉子、罗纹、金星、金晕、玉带、彩带、歙青、歙红、鱼子等 10 大类数百种石品之多，令人叹为观止。其中眉子、金星、罗纹均属上佳之歙石，而这当中的水浪金星、玉带金星、雁湖眉子、对眉子和暗细罗纹等更是歙石中精品。加上造型美、雕工细，备受文人墨客推崇。南唐时期，朝廷在歙州设置了砚务，并选砚工高手李少微为砚务官，专门搜罗佳石，为御府造砚。之后，后主李煜将所用的澄心堂纸、李廷珪墨、龙尾石砚并称为天下之冠。

歙砚历史悠久，始于唐代开元年间（713—741），距今约1300年的历史。北宋书法家苏轼、黄庭坚、米芾、蔡襄等对歙砚都有很高的评价。苏轼称其“涩不留笔，滑不拒墨，瓜肤而縠理，金声而玉德。厚而坚，足以阅人于古今。朴而重，不能随人以南北”。（《孔毅甫龙尾砚铭》）据传，北宋大书法家蔡襄偶得一方歙砚，将其比作“和氏璧”，吟道：“玉质纯苍理致精，锋芒都尽墨无声。相如闻道还持去，肯要秦人十五城。”东坡先生还题诗赞曰：“罗细无纹角浪平，半丸犀璧浦云泓。午窗睡起人初静，时听西风拉瑟声。”米芾曾得到一方长约尺余的歙砚，砚前刻有山峰36座，大小间错，延伸至边，当中琢成砚池，池中碧水荡漾，妙趣横生，他竟然以此砚换得苏仲恭一座豪华宅邸！

文学家欧阳修在《砚谱》中评价：“歙石出于龙尾溪，其石坚劲，大抵多发墨，故前世多用之。以金星为贵，其石理微粗，以手摩之，索索有锋芒者尤佳。”

传说在宋代，歙砚成了不可缺少的馈赠之物，有地方官去徽州赴任，回京师时必带歙砚赠送恩师及其他京官。当时，送砚台要比送金银珠宝更显得“高雅”，久而久之，歙砚便身价倍增。

现代制砚大师们不断将歙砚发扬光大，以歙砚传统文人派泰斗胡震龙、胡中泰、王祖伟等大师为代表的“砚雕世家”的作品，更是名流权贵、文人雅士争相收藏的新宠。砚作注重选材、创意、雕刻，强调实用、观赏、收藏的结合，堪称是国之瑰宝。

2006年5月，歙砚制作技艺被列入第一批国家级非物质文化遗产名录。国家级非物质文化遗产项目歙砚制作技艺代表性传承人有安徽省歙县的曹阶铭、郑寒、王祖伟和蔡永江，江西省婺源县的江亮根、汪鸿欣（寒山）。

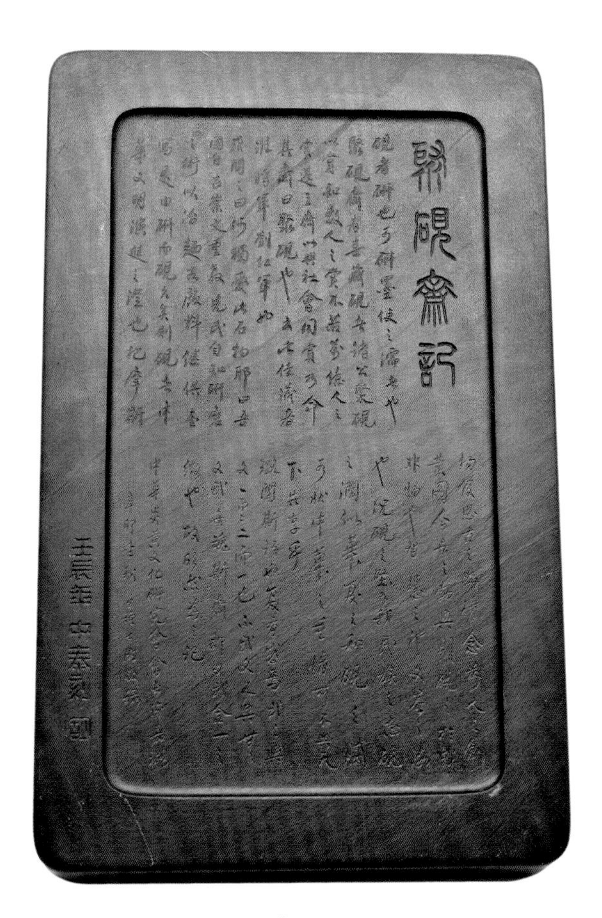

图 1-2-1　门额式聚砚斋记砚（正、背）（水波纹）

图 1-2-2　灵芝纹砚（水波纹）

图 1-2-3　蓬莱仙阁砚（细眉纹）

图 1-2-4　仿宋长方砚（长眉纹）

图 1-2-5　岁寒三友砚（金星、玉带）

图 1-2-6　月映梅花砚（金晕、金星）

图 1-2-7　铁骨傲霜砚（金星）

图 1-2-8　童年砚（金星、鱼子）

图 1-2-9　唐伯虎桃花庵砚（正、背）（金星、眉纹）

图 1-2-10　余石砚（鳝鱼黄、鱼子）

图 1-2-13　溪山访友砚

第三节　洮砚

洮砚，又称洮河砚、洮河石砚、洮河绿石砚，产于甘肃省甘南藏族自治州卓尼县（古属洮州）的洮砚乡，因洮州而得名。（图 1-3-1 至图 1-3-11）

洮砚石料出自洮河中游、卓尼县城东北 50 多千米的洮砚乡喇嘛崖一带的峡谷岩层之中，此处三面环水而水势湍急，主要有喇嘛崖、水泉湾等坑口。由于九甸峡水利工程建成，水库蓄水，洮河水位上升，喇嘛崖下部浸入水中，历史上曾经出产洮砚佳石的名坑悉数淹没于洮水之中，无缘再见。

洮砚砚石形成于古生代的泥盆纪，大约为 3.5 亿年—4 亿年前，属泥盆系中水成岩变质的细泥板页岩石，又名辉绿岩，硬度为摩氏 3.5—4 度，作为砚材恰到好处，适合雕琢。

洮河砚具有端、歙两砚的特点，色泽艳雅，质地优良。由于长年被水侵蚀，因而石质细腻、晶莹如玉、肌理缜密、呵气成水、磨而不顽。其色有绿、红、棕黄、黑等，尤以绿色的洮河石为多，石质亦最佳。按石色可分为亮绿色的“鸭头绿”、深绿色的“鹦鹉绿”、淡绿色的“柳叶青”，还有玫瑰红色的“鹛鹕血”，以及羊肝红、瓜皮黄、栗子色等。按天然纹饰分，有水纹、云纹等。水纹千姿百态，有的似湖波荡漾，有的像潺潺流水，有的如水浪翻滚。云纹也很迷人，有的似薄云飘浮或乌云翻滚，有的似银河鹊桥或湖中泛舟，有的好像天女散花或大雁南飞。洮河砚还有一种独特的纹饰，就是石膘。有鱼鳞膘、鱼卵膘、松皮膘、蛇皮膘、脂膏膘、脂玉膘等，呈铁锈红、橘红、浅黄、米黄、金黄、紫、白、黑、褐等色。石膘是洮砚石中名贵的石品之一，有“洮砚贵如何，黄膘带绿波”之说。它不仅是洮砚贵贱的衡量标准，而且是区别于其他砚的标志。洮石一般可分为神、极、珍、妙、能五个品级。“红浪滔天”为神品，“黄膘绿漪子”为极品，“鹛鹏血”为珍品，“憨绦石”为妙品，能品有“点金绿”“银燕入水”“蚰蜒过海”等。

洮砚始于唐代，盛于宋代，迄今已有1000多年的历史，一直被文人墨客所器重。宋代赵希鹄的《洞天清录》指出：“除端歙二石外，惟洮河绿石，北方最贵重。绿如蓝，润如玉，发墨不减端溪下岩，然石在临洮大河深水之底，非人力所致，得之为无价之宝。”北宋诗人黄庭坚诗云：“洮州绿石含风漪，能淬笔锋利如锥。”宋代著名文学家、书画家苏东坡爱砚成癖，名砚盈室，枕砚而卧。他咏洮河砚是“缥缈神似栖到仙，幻出一掬生云烟”。在得到鲁直所惠洮河石砚后铭之：“洗之砺，发金铁。琢而泓，坚密泽。郡洮岷，至中国。弃矛剑，参笔墨。岁丙寅，斗南北。归予者，黄鲁直。”宋代米芾在《砚史》中描述洮河砚是“绿色如朝衣，深者亦可爱”。

明代和清乾隆时期，洮砚曾繁荣一时。到了民国时期洮砚一度停产失传。1949年后，在当地政府的支持下，长期失传的洮河砚获得了新生，砚雕名师、新星不断涌现，呈现出一片欣欣向荣的新气象。书法家赵朴初先生题诗赞美洮砚：“风漪分得洮州绿，坚似青铜润如玉。故人万里意殷勤，胜我荒斋九年蓄。”著名书画家黄胄先生为洮砚题词：“万古洮石，磨砚为宝，昔日珍品，今日更好。”1997年香港回归时精心雕刻有99条龙的“九九归一”砚由甘肃省人民政府作为贺礼赠送给香港特区政府，举世瞩目，名闻遐迩。

2008年6月，洮砚制作技艺被列入第二批国家级非物质文化遗产名录。甘肃定西的李茂棣、卓尼县的卢锁忠被确定为国家级非物质文化遗产项目洮砚制作技艺代表性传承人。

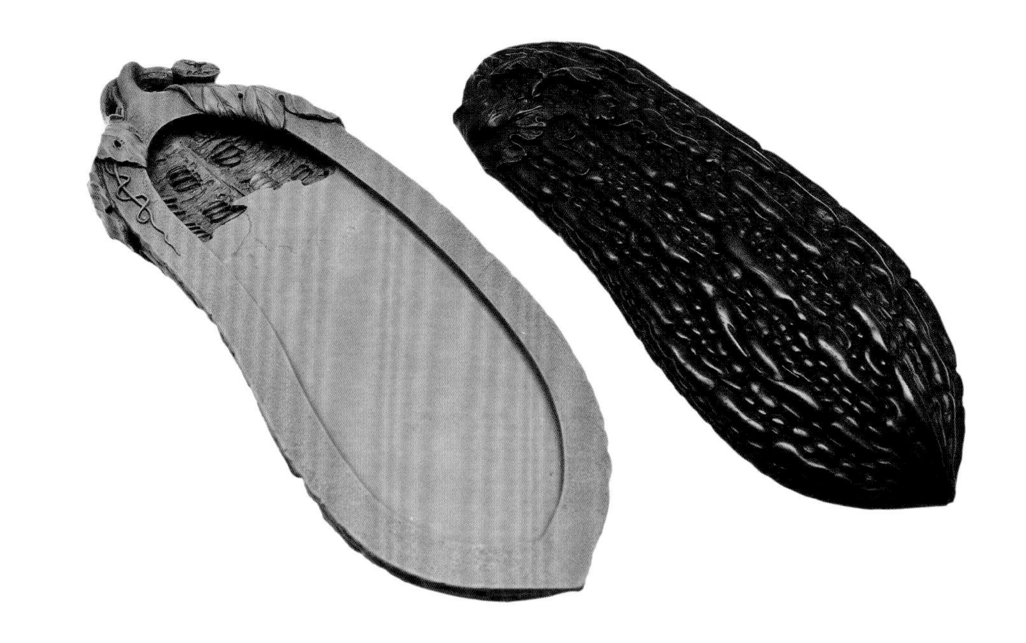

图 1-3-1　苦瓜砚（正、背）（鸭头绿）

图 1-3-2　蛟龙砚（柳叶青）

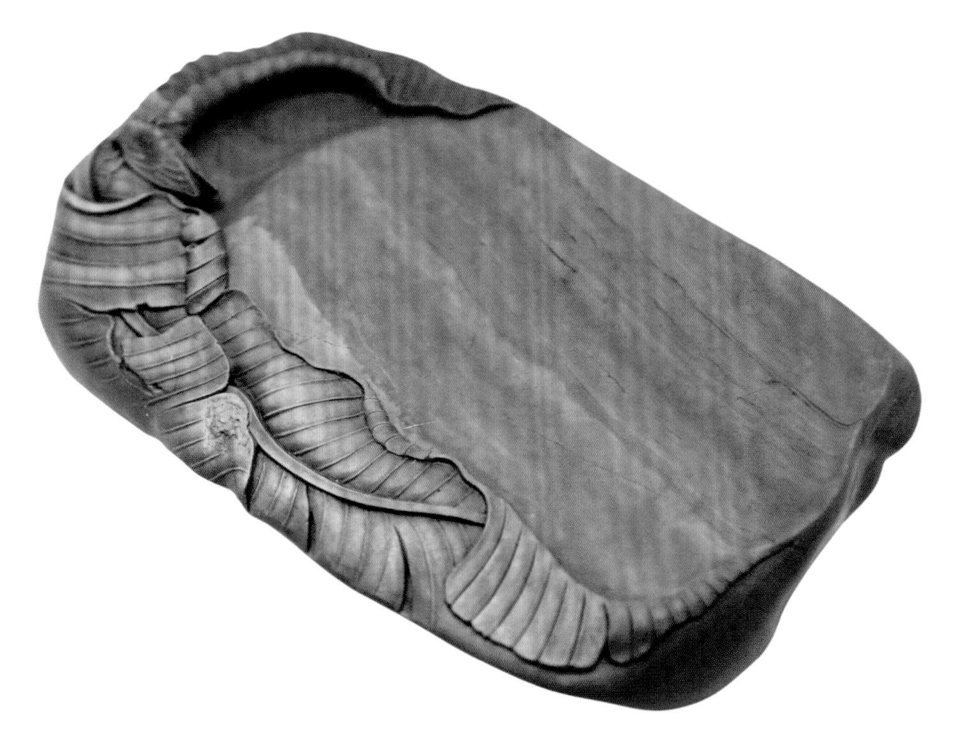

图 1-3-3　蕉叶砚（鸭头绿）

图 1-3-4　随形砚（鸭头绿、湔墨点）

图 1-3-5　提梁卣式砚（正、背）（鸜鹆绿）

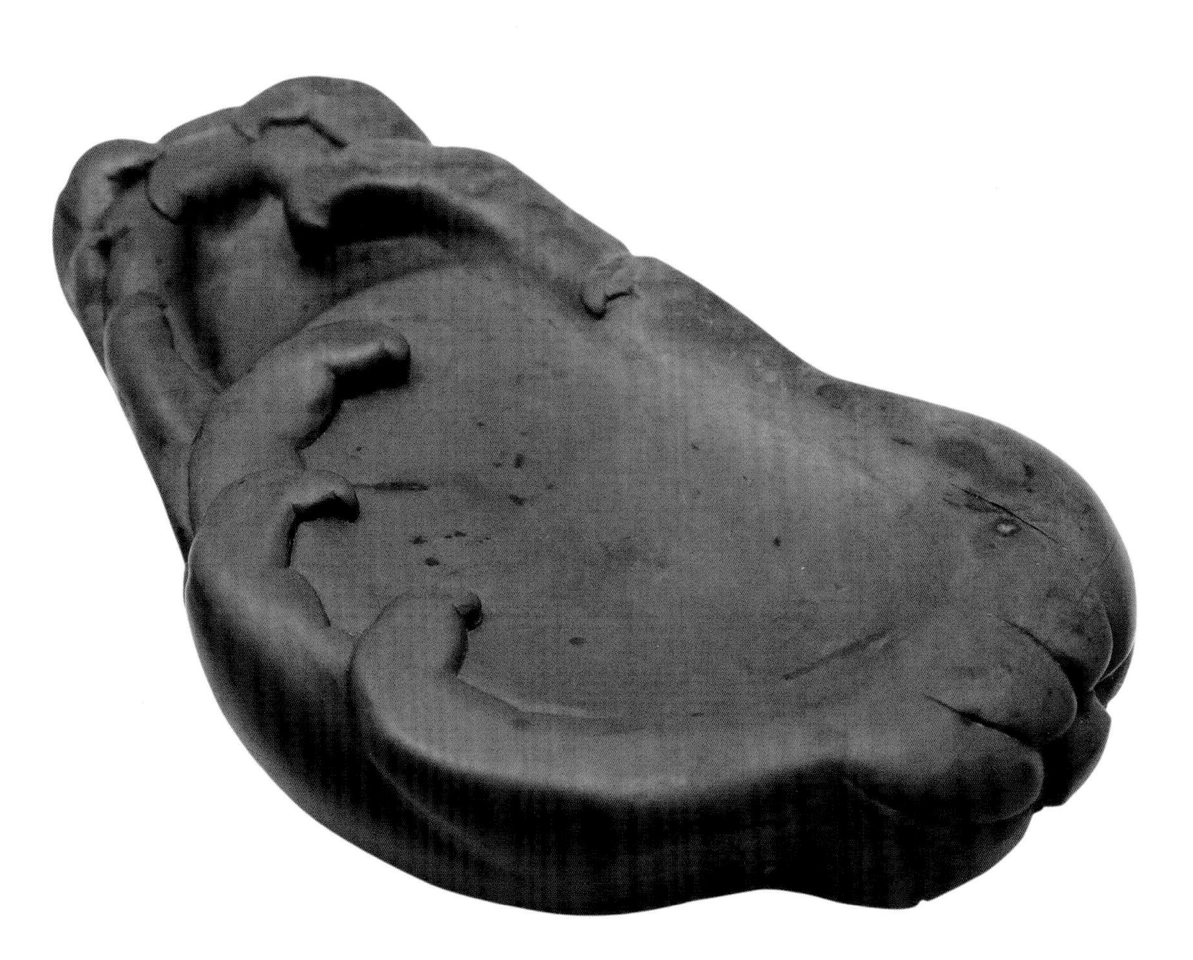

图 1-3-6　佛手砚（鸲鹆血）

图 1-3-7　随形砚（羊肝红）

图 1-3-8　菇砚（瓜皮黄）

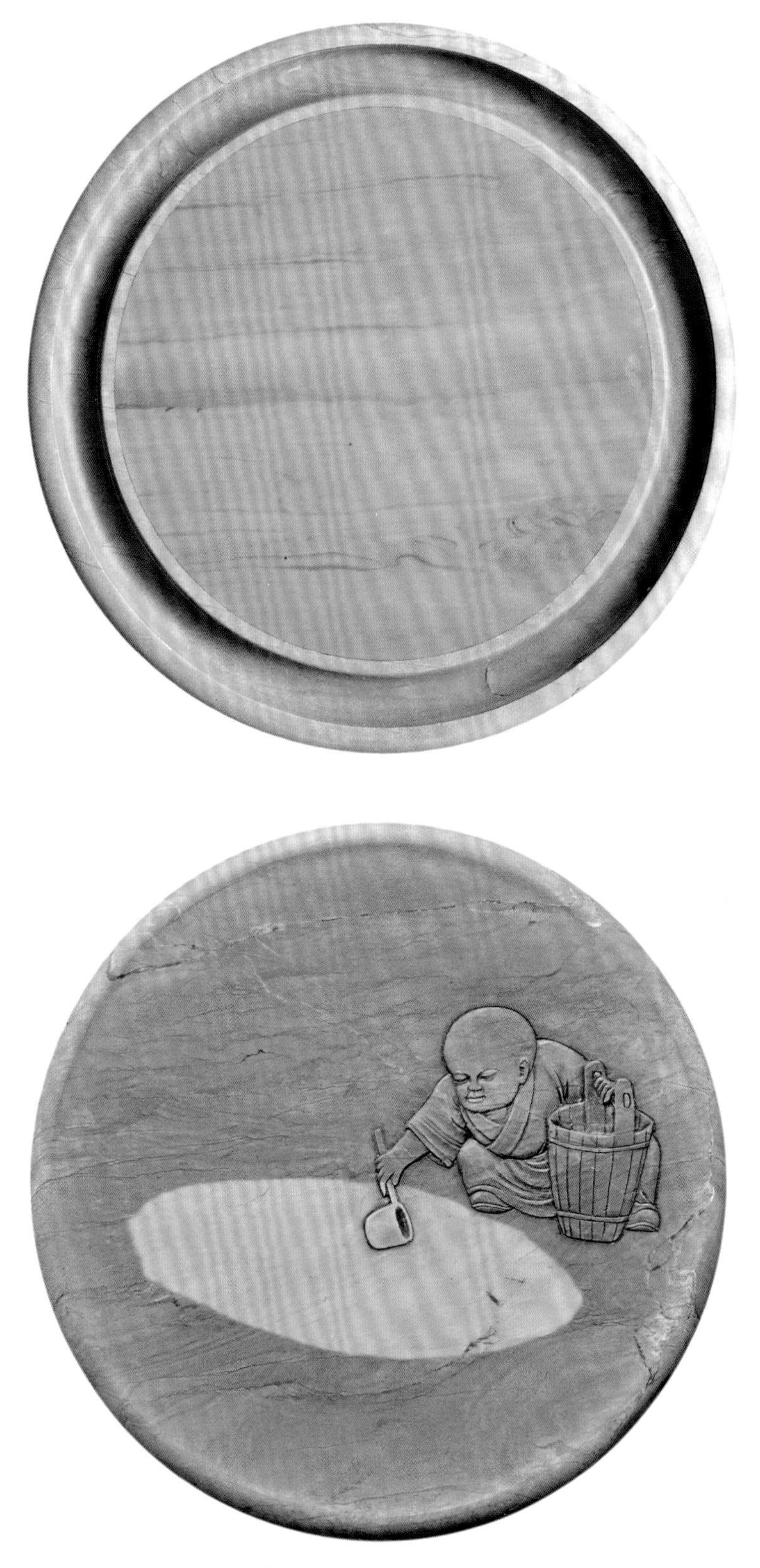

图 1-3-9　深山藏古寺砚（正、背）（瓜皮黄、鸭头绿）

图 1-3-10　铜镜砚（正、背）（黑洮）

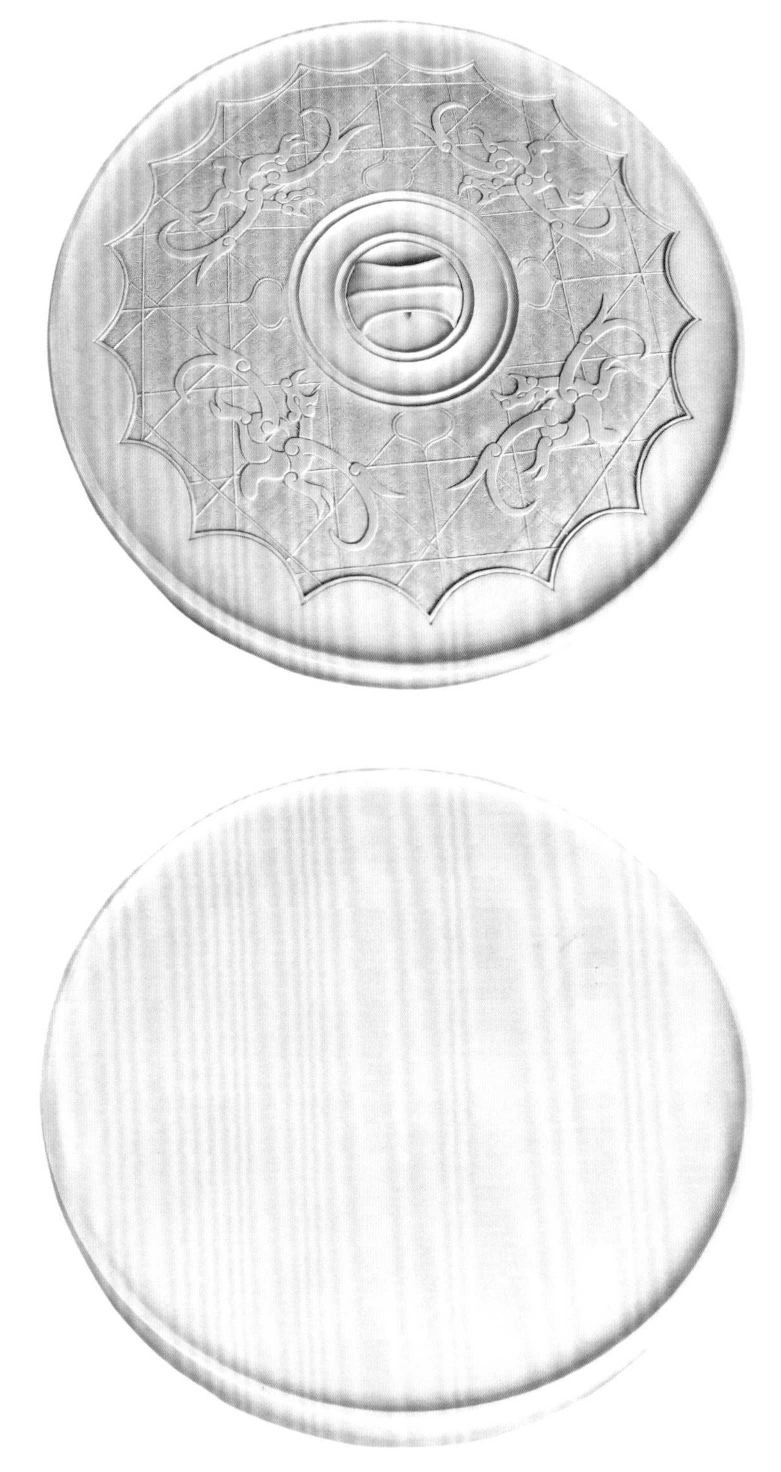

图 1-3-11　铜镜砚（正、背）（白洮）

第四节　澄泥砚

澄泥砚是陶砚中的佼佼者。山西绛县（古称绛州）等地所产的澄泥砚，在中国砚史上占有重要的地位。（图 1-4-1 至图 1-4-11）

澄泥砚，始于唐代，兴于宋代，曾为贡品。后晋刘昫《旧唐书·柳公绰传弟公权附传》："常评砚，以青州石末为第一，言墨易冷，绛州黑砚次之。"制作澄泥砚是提取汾河下游的泥，放在绢袋中，经漂洗淘澄，取沉淀的细泥，加工成砚坯，再用利刀修饰雕刻，然后入窑烧制而成。

据古《陕州志》记载："虢国澄泥砚，唐宋皆贡，泽若美玉，击若钟磬，坚而不燥，抚之如童肤，储墨不耗，积墨不腐，作书虫不蛀。"明代高濂《遵生八笺》中记载："唐之澄泥，砚品为第一，惜乎传少。"清乾隆帝也赞其："抚如石，呵生津"，视为国宝。1915 年曾参展于巴拿马太平洋万国博览会，荣享盛誉。

澄泥砚有狭义和广义之分。狭义的是指山西绛县澄泥砚，古绛州，即今山西运城市新绛县，位于汾河北岸。其砚细腻坚实，滋润似水，发墨不损毫，能与石质佳砚相比，澄泥砚特殊的窑变工艺使澄泥砚五彩缤纷，有鳝鱼黄、蟹壳青、虾头红、绿豆青、玫瑰紫、豆瓣砂、朱砂红等色类，绛州澄泥砚始创于唐代，历史悠久，当时曾被列为"贡砚"。后来由于种种原因，到清代其制作工艺就已失传。绛州澄泥砚的生产出现了近 300 年的断档，各博物馆、藏家收藏的多为古代绛州澄泥砚。

广义的澄泥砚指澄洁细泥烧炼所成之砚。如山东泗水县柘沟镇的鲁柘砚、河北省滹沱之阳的滹阳砚、河南灵宝市（古称虢州）的澄泥砚等。其中柘沟砚在宋代就很有名，此种砚有些还刻有“鲁柘砚”的铭文。宋代米芾《砚史》：“陶砚，相州土人自制陶砚，在铜雀台上，以熟绢二重淘泥澄之，取极细者，燔为砚。有色绿如春波者，或以黑白埴为水纹，其理细滑，着墨不费笔，但微渗。”宋代李之彦《砚谱》中记载：“虢州澄泥，唐人品砚为第一。”此外，历史上河南省的陕州（今三门峡）、相州（今安阳），湖北的鄂州，山西省的泽州（今晋城）、大同、定襄，上海宝山的黄姚，山东省的青州等地，均有澄泥砚制作。

从20世纪80年代开始，山西省新绛县和定襄县以及河南省的三门峡市、郑州等地的制砚艺术家历经十年艰辛探索，挖掘研究，终于制出了失传数百年的400余个品种，品质基本可以和历史上的澄泥砚相媲美。澄泥砚已成为现代家庭和文人雅士观赏、收藏、馈赠亲友、陶情怡性的佳品。

2008年6月，新绛澄泥砚制作技艺被列入第二批国家级非物质文化遗产名录。

图 1-4-1　游鱼砚（正、背）（鳝鱼黄）

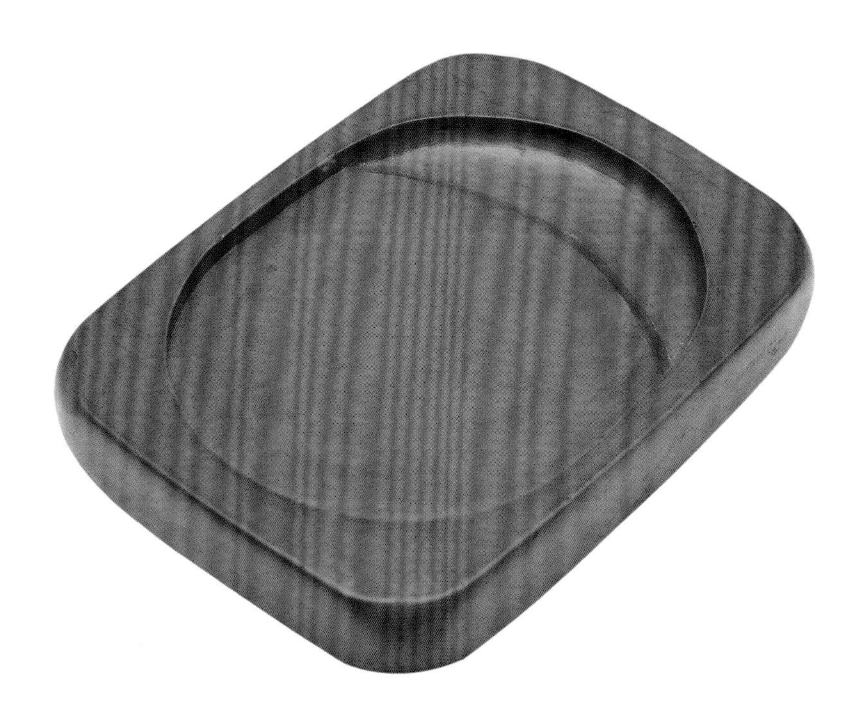

图 1-4-2　金声玉振砚（正、背）（朱砂红）

图 1-4-3　和平砚（鳝鱼黄、虾头红）

图 1-4-4　竹节砚（鳝鱼黄）

图 1-4-5　竹节砚（蟹壳青）

图 1-4-6　狮子砚（鳝鱼黄、蟹壳青）

图 1-4-7　蜘蛛砚（正、背）（绿豆青）

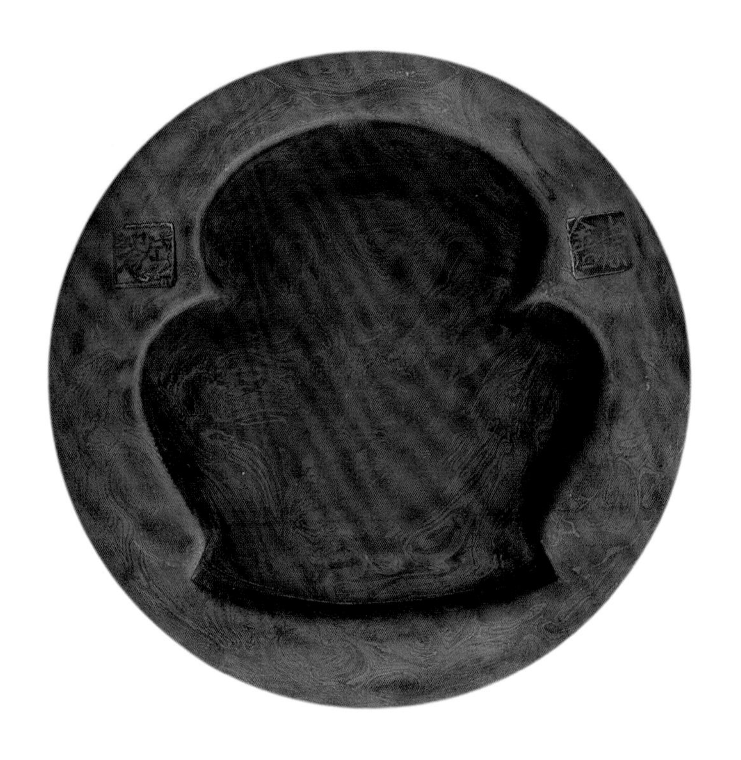

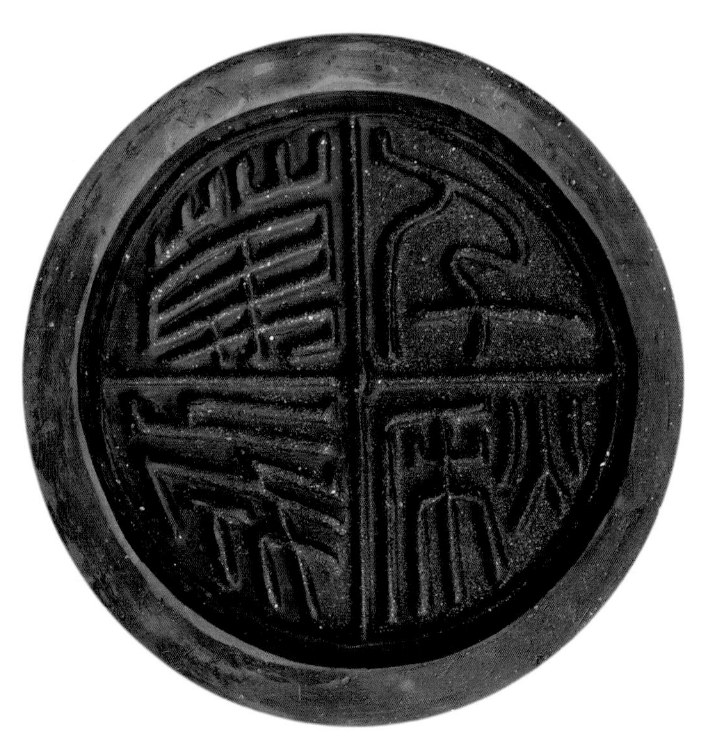

图 1-4-8　千秋岁月瓦当砚（正、背）（鳝鱼黄、豆瓣砂）

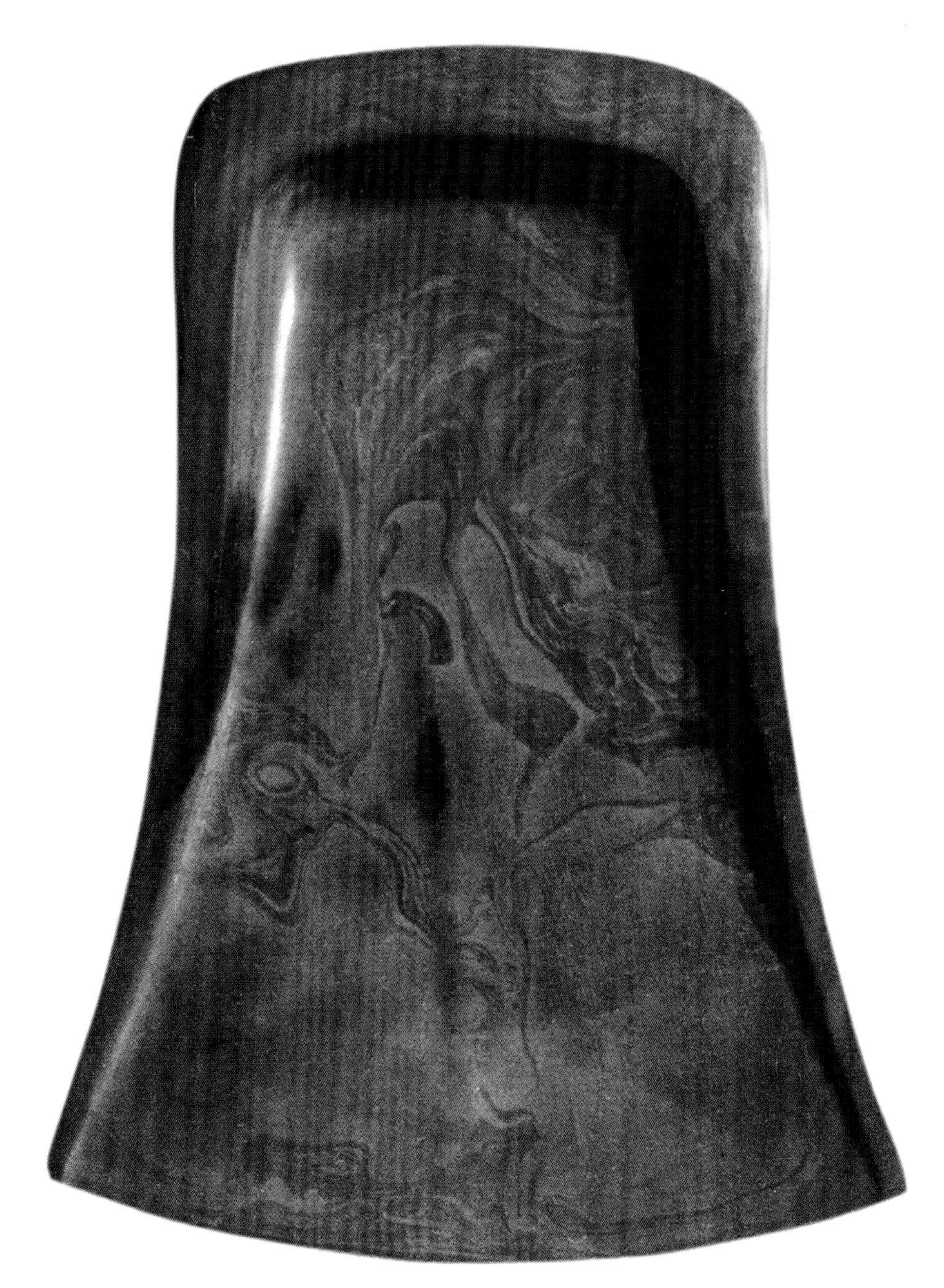

图 1-4-9　仿古风字鲁柘砚（鳝鱼黄、玫瑰紫）

图 1-4-10　荷叶包鱼砚（玫瑰紫、虾头红）

图 1-4-11　牧牛砚（黑包红）

第二章

各地砚种

中国地大物博，矿藏资源丰富，各地砚种异彩纷呈。砚以用为上，各地石砚在一定的历史阶段，发挥着用的作用。无须评价孰佳孰劣，因其各有各的姿彩。中华五千年文化的传承，有着地方砚种不可磨灭的功绩。

第一节　北京市

一、潭柘紫石砚

潭柘紫石砚，产于北京市门头沟，是北京地区古老的砚种，石出北京西山风景区潭柘寺老虎山一带，最初当地人称之为紫石砚，20 世纪 80 年代定名为潭柘紫石砚。（图 2-1-1 至图 2-1-3）

潭柘紫石形成于 2.6 亿年前二叠纪红庙岭组地层中，石料原岩属红柱石铁、泥质板岩。潭柘砚，因其含铁质较多，呈紫色，如猪肝色，质地致密细腻，晶莹温润，叩之铮铮有声；呵气成云，贮水不涸，研墨无声，发墨如油。著名书法家赵朴初先生在《潭柘紫石砚歌》中赞颂：“今朝喜见潭柘紫，光润猪肝极相似。更惊巧手戏鲤鱼，莲叶田田宜作字。”著名书法家启功先生则为潭柘紫石砚题诗曰：“巧斫燕山骨，名标潭柘寺。发墨最宜书，日写千万字。”

潭柘紫石砚始于明代英宗正统年间，为中国明清两代的宫廷御砚，已有 500 多年历史。故宫博物院里收藏的明清古砚中，据说有不少是用潭柘紫石制的砚。据传，潭柘寺内有个小和尚，才华俊逸，爱好书画，对文房四宝中砚的癖好尤为突出。当时，砚主要产于南方，北方甚少，他时常出没于荒山野谷寻找砚料。一天，他在老虎山下小溪内拾到一块紫色石料，石质细腻，晶莹温润。他拿回来花费一年多时间，制作了一方双龙砚。此砚研墨无声，发墨如油，不损笔，不吸水，且经久耐用。小和尚对这方砚如痴如醉，高呼："宝砚也。"这件事惊动了寺内大小和尚和香客，也很快传入了紫禁城。朝廷为了保护西山风景，防止乱挖乱采，即以破坏风水、伤害"龙脉"为由，将此地列为禁区。在明英宗正统年间，皇帝曾派钦差大臣在此监督采石，至今产石之处还有当年的监工台、刻有"内宫监紫石塘界钦差提督马鞍山兼管理工程太监何立"的石碑和监工住宿等遗址。

1949年后，潭柘紫石砚生产有了新的发展。其砚雕艺术，造型古朴，品种多样，有方形、三角形、扇形、古琴形、蛋形、龟形等形态，有蛟龙吐水、丹凤朝阳、龟蛇盘踞、三阳开泰、群龙戏凤、寿同日月等吉祥图案。线条明快，刀法有力，具有北方制砚风格。其代表作品是以昆明湖为墨海、万寿山为背景的"颐和园"巨砚。此砚将巍峨的宫阙、精巧别致的皇家园林与传统的民族文化惟妙惟肖地融为一体，运用透雕、深雕、浮雕、微雕等技法，将颐和园的60多处著名景点微缩成型，堪称砚林一绝。1990年，潭柘紫石砚被选为第十一届亚运会礼品，深受东南亚等地人们的喜爱。

北京市门头沟区政府非常重视潭柘紫石砚的生产，将其开发列为北京市星火计划产品和国家实施星火计划的科技成果。2007年6月，潭柘紫石砚雕刻技艺被列为第二批北京市非物质文化遗产项目名录。孔繁明被确认为首批北京市级非物质文化遗产项目潭柘紫石砚雕刻技艺代表性传承人。

图 2-1-1　澄怀砚

图 2-1-2　绒索砚

图 2-1-3　岁寒三友砚

二、黄土坡青石砚

黄土坡青石砚产于北京市房山区河北镇黄土坡村，因砚材为当地产的一种青石而得名。当地人叫“板城尧”，后来称青石砚。因村而名黄土坡青石砚，是21世纪初的事。（图2-1-4）

相传黄土坡的青石砚始于唐，盛于明、清，距今已有1000多年的历史。唐肃宗时，将青石砚作为献寿之砚；明太祖朱元璋将“堤水建物，据勾股定理”刻于青石砚上；清嘉庆皇帝在云华宫为其父乾隆皇帝设茶宴，纪昀对对联诗，乾隆皇帝将一方青石砚赐予纪昀。当代著名画家、雕塑家韩美林为该砚题字“黄土坡青石砚”；国际华人华侨总会主席李明林为青石砚题字“墨香飘中华”。

黄土坡青石砚石材选自上元古青白口系板岩，石呈黑绿色或黑蓝色，色泽沉稳柔和，间有浅绿色的“石眼”和“眉纹”，观之令人赏心悦目。硬度在摩氏4—4.5度之间，适合于雕刻。石质柔滑细润，发墨益毫，叩之有声，贮水不渗，研出的墨汁写字会出现点点银星，实用功能极佳。

尽管传说黄土坡青石砚的制砚年代很久，但从存世的实物来看，最流行的时间当在清末，延续到20世纪70年代。而此前将青石用于制砚，缺少实物佐证。黄土坡青石用于磨刀石和小石板则比较普遍，北京地区20世纪六七十年代非常流行的学生用小石板，几乎家家都有，系供家里上学的孩子使用。

黄土坡青石砚重新面世以来，以其特殊的硬度和别具一格的风格，受到群众的肯定和欢迎。2017年，黄土坡青石砚雕刻技艺被列入北京市房山区第五批区级非物质文化遗产项目。房山区蔡春被确定为房山区非物质文化遗产项目青石砚制作技艺代表性传承人。

图 2-1-4　瑞鹿砚

三、汉白玉砚

汉白玉砚又称房山汉白玉砚，产于北京市房山区南尚乐镇大石窝。

汉白玉属沉积变质型大理岩，是一种珍贵的大理石品种，主要成分为纯净的碳岩石，古时又称燕石。《山海经》以“白珉”呼之。《韵会》曰：“珉，似玉而非也。”它质地细腻，洁白温润，内含闪光晶体，熠熠生辉，是一种高档的建筑材料。因其白如雪，坚似玉，清润素雅、庄重伟岸而成为吉祥富贵的象征，历史上一直属皇家御用之品，因此也被称为“白御石”。现在主要用于建筑雕刻材料，很少用于制砚。

用汉白玉制砚未见于历史记载，但世间却有明清古砚流传。目前市场上汉白玉砚台时有出现，多数为长方形小素砚，因系研磨朱砂所用，故大多留有红色陈垢。因未明示房山汉白玉，无法与川白玉或湘白玉区分。但从现有的汉白玉砚看，确有一部分为京城工匠偶尔为之，且存世较多。至今还有人喜其洁如流云、润如羊脂等特性，用来制砚。其实用性与白端相似，多用来研磨朱砂，或把玩收藏。（图 2-1-5）

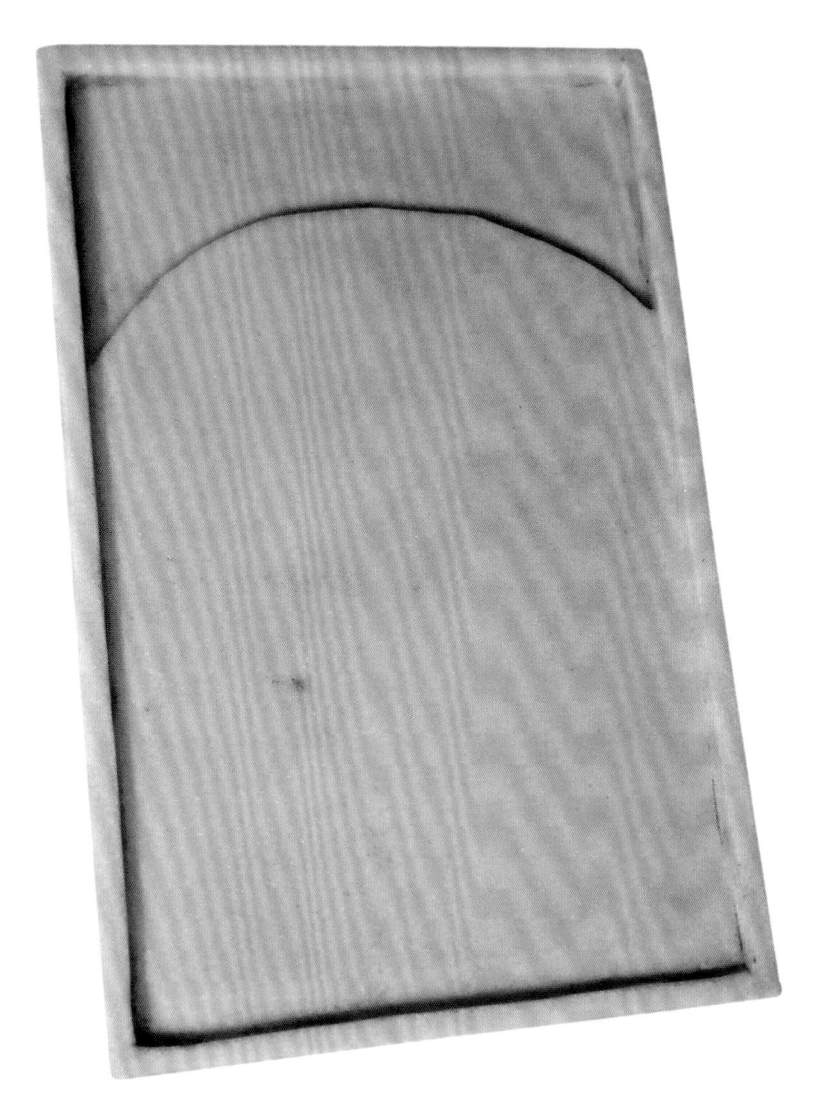

图 2-1-5　门字砚

四、金海湖石砚

金海湖石砚也称金海石砚，因石产于北京市平谷区金海湖而得名，是一个新开发的砚种。

金海湖石取自金海湖下游一带的峡谷河床中。原岩是十几亿年前的石英砂岩，经漫长的风化碎落江河，被不断翻滚运移，水冲磨砺，形成浑圆或各种形态的卵石。由于在远古时代受火山岩浆中铁、锰矿液侵染，石体多为奶白色、黄褐色或浅红色，其上有咖啡色、暗红色、黑色等纹理，纵横交错，变化万千，生动独特的画面让人赏心悦目。

由于金海湖石石质较硬，硬度约为摩氏 4.5—5 度，不利于下墨发墨，不是传统意义上的砚材，故未有任何历史记载，也未闻有人用来制砚。只是近年来有人爱其纹绝美，偶尔用来制砚，把玩观赏。又因雕刻困难，金海湖石砚的造型多保持石材的原始形态，只适当浅挖砚堂砚池，基本不雕纹饰，使砚呈现出简约质朴，素雅大方的一面。（图 2-1-6）

图 2-1-6　抄手砚

第二节　天津市

叠层石砚

叠层石砚产于天津市蓟州区，因其石纹如层层叠加而成，故名叠层石砚。

叠层石是以蓝藻为主的古生物沉积而成的一种特殊类型的古生物化石，形成于距今18亿年前。

叠层石，石质坚硬，纹理清晰，图案绚丽。“多彩”的纹层，记录着元古地层的演变，贮存着古地理、古生物、古气候、古磁场等大量地质信息，被联合国地科联组织及国内外地质专家、学者誉为“地质瑰宝”。

叠层石剖面以其岩层齐全、出露连续、保持完好、顶底清楚、构造简单、变质极浅和古生物化石丰富而闻名于世。蓟州区大红峪沟更是各种地质现象比较集中的一个地方，这里已经成为游览中上元古界各种地质现象的走廊。蓟州区的叠层石资源丰富，已发现并确定的类型，多达34个群、58个形，故有“叠层石海洋”的美誉。

叠层石砚，石质细润，坚而发墨。主要有蓝灰、橘黄、紫红、象牙白等颜色。其选材精良，因石施艺，雕刻精美，陈列高雅，是高品位的馈赠和收藏佳品。

叠层石砚及其工艺品，具有较高的科研、观赏、收藏等多重价值，受到国内外各界人士的青睐。（图2-2-1、图2-2-2）

图 2-2-1　盘龙戏珠砚

图 2-2-2　龙归故里砚

第三节　河北省

一、易砚

易砚产于河北易县，古称易州，是当年燕太子丹送别刺杀秦王的壮士荆轲，唱出悲壮的“风萧萧兮易水寒，壮士一去兮不复还”的地方。石出尉都乡台坊林易水河南岸终南山，砚因水而名，亦称易水砚。（图 2-3-1 至 2-3-6）

易砚砚石是色彩柔和的紫灰色水成岩，属震旦纪青白口系井儿峪组，形成于约 8 亿年至 10 亿年前。易水石点缀着天然碧绿或淡黄色斑纹，暗紫、碧绿等不同色彩呈页状叠积，俗称紫翠石、玉黛石，其石质细而硬，光泽如玉，细腻如脂，柔坚适中，耐研磨而保潮润，叩之无声，贮水不渗，易发墨而不损毫，是我国北方不可多得的制砚良材。紫翠石硬度为摩氏 3 度，玉黛石为摩氏 3.7 度。

《易州志》载：“砚台，产于台坛村”，“砚石有紫、绿、白褐色，质细而硬，为砚颇佳”。易砚石的天然色质如玉珠，迎风日而不退艳，处阳百年而不松体，为历代宫廷贡品。唐诗赞曰：“南山飘素练，晓望玉嶙峋。遥忆最深处，应名著石人。”

易砚的雕刻风格，具有“京派”玉雕艺术庄重、纯朴、古色古香的情调，采用浮雕、透雕、立体雕等手法，并吸收端砚刀法苍劲、巧用石色的雕刻技艺。砚工依石料形体因材施艺，巧用俏色，将山水、花鸟、鱼虫、人物等入砚，栩栩如生，惟妙惟肖，创作出千姿百态的艺术珍品。其龟砚、蚕砚、龙砚、琴砚、棋砚五大传统砚式，更是艺海之一绝，独树一帜。

易砚历史悠久，始于春秋，盛于唐宋，距今已有2000多年历史。据《墨史》记载：早在唐代，易州奚超父子继承唐代墨官祖敏的松烟制墨技术，在易水终南山津水峪取水制墨，发现终南山石斑纹奇彩、细腻如玉，遂采回雕制成精美的“奚砚”，从此易砚便流传开来。后奚超之子奚廷圭被南唐皇帝授为墨官，并赐“李”姓。随后李廷圭又将技艺传到安徽歙州，再传入广东端溪，出现了歙砚和端砚，故有“北易南端”之说。当地还流传着诗人李白对易砚赞美的诗：“一方在手转乾坤，清风紫毫洒一樽。醉卧黄龙不知返，举杯当谢易水人。”到了宋代易砚更为赵氏皇族所垂青，名列宫廷贡品中名砚之首。

由于战乱，影响了易砚的发展，其再次复兴是在清雍正年间。雍正帝选易县建清西陵并葬于此，后乾隆每年来此祭祀，得当地官员呈献易砚。乾隆素喜文房，对此爱不释手，将易砚列为贡品，赏赐近臣，这使易砚在砚坛的地位有了很大的提高。千百年来，易砚以其优质的石料和独特艺术风格而名扬天下。

2008年6月，易水砚制作技艺被列为第二批国家级非物质文化遗产名录。易县邹洪利被确定为国家级非物质文化遗产项目易砚制作技艺代表性传承人，崔氏砚雕第七代传人崔小超被确定为省级代表性传承人。

图2-3-1　三羊开泰砚

图 2-3-2　福星捧日砚

图 2-3-3　醉素遗香砚

图 2-3-4　古韵遗风砚

图 2-3-5　书魂砚

图 2-3-6　鼓形砚

二、鱼子石砚

鱼子石学名鲕粒灰岩，多产于河北（据查山西、山东、河南等地也有类似的石材产出），因其石中有明显黑色斑点似鱼子，故名。《龟阜斋藏砚录》中载："鱼子石产于河北，石色黄褐（或苍黄色），其中有黑色（或黑褐色）小点粒，石理坚密细润。"用鱼子石所制之砚，称鱼子石砚。（图 2-3-7、图 2-3-8）

以鱼子石制砚的历史目前无可考察，但实物证明汉代已有鱼子石砚。传世的鱼子石砚数量极为稀少，主要是鱼子石大多用来制作佛像、瑞兽等石雕，且鱼子石砚下墨、发墨的效果并不是很好，故不属于传统意义上的砚石。

图 2-3-7　卧牛池砚

图 2-3-8　八角辟雍砚

第四节　山西

一、五台山砚

五台山砚，又称文山石砚、台砚，产于山西省忻州市五台县五台山脚下，定襄河边文山之麓，滹沱河畔。

五台山砚石生成发育自元古宙地层中，岩性为由泥质岩、粉砂质、绢云母、铁等矿物质组成的紫、绿、灰、黑色板岩。石色妍丽，有黑、绿、红、紫，一色纯净。黑石如漆，绿石如叶，红石如火，紫石如肝，均匀洁净，雅致美观。《山西通志》《五台县志》《山西历史名录》等书均记载：段亩山石色有红、紫、黑、绿四种，其中以紫、黑、绿色石为好，宜作砚。又因砚石所出山名不同，还有段砚、凤砚、崞砚和清凉石砚之分。段砚产于段亩山，凤砚产于凤凰山，崞砚产于崞县（今原平市）。

五台山砚质地细密而硬朗，温润似玉，无潮气，不渗水，叩之无声，质刚而柔，细腻不滑，发墨快，水墨交融好，汁不易干。五台山砚的制作以“选料好、造型美、雕刻细”而著称。其雕刻艺术既继承传统，又有创新，同时吸收端、歙的雕刻艺术。因材施艺，构图新颖，造型优美，追求意境，有其天然风韵的艺术风格，历来为文人墨客所钟爱。据传，五台山砚还有镇邪驱恶的作用。

五台山地区的石雕技艺自唐、宋以来便名闻天下，广受赞誉。开采此石并制砚可追溯到汉代，隋、唐时代主要是用来作为建筑寺庙的石材，唐末宋初发展为制砚，盛于明清时期，从未失传间断。据张国朝《易水砚与台砚》一文记载，明朝五台山砚制作相当普及，特别是制砚基础好的河边和建安一带，更是“家家善采石，户户会琢砚”。当地工匠技术精湛，久负盛名。传说清朝后期几位皇帝修建陵墓，都请了五台山地区的工匠参与。清代和民国时期五台山砚的生产也相当发达，年产可达万余方。特别是20世纪50年代，五台山砚的生产又得到了很快发展。（图2-4-1至图2-4-3）

2011年6月，五台山石砚雕刻技艺被列入第三批山西省非物质文化遗产项目扩展项目名录。定襄县惠东存和惠志国被确定为山西省非物质文化遗产项目五台山石砚雕刻技艺代表性传承人。

图2-4-1　佛山圣音砚

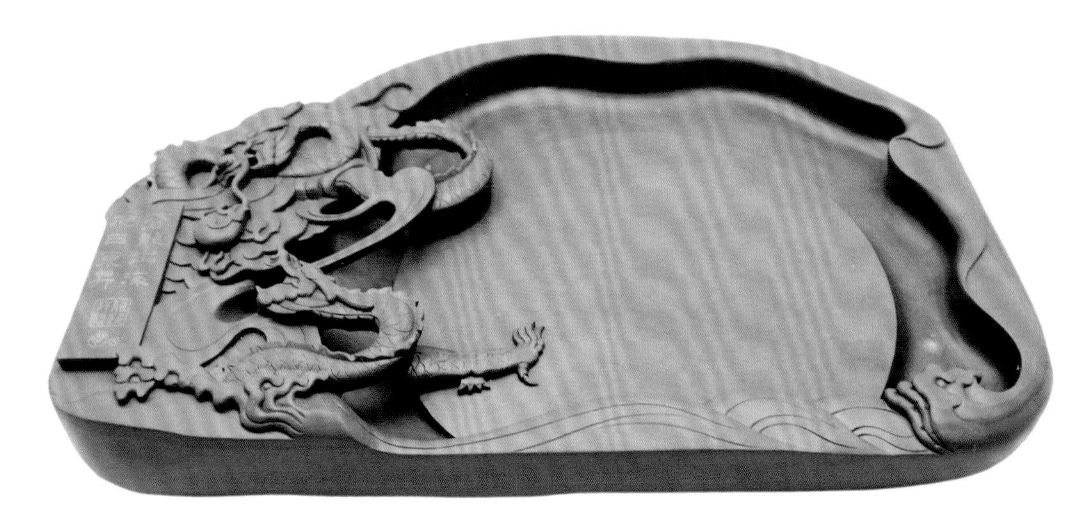

图 2-4-2　苍龙出海砚

图 2-4-3　文山绿砚

二、绛州角石砚

绛州角石砚，石中有如兽角状的图纹，又称宝塔石砚、太极石砚、绛石砚，主要产自山西绛州（今新绛县）境内。（图 2-4-4、图 2-4-5）

角石，又称震旦角石，只产于中国，又称中华角石。生长在距今约 4.4 亿至 5.1 亿年前的奥陶纪地层的岩石中，其硬度在摩氏 5 度左右，属薄层灰岩，是当时海洋中凶猛的食肉性动物化石。震旦角石是我国《古生物化石管理办法》保护、管理的化石之一，可见其珍贵性。

据宋代高似孙《砚笺》载："绛州角石，色如牛角，有花浪，顽滑不发墨。"古人以角石制砚，多以欣赏为主，也有作朱砚，或用于研磨朱砂。宋代欧阳修《砚谱》云："绛州角石者，其色如白牛角，其纹有花浪，与牛角无异。然顽滑不发墨，世人但以研丹尔。"民国赵汝珍《古玩指南》中称："其色如白牛角，其纹有花浪，与牛角无异，或如浮屠佛塔。然顽滑不发墨，世人只以研丹耳。"

角石制砚始于北宋，其琢磨为砚和石屏等，则盛行于明末清初。"南岩新归石，霹雳压根出。勺水润其根，成竹知何日。"此为北宋黄庭坚喜得一方并不完整的角石后，写出的中国历史上最早吟咏竹笋石的著名诗篇。《东湖县志》载："县北九十里，大王坪山产此石，横开有白圈，俨如太极，直开文彩耸出，俨如浮图，大可为屏，小可为砚，惜不发墨。"由于角石砚使用价值不佳，故没有大规模的开发利用，数量极少，一直无专业制砚。

湖北省宜昌市的远安县荷花店山中及长阳县、兴山县等地及大冶市，湖南省的永顺县、湘西自治州西部的茶峒镇，也出产角石砚，与山西省新绛县所产大同小异。

图 2-4-4　图腾砚

图 2-4-5　日升月恒砚

第五节　内蒙古自治区

一、黄河木纹石砚

黄河木纹石砚也称玉石砚，产于内蒙古自治区呼和浩特市清水河县。

黄河木纹石取自呼和浩特市清水河县和鄂尔多斯市准格尔旗黄河喇嘛湾至万家寨段。其为硅质结晶白云岩或白云质大理岩，主要矿物成分为白云石、氧化铁，是黄土高原的黄土经过数亿年的堆积而形成的沉积岩，因黄河改道而展露于世，具有深厚的黄河历史文化内涵。（图 2-5-1、图 2-5-2）

黄河木纹石基底颜色为米黄色或青黄色，有的上有红色条纹，纹理回旋变幻，酷似千年古木的年轮，古香古色。有的则如汹涌的波涛，翻卷的云朵，具有很高的观赏价值。其质地结构均匀，柔滑细腻，硬度为摩氏 3 度左右，易于雕刻。近年来有人以之来雕刻工艺品和砚台，别具韵味。但目前市场上尚不多见。

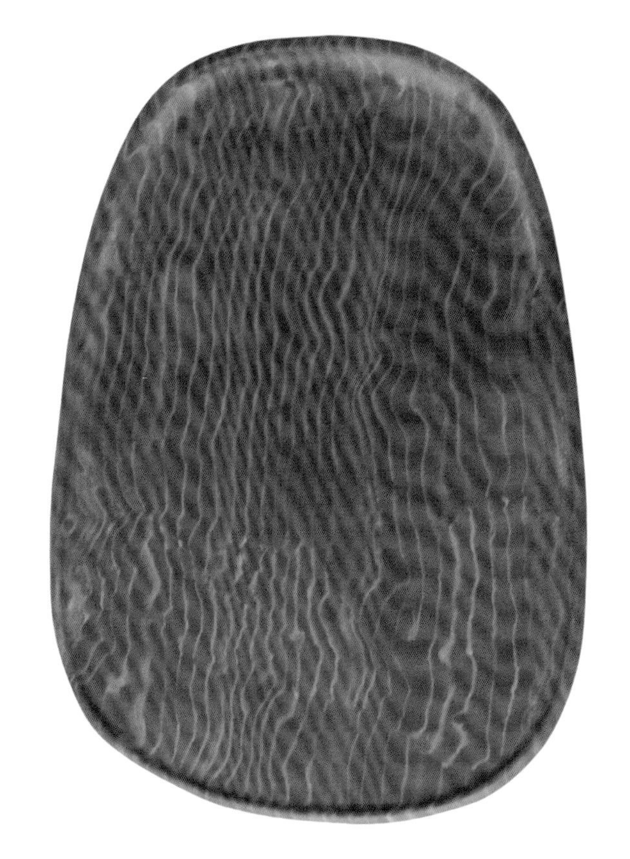

图 2-5-1　随形砚

图 2-5-2　海天初月砚

二、莫溪砚

莫溪砚，产于内蒙古自治区鄂伦春自治旗克一河边一个叫作“莫冷格”的地方，故名莫冷格溪砚，简称莫溪砚，也称莫冷格石砚。（图 2-5-3）

莫冷格石石质较硬，约为摩氏 4.5 度左右。石色紫灰相间，有天然绿晕和紫睛石眼。

莫冷格石砚属新开发的砚种，其创始者白银山供职于鄂伦春自治旗文化馆。距他家门前不到 200 米就是克一河，沿河南行不远处山脚下就是出砚石的地方。在那里捡回天然溪石，稍做加工，即成随形砚。莫溪砚也是白银山发现并命名的，现仅为白先生一人所为，未形成生产规模。

图 2-5-3　鱼砚（正、背）

第六节　辽宁省

一、辽砚

辽砚，又称桥头石砚，产于辽宁省本溪市桥头镇，此砚石是我国东北地区较好的制砚材料。桥头镇地处辽东，以地定名，故称辽砚。1929年，张学良将军与其蒙师、辽东名士白永贞曾为桥头镇制砚题诗：“关东山里奇宝开，蓝天红霞凝石材。能工巧匠雕辽砚，真品独秀四宝斋。”（图2-6-1至图2-6-4）

有关辽砚的发端，说法颇多，主要有始于辽代一说。辽砚深得萧太后的厚爱并被封为御砚，但迄今未找到相关的文字记载。唯一的佐证是河北省宣化县出土的辽代张世卿墓内壁画中，桌案上有一匣式砚，呈青紫层叠状，其材质应为辽砚石中紫云石。明代，是辽砚的辉煌时期。辽宁省瓦房店市出土的明代贵族棺墓，其随葬品有两方雕刻精美的龙凤辽砚，砚底刻有“白云塞制砚”五字款，据考证“白云塞”即桥头镇明代旧称。据说清太祖努尔哈赤偶然得到几方辽砚，爱不释手，于是辽砚名声大噪，成为东北地区的地方名砚。清代辽砚发展达到鼎盛时期，成为了宫廷御用砚。雍正、乾隆年间，桥头石和吉林松花石所制砚台，专供皇家使用、赐赏臣属和作为礼品赠送外国使节。

辽砚桥头石学名碳质灰岩，又称沉积岩，属泥质板岩，主要存在于寒武系地层，距今约5亿年，硬度为摩氏4—4.5度。辽砚石主要分为紫云石、青云石和青紫云石（俗称线石）。青紫云石，紫色为基，绿色为饰。乃紫色石中夹许绿石层，以一石中有四道线为上乘。青云石以蛋青色石为佳，石质鲜嫩，色彩可人。桥头石石质细腻柔嫩，坚而润滑，滑不拒墨，发墨益毫，具有不吸水、贮水不涸、寒冬不冰等特点。

辽砚雕刻的艺术风格比较粗犷古朴，极具地方特色。其雕饰题材取于民间喜庆理念，以花鸟、果蔬、走兽为主，如鹊雀登梅、鲤鱼跳龙门、龙凤呈祥、鹤鹿同春等。清末民初，青石仿古砚多取青铜纹饰。辽砚少有铭文，至民国时，纪念性吉语开始出现。

由于桥头镇地处关东深山，辽砚又常以“松花砚”的名义出现，故在清代及之前少有人知。直到1929年，张学良将军携辽砚参加中国第一次杭州西湖博览会，外界方知其名，给辽砚带来了历史性的发展机遇。桥头镇因此雕砚之声，终日不绝。抗战时期，桥头镇的制砚业受到了严重摧残，20世纪40年代末，辽砚作坊多濒临倒闭之境。1949年后，辽砚制作得以复苏。

改革开放以来，辽砚发展进入了飞跃时期。辽砚的雕饰手法也已由传统的浅浮雕和深浮雕，变为深浮雕、镂空雕相结合，深受国内外文人墨客、艺术家和收藏家的欢迎。

2014年11月，本溪砚台制作技艺（松花石砚制作技艺）被列入第四批国家级非物质文化遗产代表性项目名录扩展项目名录。

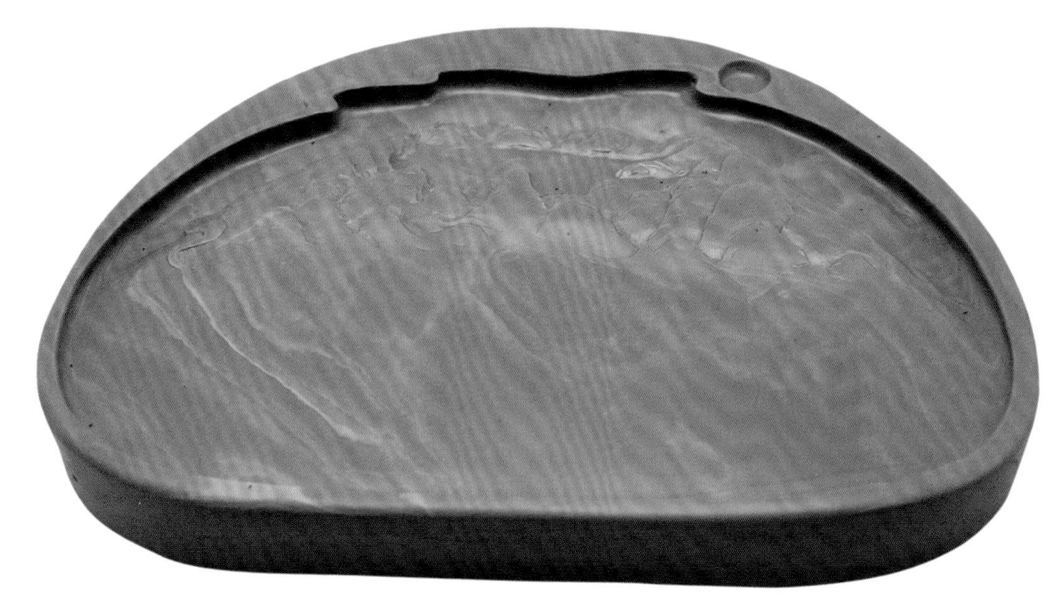

图 2-6-1　山月砚

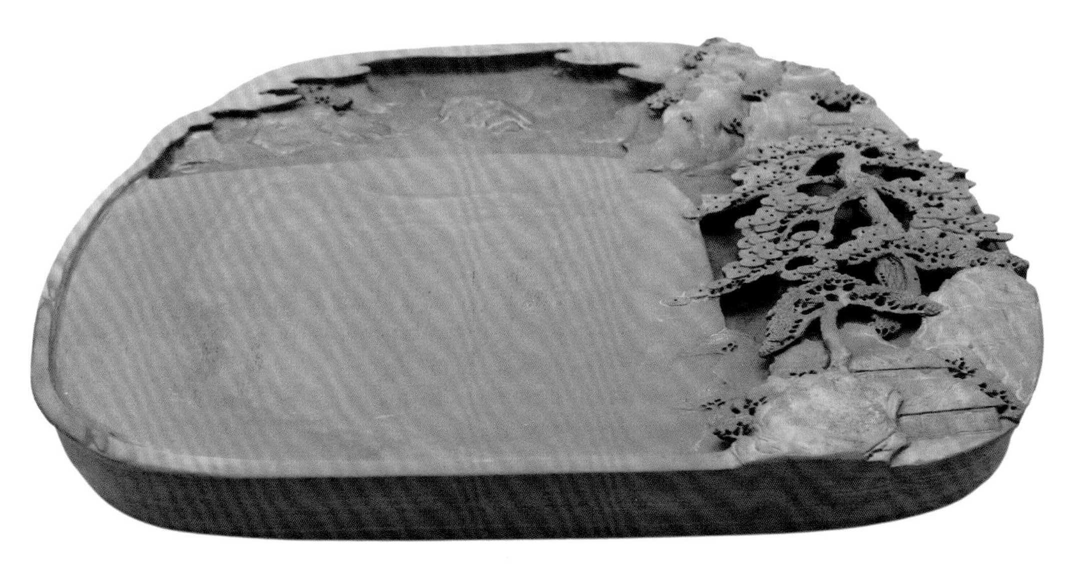

图 2-6-2　人间仙境砚

图 2-6-3　兽面纹砚（正、背）

图 2-6-4　仿清宫螭龙纹砚（带盖）

二、太子河试金石砚

太子河试金石砚产于辽宁省辽阳市。

自辽阳城沿河东行20千米，有罗祖、二郎诸多石洞，达16处之多，洞中所产试金石可以制砚，称太子河试金石砚。民国十七年（1928）出版的《辽阳县志》其卷三十《物产志》之《矿产志》中载：谓城东一里金坑出青石、紫石水成岩，可为砚。

资料记载，太子河试金石由石英岩、灰质岩、花岗岩、变质岩等组成，多呈黄白色泽，偶有棕红、深绿、青灰、墨褐等色，多伴存石英纹脉，墨褐者上有金星，又像歙砚。还有一些呈土黄色，上有绿晕斑斑。该石质地坚硬细润，颇能下墨。（图2-6-5）

以太子河试金石制砚不知缘于何时，据传当年清太祖努尔哈赤的兵工厂就建在产石处不远，试金石常用来磨刀磨枪，后来偶有人以其制砚。清代宗室裕瑞所著《再刻枣窗文稿》中有《辽阳太子河试金石砚记》提及河北滦州（今河北省滦县）石工刘清伦者世代以制砚为业，在清代道光二年（1822）二月闻听辽阳太子河石洞之试金石可制砚，便从子侄辈中选出四人出关探察。后来取得石材，制成500余方砚台，有各种砚式，也有平板砚，"被南船购去少半，裕瑞购得百余方"。后不知何故，太子河试金石砚便销声匿迹，500余方成砚也未见遗存。

太子河试金石砚现有少量产出，大多为黑色、褐色，有的带有点点金星。太子河试金石砚石质偏硬，约为摩氏5度。雕刻相对简单粗犷，带有东北乡土气息。近年来，辽砚、松花砚藏家发现了一些石料，其石品与历史记载的太子河试金石砚十分接近。

图 2-6-5　一字池砚

三、煤精石砚

煤精石砚产于辽宁省抚顺市。

抚顺煤精石存在于抚西露天矿的煤层中，是抚顺特有的天然资源。煤精石是煤的一个特殊品种，生成于距今 300 万年的新生代第三纪。在地质学上称碳质有机岩，属稀有煤种——褐煤的一个变种。而在宝玉石学上，称它是黑色的有机宝石。煤精石又称煤玉、炭精、灰根、墨石、乌玉、煤根石、墨精石等，它同普通煤一样可以燃烧。其主要特点是质地致密，具有一定的韧性，不透明，黝黑闪亮，抛光后呈琉璃光泽，硬度为摩氏 2.4—4 度，相对密度 1.3—1.5，是雕刻工艺品和首饰的上等材料。（图 2-6-6）

煤精石雕刻在我国已有几千年历史，实物遗存证明煤精石砚台及其他制品、坯料，被埋在地下数百年乃至数千年仍保存完好，没有风化龟裂现象。抗战时期，日本在抚顺、本溪等地进行掠夺性开发，将煤精石制成砚台运回日本。近年来，随着煤炭的大量开采，煤精石这种非再生资源已日渐枯竭，用其制砚也少之又少，被视为即将绝世之宝。

煤精石砚多用来观赏收藏，故立体雕刻较多，图案繁冗，常与摆件相混淆。

2008 年 6 月，抚顺煤精雕刻被列入第二批国家级非物质文化遗产名录。

图 2-6-6　椭圆砚

第七节　吉林省

一、松花砚

松花砚，是清代皇帝的御用珍品。砚石产于吉林省长白山区的通化市、白山市以及江源县。以松花石制砚始于清康熙年间，盛于雍正、乾隆两朝，衰落于嘉庆年间，距今已有300多年历史。

松花石形成于距今8.74亿—8.54亿年前，硬度为摩氏4—4.5度，与红丝石相近，略高于端歙，适于雕刻。由于“纹似年轮木理，色如翠柏青松”，故称松花石，所制砚称松花石砚。

松花石纹理特别，色彩艳丽丰富。已发现绿色、紫色、黄色、白色、黑色和彩色六大系列，有数十种纹理、图案。

松花石砚，备受皇室推崇和收藏家的喜爱。康熙铭松花御砚：“寿古而质润，色绿而声清，起墨益毫，故其宝也。”乾隆称赞：“松花玉，色净绿，细腻温润，可中砚材，发墨与端溪同，品在歙坑之右。”清代陈元龙《格致镜原》评价御用松花石砚：“松花石砚，温润如玉，绀绿无瑕，质坚而细，色嫩而纯，滑不拒墨，涩不滞笔，能使松烟浮艳，毫颖增辉，昔人所称砚之神妙无不兼备，洵足超轶千古。”

长白山是大清的发祥地，被皇家封为禁区，禁止开采渔猎。松花石由宫廷造办处进山采集，运回宫中制砚御用，也用于赏赐有功的臣子。康熙及后历代制百余方松花砚，现存世御砚 80 方，都存于故宫博物院。清宫御用松花石砚由康熙皇帝创制，是我国制砚史上唯一由帝王识石、监制、定品、专宠，随王朝盛而兴、亡而湮的传奇之砚。松花石御砚形制上凸显皇家气派，均是多石配成，开镶嵌美玉及宝石先河，既有南方制砚之精美细腻，又有北方制砚之浑厚大气，是自然美与人文美的神妙结合。石盒是康熙帝的创造，不仅增添了御用松花石砚特殊的美，又适应了北方的干燥气候，使墨不易干枯。因此，清朝历代皇帝都格外珍爱松花石砚。（图 2-7-1 至图 2-7-8）

松花砚自清末后便销声匿迹，失传百年。1979 年，有识之士重新发现新矿，使这一瑰宝重放异彩，并不断推出新品种，博得中外书画家、收藏家的一致赞誉。原中国书法家协会主席舒同题词："松花江石砚与端砚齐辉。"启功先生挥毫赋诗："鸭头春水浓于染，柏叶贞珉翠更寒。相映朱坤山色好，千秋长漾砚池澜。"书法家赵朴初盛赞松花砚："色欺洮石风漪绿，神夺松花江水寒。重见云天供割踏，会看墨海壮波澜。"爱新觉罗·溥杰评松花砚的赞语是："地无遗宝，物尽厥材。松花石砚，继往开来。"

2007 年，松花石砚雕刻技艺被列入吉林省第一批非物质文化遗产名录。

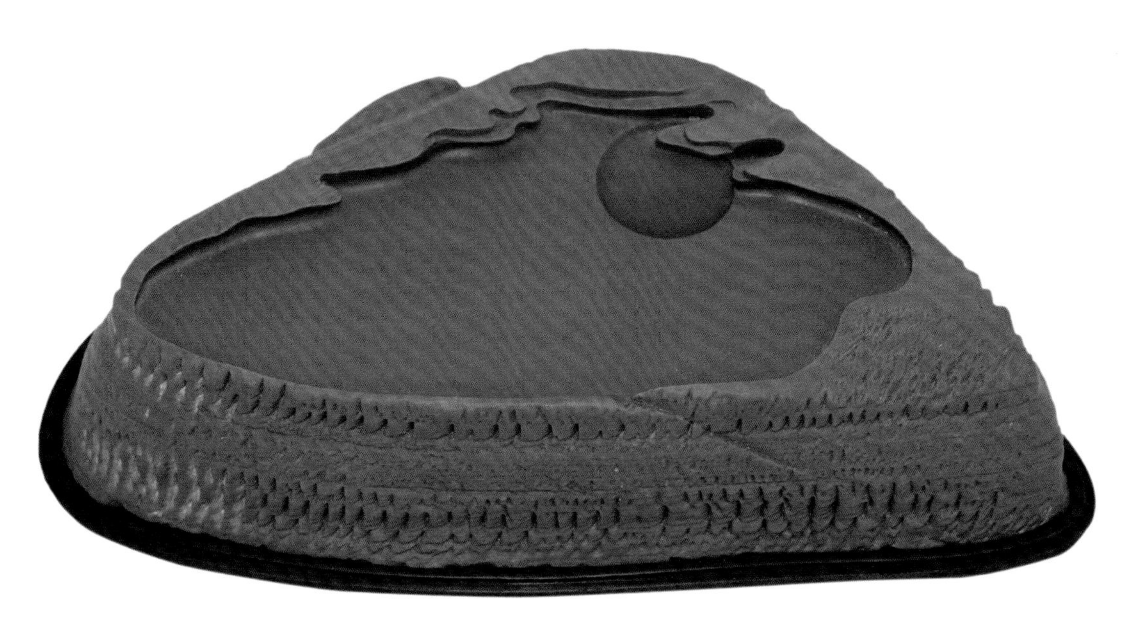

图 2-7-1　云月砚

图 2-7-2　仿清宫廷龙纹砚（带盖）

图 2-7-3　石渠砚（带盖）

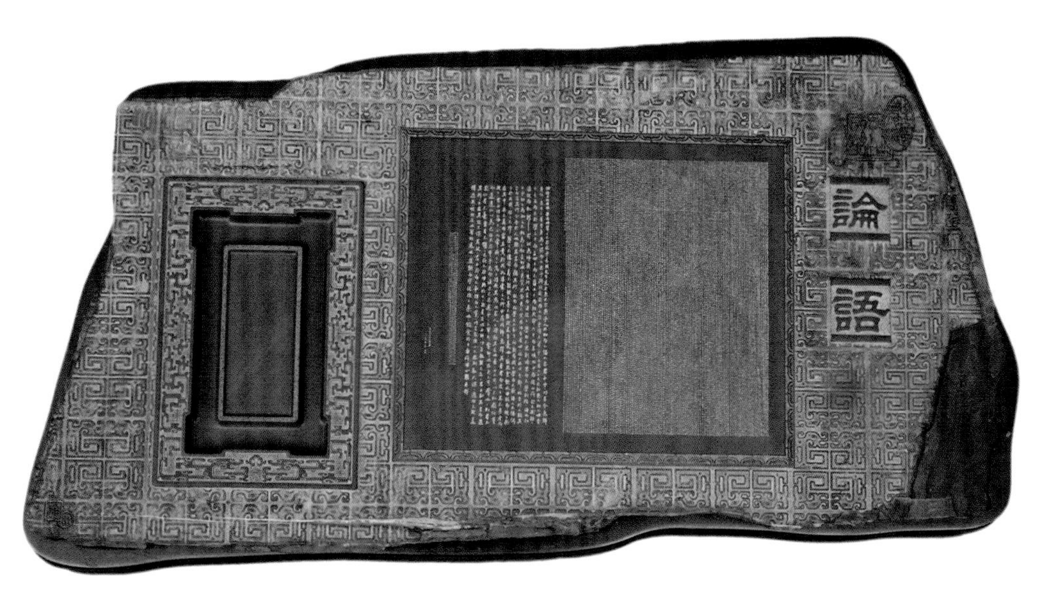

图 2-7-4　微雕论语砚

图 2-7-5　清魂三皇砚（带盖）

图 2-7-6　蒸笼砚

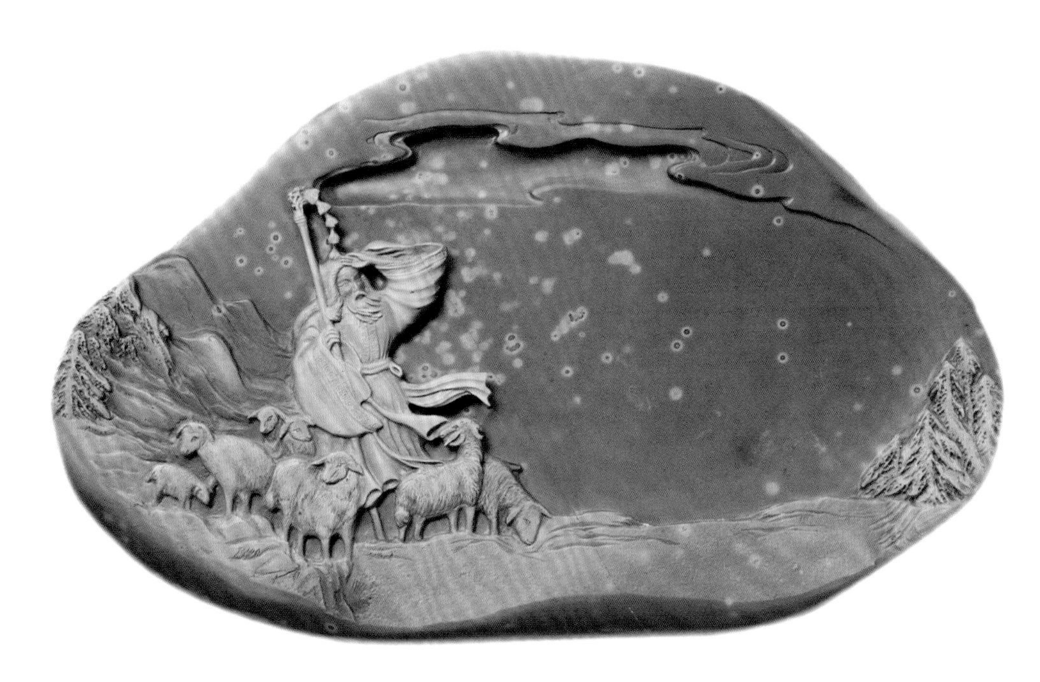

图 2-7-7　苏武牧羊砚

二、长白石砚

长白石砚，产于吉林省白山市长白朝鲜族自治县马鹿一带，又称长白玉、马鹿玉。因其颜色有绿、黄、青、蓝、紫红、灰白、深褐等多种，故也称长白五彩石，学名长白山高岭土。

长白石形成于 1.3 亿多年前，系由火山物质碎屑沉积而成，其主要成分有绿泥石、绢云母、叶蜡石、高岭石、地开石等。硬度在摩氏 2—2.5 度，为透明和半透明状。其石色混在一起，形成卷纹、龟纹、蟒纹、流霞纹等，俊俏秀丽，对比强烈。1979 年，马鹿玉在长白县马鹿沟正式被开采，并批量生产。主要用于雕刻印章以及雕刻人物、动物、花鸟、器皿等工艺品。近年有用来制砚者，但因其硬度较低，有滑石感，不适于制砚磨墨，一般只是用来收藏、把玩或掭笔之用。

图 2-7-8　长白石砚

第八节　江苏省

一、蠖村砚

蠖村砚，产于江苏省苏州市吴中区藏书镇灵岩山附近蠖村一带，因其色黄似澄泥，故也称太湖澄泥石砚，也有称太湖砚、藏书砚、苏州砚、漱石砚等。又因宋代米芾《砚史》中说："褐黄石理粗，发墨不渗，火煨不燥"，而传称"苏州褐黄石砚"。

蠖村石为含粉砂泥岩，赋存于二叠纪龙潭组中段，属浅变质泥岩。质地坚实致密，刚柔适中，易于发墨，不损笔锋，便于雕琢。其色有紫红、灰青、土黄等，紫红的称朱砂，灰青的呼"蟹壳青"，土黄的叫"鳝鱼黄"，以"蟹壳青"和"鳝鱼黄"为上品。因煨烧工艺，致使历代流传之澄泥石砚色彩丰富。在存世的宋、明澄泥石砚中，常见呈褐黄色。

蠖村砚历史悠久，始于春秋战国，盛于唐宋。此地砚石由于有着色感丰富、纯净细腻、易于雕刻的优点，常常使所雕之物形神兼备，栩栩如生，因而得到清代砚林"三痴子"王子若、吴门派砚雕艺术的杰出代表顾二娘及近现代砚雕大师陈端友等历代砚雕名家的青睐，从而使蠖村砚形成了风姿柔媚、顾盼有情、技艺精湛、鬼斧神工的独特风格，开创了"苏派"砚雕艺术。与以端砚为代表的"粤派"，以歙砚为代表的"徽派"，三足鼎立于我国砚坛。唐代著名诗人皮日休在《太湖砚》诗中云："月融还似洗，云湿便堪研。"唐代文学家陆龟蒙（吴县人）曾在《咏太湖砚》诗中赞颂："坐久云应出，诗成墨未干。"据康熙年间《吴县县志》载："蠖村石灵岩山，可为砚。"又据《吴门表隐》

载："巙村石在灵岩山西，有石城，汉高获寓居卒于此，石城人思之，共立为祠，本名获村，后误讹为巙村。挖石琢砚，文有金星，不减端、歙，有青黄两种。"这更可以说明巙村砚是取灵岩山之石，由巙村的砚雕艺人制作而成。后来据说因三国时吴主孙权在灵岩山为其母建造陵园，严禁在灵岩山上采石，砚匠们迫于生计，只好向灵岩山西的藏书乡一带转移，并在善人桥附近发现了新的砚石产地，其石料一直开采至今。《西清砚谱》中就有数方宋代的巙村石砚。

巙村石砚造型端庄古朴，图案精美高雅，色泽深沉而含蓄。其质地细腻而润滑，储水不涸，呵气成汁，发墨快而不损毫。当地艺人的文化底蕴和灵巧的刀工手法，成就了巙村石砚中特有的实用与收藏价值。（图 2-8-1 至图 2-8-4）

2006 年 12 月，苏州藏书澄泥石刻被列入江苏省第一批非物质文化遗产名录项目。

图 2-8-1　笋砚

图 2-8-2　和谐砚

图 2-8-3　白菜砚

图 2-8-4　竹简砚

二、虞山赭石砚

赭石砚产于江苏省常熟市。石出自虞山东黄公望墓一带，因其为赭色，故也称虞山赭石砚。相传为龙血所化，又称龙血砚。山因商周之际江南先祖虞仲（即仲雍）葬于此而得名。

虞山石质属上古泥盆系沉积岩，虽非上乘，但亦有特色。赭石大如磨盘，小如拳头，以块状石分布在山腰和山麓，石质粗松，色彩单一，色泽明而不艳俗，温而不晦暗，质地细腻，经提炼拌胶，能做上好的中国画赭石颜料，堪称虞山一宝。

相传在唐代贞观年间，虞山上曾有黑白两龙争斗，斗得翻江倒海，日月无光。一位老僧怕误伤生灵，在山脚端坐合十，念动真经，天神招之即来。白龙眼快，见势不妙，钻入尚湖。黑龙木讷，逃之不及，在天神驱赶下，拱山而行，拱出一条怪石嶙峋的山涧，就是破龙涧，涧旁寺院叫破山寺。伤痕累累的黑龙，血溅山石，染成龙血石，也就是赭石。

虞山赭石是元代大画家黄公望的酷爱之物。黄公望世居虞山西麓，浅绛山水画用的颜料就取材于虞山的赭石。他用虞山赭石作画，用浅赭色渲染山石，辅以墨赭复勾，凸显山石精神，画树也是如此，著名的《富春山居图》就是这样创作的。据说清末民初的大画家吴昌硕作画亦用赭石，取赭石砚用牛皮胶和水研磨，赭色即出，横涂竖抹，相当实用。（图 2-8-5）

2012 年 6 月，虞山赭石刻砚技艺被列入常熟市第四批非物质文化遗产代表作名录扩展项目，“山前石匠”后人宗洪兴仍在传承制作赭石砚。

图 2-8-5　淌池砚（正、背）

第九节　浙江省

一、西砚

西砚，又称西石砚。砚石产自浙江省江山市大陈岭乡和常山县青石乡一带的砚山。砚山前有一清流名西溪，此处原又属衢州府，唐咸通年间（860—874）衢州古称西安府，故名西砚。又因多为红黄相间的紫金石制成，故又称紫金石砚。

西砚历史悠久，据传始于唐代咸通年间，至宋已盛，距今有1100余年历史。砚石产地处于皖、浙、赣三省交界，离江西饶州府（今上饶）、安徽徽州府（今歙县）不远。在唐宋时期，经济文化发达，文人墨客荟萃。相传大文豪苏东坡在离职杭州时，浙江的父老乡亲携带许多地方特产为他送行，而他只收了一方西砚，这一方面说明苏东坡为官清廉，另一方面也说明西砚当时已颇受文人青睐。明朝是西砚生产最繁荣时期，据《浙江通志》记载，明万历年间，离江山县城北20千米的砚山一带，从事采石制砚者已达几千人。明末，西砚生产日益衰落。清代中期西砚复兴，地方官员把西砚作为贡品进贡。清末以后，西砚生产再度衰落，抗日战争后失传。一直到1979年，才恢复西砚的生产。

西石存在于早奥陶系黄泥岗组地层中，为钙质泥岩。砚坑所处重岩叠翠，有西溪之水蜿蜒流于山间，因取石于溪旁山中砚坑，又常年为泉水所浸，故石品甚佳。西砚石质细而坚，滋润发墨，色泽俏丽。大致分为三种：一是普通砚石，通常为青灰色和水纹石，与罗纹歙石接近，历史上大量生产学生砚；二是青花石，也称花青石，青底白膘，有时利用其俏色可以雕出很好的作品；三是紫金石，是西砚的典型石材，有紫金石和紫袍玉带、紫袍金带等石品，以紫袍玉带最为名贵。西砚的雕刻在造型、题材和表现手法上都深受歙砚的影响，特别是雕刻上多结合砚石的特点，以浅浮雕手法为主，兼有深雕、圆雕，使所雕之砚质朴雅洁，尽显砚石天然美色。（图 2-9-1 至图 2-9-4）

西砚石素以发墨、坚实、细腻、滋润而博得历代文人的赞誉。当代书画家沙孟海、诸乐三、胡铁生等曾分别题以“比得端溪”“端歙齐芳”“不下端歙”等词给予高度评价。

2009 年 7 月，江山市西砚制作技艺被列入浙江省第三批浙江省非物质文化遗产名录项目。江山市徐则文被确定为浙江省非物质文化遗产保护名录项目西砚制作技艺代表性传承人。

图 2-9-1　二龙戏珠砚

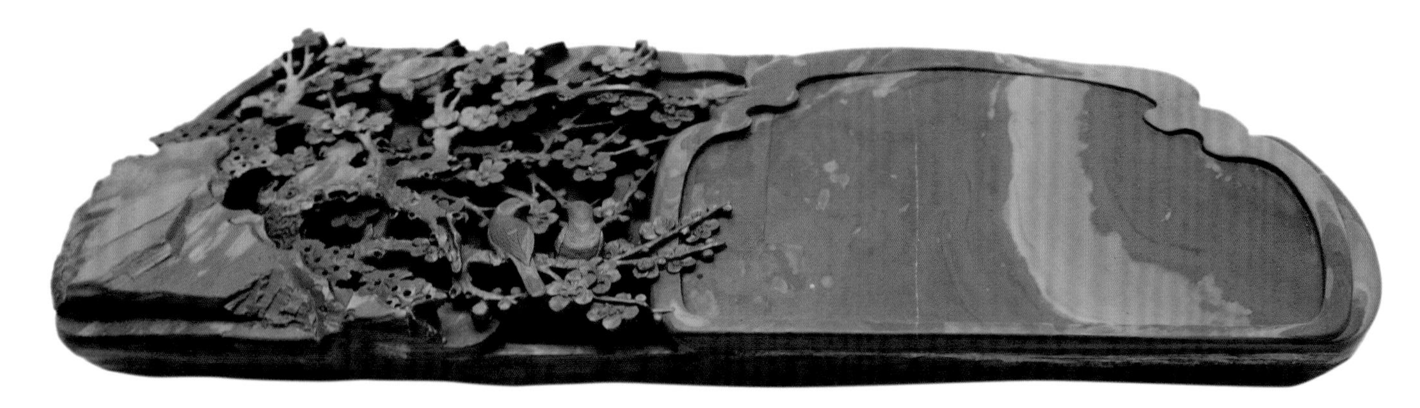

图 2-9-2　喜上眉梢砚

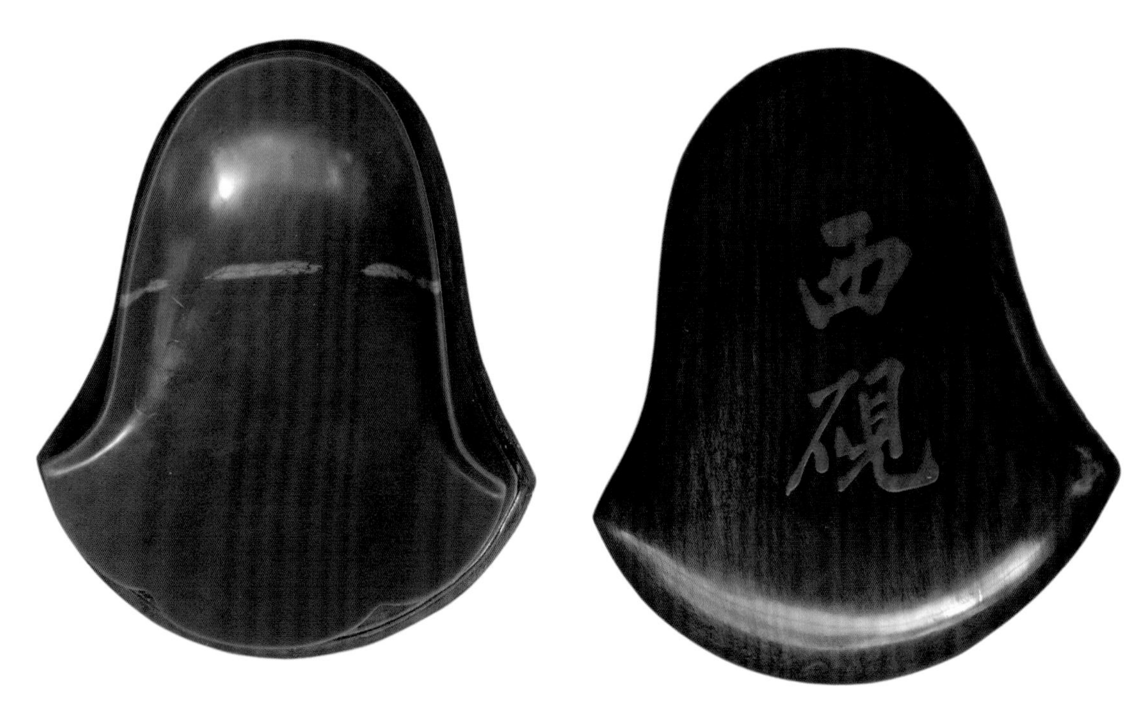

图 2-9-3　古风砚（正、背）

图 2-9-4　老叟知音砚

二、青溪龙砚

青溪龙砚，又称青溪石砚、青溪砚、海瑞砚、海公砚，产于浙江省淳安县（旧名青溪），石出自与安徽歙县同属白际山脉的灵庵尖山阴坞下小瀑布水潭中。

青溪石为灰黑色粉砂质板岩，赋存于奥陶系地层中，石质坚润，结构严密，抚之如肌，磨之有锋。根据其颜色、质地、纹理的差异，青溪石可分为云龙、雨夹雪、眉子三种：石中具有云纹，且布满了金星的称“云龙”；在灰黑色石上镶嵌着颗颗银星的称“雨夹雪”；在石中布满眉毛状金丝，宛如流云飞升的称“眉子”。其质地致密细腻，具有发墨益毫等特点。

据传明嘉靖三十七年（1558）海瑞任淳安知县，到云都源（今淳安威坪）一带察访时，在洞源村的龙眼山上，只见山如黑龙啸天，岩石奇特，瀑布轰鸣，似青龙吐水。山下龙潭水中有无数黑石，平整光滑，上面嵌着许多点点金星，试墨之后，十分称心。于是他拣了几块龙眼石，命海安等人乘船沿新安江去安徽歙县，请制砚作坊砚工雕刻成砚台，后发现下墨、发墨与歙砚几乎无异。于是海瑞就挑选了十几个年轻人，每人挑一担龙眼石去歙县拜师学艺。学成回来后，海瑞组织他们在龙眼山脚办起了制砚作坊，开始大规模采石制砚，这一制作技艺一直传至今日。据称，青溪龙砚之名就是海瑞命名的。为纪念海瑞开发之功，老百姓称青溪砚为“海瑞砚”。

20世纪50年代后，青溪砚生产有了新发展。青溪龙砚的雕刻扬当地石雕、木雕、砖雕之长，以浮雕、圆雕为主，结合其他技法，画面饱满，线条流畅，使所雕之砚气韵生动，引人入胜。砚品有仿古砚、素池砚、淌池砚、随形砚等造型。根据所刻图案有“双龙戏珠砚”“福寿砚”“嫦娥奔月砚”“龙凤呈祥砚”“瓜砚”“山水砚”“海瑞砚”“千岛湖风光砚”“彩云追月砚”等。青溪龙砚深受文人雅士和客商青睐。（图2-9-5、图2-9-6）

2012年6月，青溪龙砚制作技艺被列入第四批浙江省非物质文化遗产名录。淳安县洪发军被确定为浙江省非物质文化遗产项目青溪龙砚制作技艺代表性传承人。

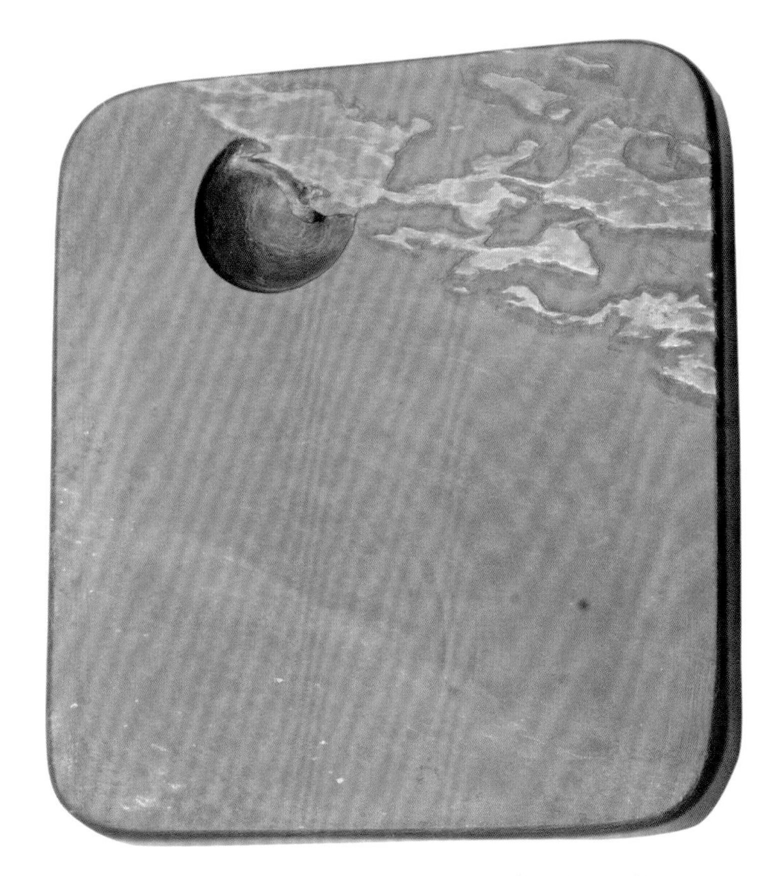

图 2-9-5　彩云追月砚（洪发军作　溪韵阁藏）

图 2-9-6　淌池砚

三、越砚

越砚产于浙江省绍兴市。石出会稽山区平水镇上灶村一带。因绍兴（古称会稽）是春秋时代越国的国都，砚石又产自会稽山一带，故砚以国得名，又称越石砚或绍兴砚。

越石属安山凝质灰岩，赋存于元古界震旦系地层。具有呵气成水、研磨无声、发墨如漆、保湿益笔等特点，是比较理想的制砚材料。砚坑有上岩、中岩、下岩之分，尤以下岩所产砚石最佳。（图 2-9-7、图 2-9-8）

越石主要有紫红色、猪肝色及灰绿色，色泽绚丽、纹彩美观。有形似虎皮的虎皮纹，隐现绿色花纹的芭蕉叶，有青花纹的青衣，紫石中镶嵌有绿色条纹的玉带，呈现紫红色斑的紫袍以及银丝、红线、翠斑、美人红等石品。

用越石制砚，确切年代已无从考证。有传说“书圣”王羲之的《兰亭序》就是用越石砚、蚕茧纸和鼠须笔写成，字体遒劲飘逸，成书坛万世楷模，越砚也从此声名远播。后来为了表达对“书圣”的崇拜，用“兰亭八景”作图案刻制的砚便被称之为“兰亭砚”，其形制至今为很多砚种所采用。

明清时期越砚更负盛名，明代散文家张岱在《陶庵梦忆》中就谈到以“越石”琢为“着墨无声而墨沉烟起”的“天砚”，视为珍品。据说明代的“吴中四子”唐寅、文徵明、祝允明、徐祯卿等人都十分推崇越砚。又有说清代画家、“扬州八怪”之一的金农在会稽山游览时曾拾到一方越石，因其石美质润，十分喜爱，带回扬州后精心琢成一方砚，果然呵气成云，磨墨无声，发墨而不损毫，从此越砚声名日上，被列为名砚。

越砚以随形砚为多，雕刻非常精细，砚雕师们根据砚石的天然纹彩巧妙地设计山水、花鸟、人物等图案，在雕刻手法上既遵循传统又广采众长，使越砚形成刀法洗练、线条明快、图案和谐、意趣环生的特点，深受书画家、收藏家和各界名流的喜爱。

历史上越砚只是民间艺人小规模雕刻，20 世纪 70 年代末至 20 世纪 80 年代初进入全盛时期，当地创办砚台厂大量生产越砚，作为外贸产品出口创汇。20 世纪 80 年代中期，因优质越石资源枯竭而停产。

图 2-9-7　长方平板砚

图 2-9-8　云中仙境砚

四、开化石砚

开化石砚产于浙江省衢州市开化县，砚因地而名，又称开化砚、衢砚。

有关开化石和开化石砚，历史上记载颇多，宋代杜绾《云林石谱》称："衢州开化县龙山深土中出石，垒块或巉岩，可观色稍燥，叩之有声。"宋代唐积《歙州砚谱》："浙石，属衢州开化县，俗谓之'玳瑁石'。其纹正如玳瑁，傍视则有波纹者。""浙石，一等纹如玳瑁斑。"明文震亨《长物志》称："衢砚出衢州开化县，有极大者，色黑。"清赵汝珍《古玩指南》称："浙江省衢州属常山县之开化，产黑石，坚润有似歙石，用以制砚颇佳。"由此可见开化石色黑坚润，与歙石相近，略逊于歙砚。

开化石砚，主要取材于马金溪的龙潭、汕滩溪流之中，石质坚实细腻、温润如玉，石品多且色彩丰富，发墨而不损笔锋，成砚十分大气。主要有玳瑁石砚、带石砚、黑石砚、乌金石砚、青石砚等。尤其是玳瑁石砚，独步砚林。玳瑁石石色青润，有波纹及玳瑁般的黑色块状和黄色块状，成岩为距今约8亿年，硬度为摩氏2.8度左右。玳瑁石富含云母而有折光，随着角度的变换，呈现多变的纹理和肌理效果，纹以水波为主，有黑纹、金纹、草纹等。成砚美观大气，石品细腻温润，砚面如镜却不拒墨，下墨快且发墨莹润如油，为古代文人墨客所钟爱。惜砚石难求，产量极低，以致有人用梨皮石冒充玳瑁石砚。

2015年12月，开化石砚制作技艺被列入浙江省衢州市第五批非物质文化遗产名录。（图2-9-9至图2-9-11）

图 2-9-9　月色砚

图 2-9-10　玉带砚

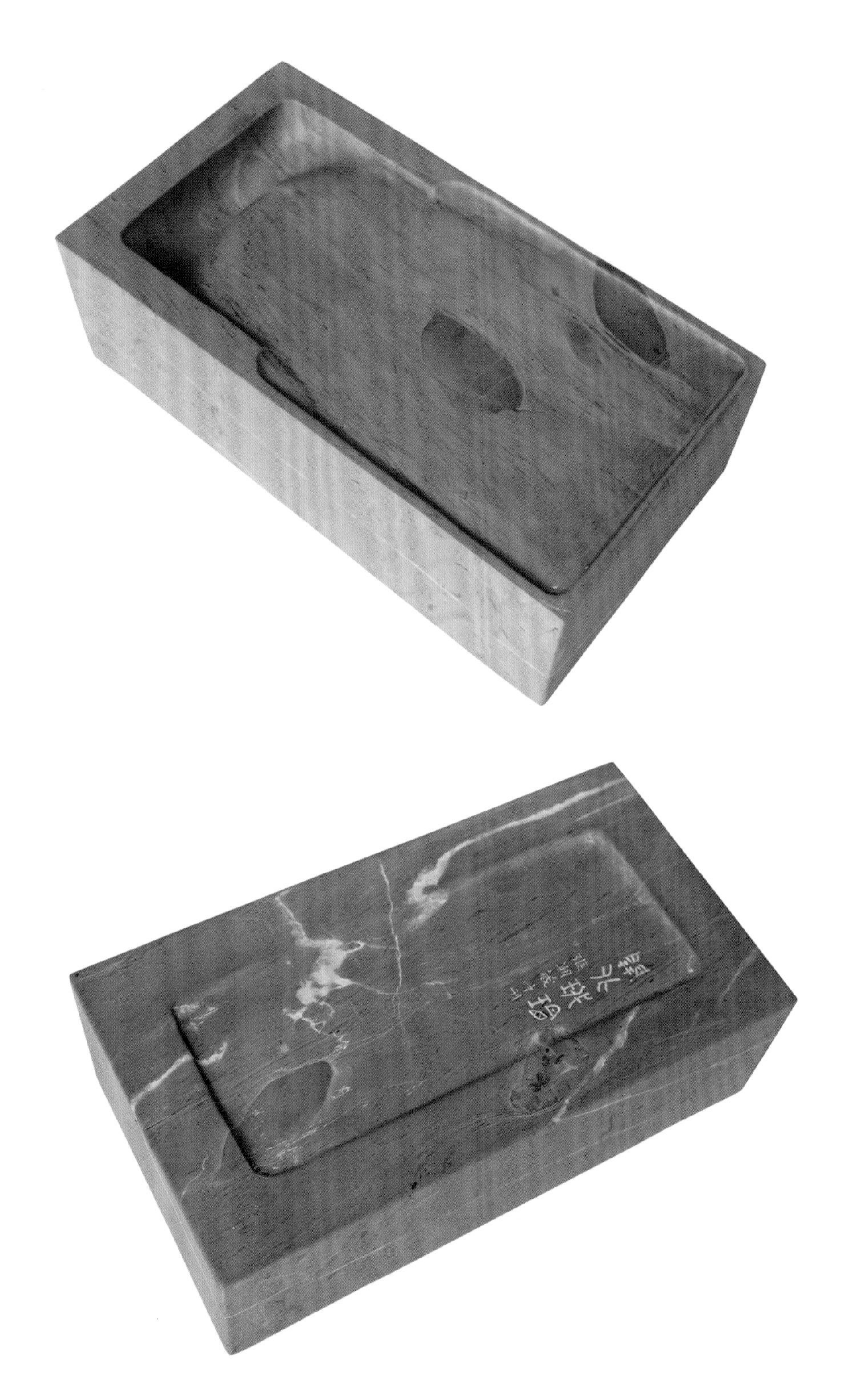

图 2-9-11　九流之玺砚（正、背）

五、华严石砚

华严石砚产于浙江省温州市。石出江北永嘉罗浮华严山，又称温州石砚、永嘉石砚、罗浮石砚。（图 2-9-12）

华严尼寺岩石多呈紫色，石面缀满小黑点和白玉小圆点，因白玉点玉质较坚实，故易于发墨，适于制砚。所制之砚石质温润，磨墨无声、墨色生光、叩之韵平。关于华严尼寺岩石、温州石及永嘉石砚，古籍中均有记载。杜绾《云林石谱》云："温州华严石出川水中，一种色黄，一种黄而斑黑，一种色紫。石理有横纹，微粗，扣之无声，稍润。土人镌治为方圆器，紫者亦堪为研，颇发墨。"米芾《砚史》云："温州华严尼寺岩石，石理：向日视之，如方城石，磨墨不热，无泡，发墨生光，如漆如油，有艳不渗，色赤

图 2-9-12　随形砚

而多有白沙点，为砚，则避磨墨处。比方城差慢，难崭而易磨。亦有白沙点，点处有玉性，扣之声平无韵。校理：石扬休所购王羲之砚者，乃此石；今人所收古砚，间有此石，形合晋画，约见四五枚矣。”《光绪永嘉县志》：“在城北八里，永宁支山，有华严洞，花木繁丽，自成佳境。有石可为砚。晋王右军《法帖》云：‘近得华严石砚颇佳’，即此。”据传东晋书法家王羲之所爱用之砚即是温州华严尼寺岩石砚。清乾嘉后的永嘉诗人周衣德《华严山》诗云：“华严石块已无多，逸少风流尚不磨。研寿不如书寿长，烟云一片墨池波。”可见清中后期，华严砚还是有产出的，但生产已经衰落。现在式微至甚，无处可觅。

六、奉化明石砚

明石砚产自浙江省奉化市，也称奉化石砚。因奉化古属明州，故石称明石，用明石制砚则称为明石砚、明州石砚。

关于明石和明石砚，宋代杜绾《云林石谱》载：“奉化石，明州奉化县诸山大石中，凡击取之，即有平面石，色微黄而稍润，扣之无声。其纹横裂两道，如细墨描写一带夹径寒林，烟雾朦胧之状，或如浓墨点染成高林，与无为军所产石屏颇相类，但石质顽犷。凡镌治旋薄，则纵横断裂，亦可加工磨砻为研屏，土人不知贵。”宋代高似孙《砚笺》载：“明石砚，米帖，明州石砚石甚觕（同‘粗’）。”清代蒲松龄写的文玩资料《家政内编》：“奉化：明州邑名。色微黄，扣之有声。其纹横裂，亦可加工磨治为砚。”明石砚目前未发现有存世宝物，故无法提供图片，当地亦未闻有新砚产出。

七、台州石砚

台州石砚产于浙江省台州市，历史悠久，从秦汉开始到明清为止，历朝都有。

台州石砚虽不名贵，却很有地方特色。它取材于台州，由台州工匠制作，台州人使用。台州多山，石材随处可见，制砚常用的是青石，石层厚度一般在 5 厘米至 10 厘米，原本是建房材料，用其边角料制砚。

台州石砚没有规模像样的制砚作坊，大多是石匠附带制作，一砚一匠，风格迥异，多为自用，零星出售。由于石材廉价、工艺粗糙、砚身沉重、砚堂坚硬等诸多原因，台州砚绝大部分为当地人使用，没有成为行销各地的商品。

台州砚造型比较规范，一般为方形、长方形、圆形、椭圆形等规矩砚，很少有五花八门、奇形怪状的式样。由于石材坚硬，再加上制砚者都不是专业砚匠，砚上很少有精雕细刻的纹饰，即使有也简约粗犷。砚底则多为毛坯，一斧一凿痕迹分明。周边却因砚身厚，往往雕有凹线或简单纹饰，很多方形砚四角还雕有砚足。跟其他砚种比较，台州砚自成独特风格。（图 2-9-13）

由于人们对台州砚认识不足，再加上近年老旧房屋大规模拆迁，绝大部分旧砚被遗弃，存世量很少，也未见有新砚制作。

图 2-9-13　鱼跃龙门砚

八、梅园石砚

梅园石产于浙江省宁波市鄞州区鄞江镇的梅园山、锡山一带。其开采历史悠久，早在西晋时，梅园石便以石质优良、适用于建筑和工艺用材著称。自唐代开始，梅园石经常作为寺庙建筑的用材，保国寺中还存有一对唐代石经幢。到了南宋，梅园石的开发使用达到了一个高峰，不但广受国人喜爱，还开始出口到国外。公元 1184 年，日本东大寺重修时，就使用了梅园石。（图 2-9-14）

图 2-9-14　圆渠砚

梅园石属火山砾凝灰岩。梅园石色泽为浅灰紫，素雅大气，质地均匀细密，硬度适中。明黄宗羲《四明山志》中说：“东浙碑材。不能得太湖石，次之梅园。质颇近腻。今石孔久闭，佳者不易求矣。”梅园石，在宁波都是一些历史传承下来的古物，涉及石刻、石桥、石塔等。以梅园石制砚在史籍中没有介绍，但现可见宋代、明代遗存的梅园石砚。梅园石砚应该是梅园石工偶尔为之，并非专事雕砚。有些为压舱石所制，石质粗糙，下墨、发墨均不佳，不适宜为砚。（图 2-9-15）

图 2-9-15　长方抄手砚

第十节　安徽省

一、八公山紫金砚

八公山紫金砚，砚石产于安徽淮南寿县八公山（古称紫金山）。砚因山而名，也称寿春石砚。寿县自古就流传一首民谣："寿春宝三件：《淮南子》、豆腐、紫金砚。"

八公山因西汉淮南王刘安与苏飞、李尚、左吴、田由、雷被、毛被、伍被、晋昌八公在此学道成仙的神话而得名，又因历史上著名的秦晋"淝水之战"和成语"风声鹤唳""草木皆兵"而闻名遐迩。

八公山紫金石赋存于寒武系地层，为紫红色泥质灰岩，硬度为摩氏3—6度。石质肌理润泽，细腻如玉，呵气可生云，叩之则有声。色彩瑰丽，石品丰富，颜色有红、黄、紫、绿、青、褐、黑等石色。有紫金带、黄金带、草绿、彩带、金丝、酱紫、鱼子红、月白、花斑、蟹壳青、金黄、碧玉、黑子、墨玉等10多种石品。（图2-10-1至图2-10-3）

紫金砚历史久远，始于汉盛于唐，并在唐时成为宫廷贡品。宋代杜绾《云林石谱》中记载："寿春府寿春县，紫金山石出土中，色紫，琢为砚，甚发墨，叩之有声。余家旧有风字样砚，特轻薄，皆远古物也。"紫金砚是文人墨客、王公贵族争相收藏的珍品。诗人李白曾用紫金砚研墨，写就《白毫子歌》《寄淮南友人》等著名诗篇。宋代文豪欧阳修携紫金砚临淮水，写下"紫金山下水长流，尝记当年共此游。今夜南风吹客梦，清淮明月照孤舟"的著名诗句。宋代黄庭坚得岳丈孙莘老所赠一方紫金砚，视为珍宝，他自称宁舍万金不舍紫金砚。由于砚石资源短缺，八公山紫金砚至明清时代逐步停滞，甚至被人们遗忘。明代紫金砚稀缺到只做贡品，民间难得一见，至清代则基本绝产。

直到20世纪末，有关部门和人员依据历史文献和少量存世的遗物，才重新开发出这一历史名砚。八公山紫金砚的雕刻清新雅洁，质朴大方，充分展示了石纹、石色之美，最大限度地保留了研墨濡笔的实用功能，受到社会各界的广泛欢迎和好评。

2006年12月，紫金砚制作技艺被列入安徽省第一批非物质文化遗产名录。

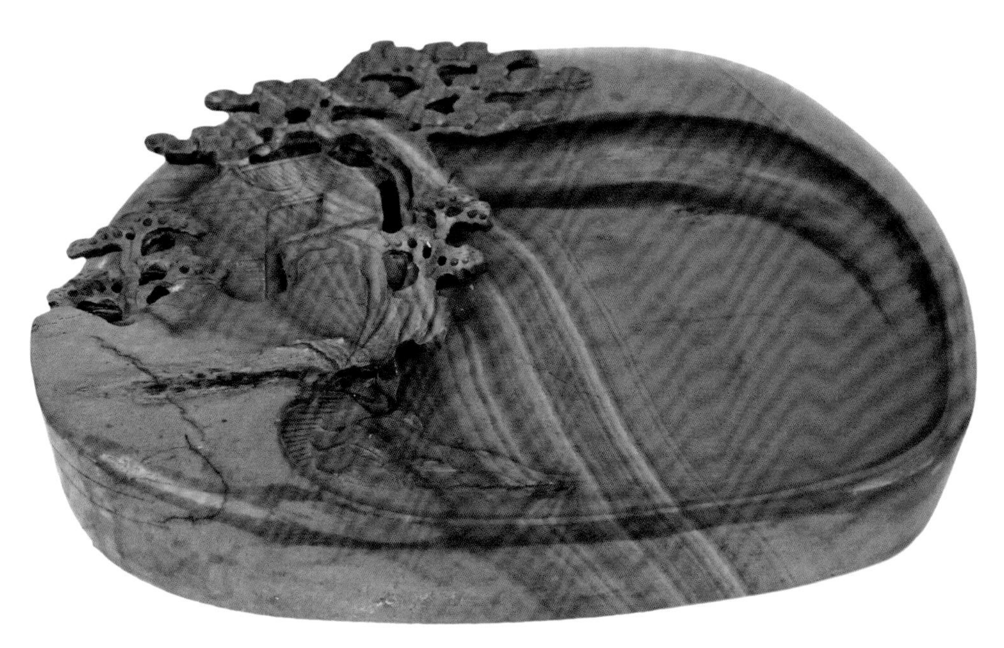

图 2-10-1　松砚

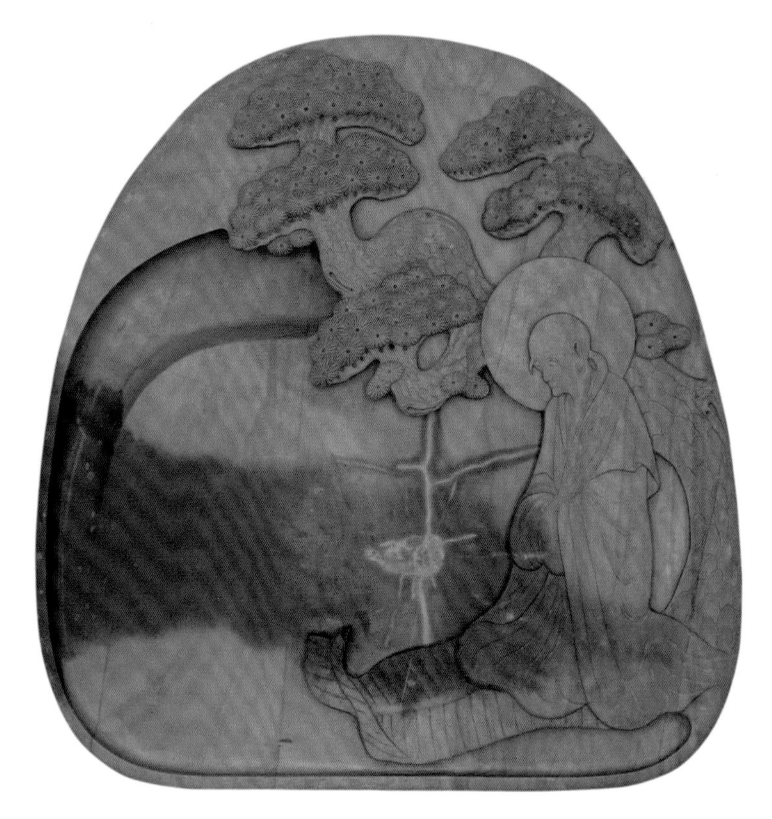

图 2-10-2　灵机一现砚

图 2-10-3　月池圆砚

二、宿州乐石砚

乐石砚，又称宿州乐石砚，砚石产于安徽省宿州市北部褚兰山黑峰一带，因砚台敲击发音似铜乐声而得名。

乐石属微晶灰岩，呈石饼状，存在于冲积层中，与其他石块、砂砾共生。其质刚柔相济，疏密相承，既滑而发墨，又不损笔毫，“二德兼备”。其色彩斑斓，以青黑为主，也有青、红、黄等色，还有蒸栗黄、胡桃玉、艾叶绿、孔雀蓝、粉青、肌黄、玄玉、胭脂红等，五光十色，悦人眼目。其声圆润，叩之铮铮，清脆如玉，更为乐石所独有。乐石砚集形、质、声、色之众美于一体，是灵璧石的姊妹石。每方砚的形状不尽雷同，石材图案丰富，或云海狂涛，或奇峰林壑，或日月星辰，或修竹兰草，或飞禽走兽，或花鸟鱼虫，无不自然成趣，气韵生动，引人入胜。（图 2-10-4 至图 2-10-6）

乐石砚历史悠久。据传，《禹贡》成文时代即有人开采，从春秋至汉唐，多用来制磬或刻为碑碣。秦始皇“刻此乐石，以著经纪”的封山碑用的便是乐石。《汉书》中记：“梁水（今宿州境内）至泗水，出乐石、美石，声如青铜色碧玉，扣之铮铮有声、音质淳美”，故古时主要用作乐器磬。乐石之名可能即源于此。而用乐石制砚，则始于南唐盛于宋。宋代李之彦《砚谱》：“宿州出乐石，润腻发墨，但无石脉。”宋代高似孙《砚笺》：“宿州乐石砚，润腻发墨，无石脉。”苏易简《文房四谱》、清代钦定《四库全书》等专著中均有记载。

宋代，乐石砚备受帝王将相、文人墨客青睐，并成为朝廷贡品，民间极少见之。宋徽宗为了得到一块得意的宿州乐石砚，特颁发御旨，下令彭城郡的官员亲到乐石砚产地褚兰，令砚石匠精心挑料，精巧设计，精致打磨，制作乐石砚，进贡皇上。宋徽宗在砚上御题“山高月小，水落石出”八字。据说，这块宿州乐石砚现珍藏在四川省成都市的某家博物馆里。

明代以后，乐石砚的制作日渐衰退，最终失传达数百年之久。20 世纪末，根据史料记载，有关人员终于在宿州北部褚兰山区找到了当年的采石旧坑，开挖出砚石，使乐石砚重又面世。乐石砚的雕刻属徽派风格，砚的形制、题材、技法与歙砚极为相近，受到当代各界名流的高度评价。书法家赵朴初为乐石砚亲笔题写了“砚林瑰宝”四个大字。

2006 年 12 月，宿州乐石砚制作技艺被列入安徽省第一批非物质文化遗产名录。

图 2-10-4　邀月砚

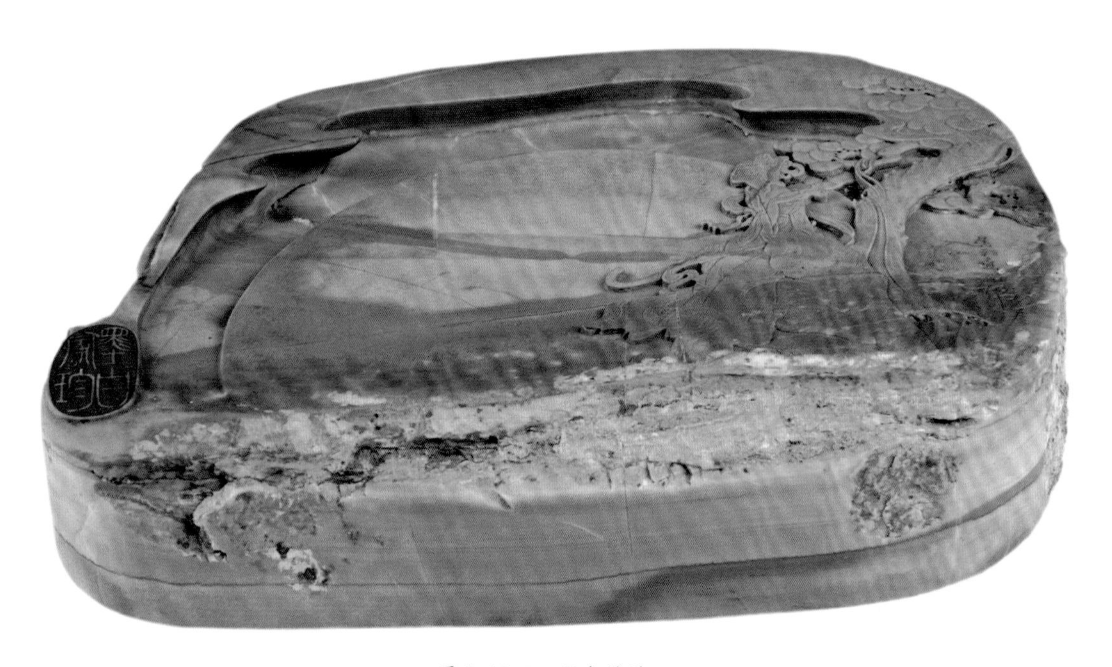

图 2-10-5　月宫嫦娥砚

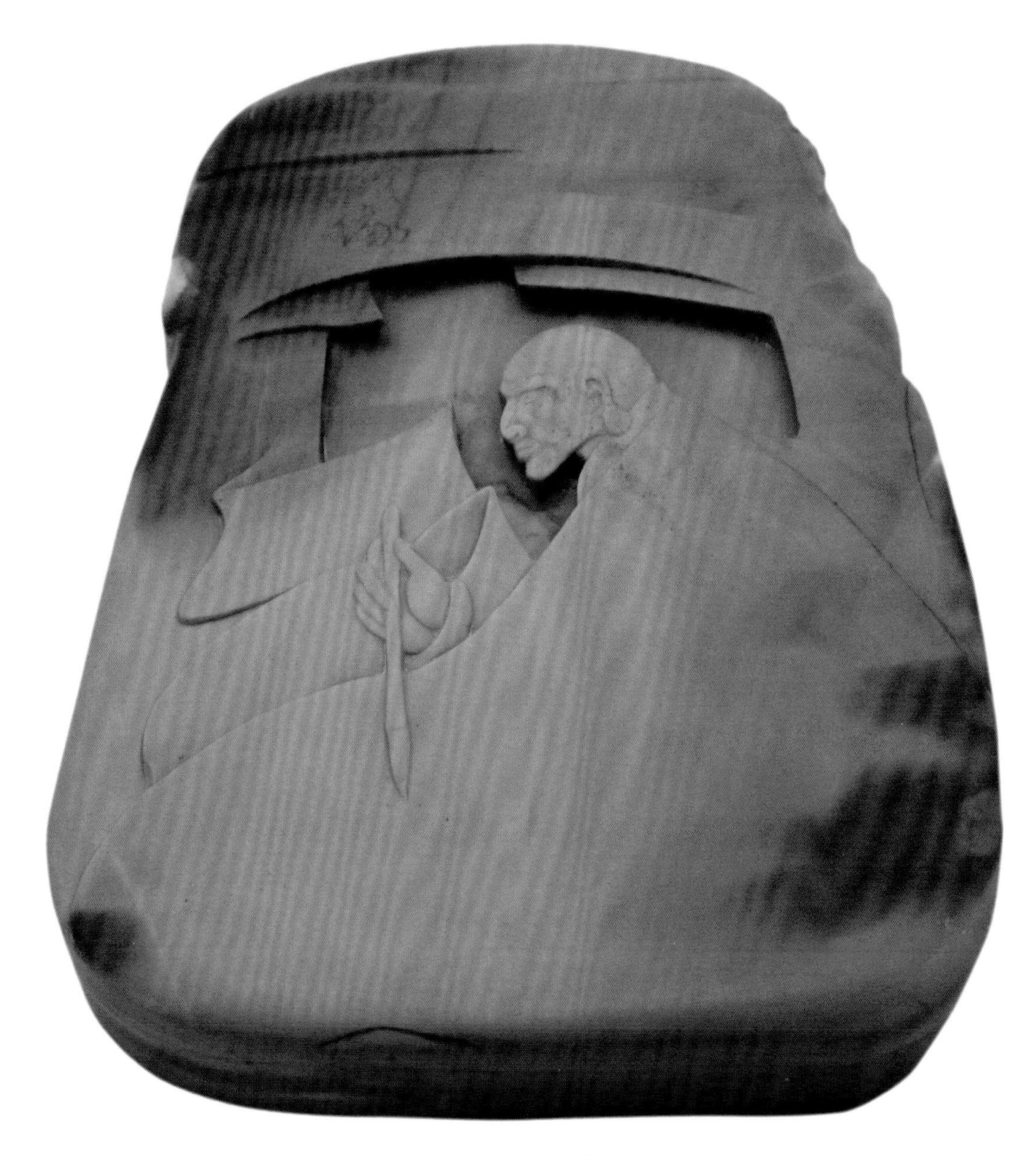

图 2-10-6　砚缘砚

三、宣州砚

宣州砚产于安徽省宣城市郎溪鸦山和旌德县白地镇洪川村白龙潭一带，是徽砚中的一个品种。郎溪鸦山的宣州石砚板岩，为浅变质泥质板、含粉砂质板岩，绢云母含量高，其硬度为摩氏 3.1—3.6 度之间，石质细腻，具有很好的坚韧性、润密性，敲击时可闻清脆悦耳的金属声，具有金晕、玉带、眉纹等石品。

因为宣城石具有与歙砚原料婺源龙尾山石相同的质地，经地质部门鉴定，该石材所具有的密度、硬度与成分，都适合砚台的雕刻和制作。这里的山石嶙峋，品质如玉，漆黑如墨，石质带晕。（图 2-10-7）

图 2-10-7　蝉形砚

以宣石做砚，汉代便已有之，唐代时谓之“宣州石砚”。大诗人李白诗中曰：“笺麻素绢排数厢，宣州石砚墨色光。”宋代高似孙《砚笺》一书中则称“宣石砚”。故宫博物院收藏的明代吴去尘墨上的诗文《墨光歌》，描述了宣州砚的特征：“空斋清昼陈帘里，新水才添白玉洗。宣州石砚雪洒残，翰走烟云儿卤起。”但有关该砚的石质石色、雕刻工艺及历史沿革等资料非常有限。近几年，在宣城市郎溪县姚村乡妙泉村鸦山河中段发现了宣州石砚一处古坑遗址，旌德县在白地镇洪川村白龙潭一带发现了砚石矿坑，两县也分别开发了宣州石砚。（图 2-10-8）

图 2-10-8　洞天一品砚

四、灵璧石砚

灵璧石产于安徽省灵璧县以北的磬云山。因其敲击之声如青铜，音韵悦耳，古人常用其中的黑石制作石磬，所以又称八音石或灵璧磬云石。它与宿州的乐石同属灵璧玉，用来制砚即称灵璧石砚，也称灵璧磬石砚。

灵璧石属寒武纪含海藻化石的泥晶灰岩。石色青润、石质坚密，且硬度较大，在摩氏6—7度之间。由于受到亿万年波涛的洗刷冲击，形成峰峦空透、千姿百态的石块，极富观赏价值，是中国古代四大观赏石之一。宋代杜绾在其所著《云林石谱》中将灵璧石名列116种石头之首。灵璧石以具备瘦、漏、透、皱、伛、黑、声、丑、悬“九美”而名扬天下，曾被清乾隆帝御封为“天下第一石”。用灵璧石制砚，往往随其形态，尽量保持原状，只在适当处凿一墨池而已。此砚既可用来研墨，又可作假山陈设，历史上灵璧石砚曾以砚山风行一时。（图2-10-9、图2-10-10）

灵璧石色以黑、褐黄、灰为主，也有白色、暗红、五彩诸色。石中间存有白脉，以墨黑色泽者为佳。石属自然形块状，其大小、形态完全适于制砚的极不易找。磬石光华温润，滑如凝脂，纹理自然，清晰流畅。石纹有胡桃纹、龟甲纹、蝴蝶纹、鸡爪纹、水纹，自然流畅，加上石肌、色彩表现出的原始风霜味和音乐韵律感，充分体现了苍古厚重、自然含蓄的鬼斧神工造化之美。灵璧石大体可分为六大类：磬石类（也称八音石），龙鳞石类（又称皖螺石），五彩灵璧石类，花山青霜玉类，绣花石类，白灵璧石类。

灵璧石由于石质过硬，加工较为困难，所制之砚使用价值又逊于一般石砚，故历史上流传下来的古砚很少。新砚现虽有零星生产，雕刻也相对简单，且随形而雕。

2010年7月，灵璧磬石雕刻被列入安徽省第三批非物质文化遗产名录。

图 2-10-9　山之精砚

图 2-10-10　随形砚

五、萧县紫石砚

紫石砚产于安徽省淮北地区的萧县。因全国各地紫色的石砚很多，为避免混淆，通常称萧县紫石砚。

萧县紫石色如端石，呈灰紫色，属板岩结构，呈薄层状和条带状。主要矿物成分有石英、长石、白云母等碎屑物和泥质、铁质、方解石等胶结物质。结构紧密、质地均匀、贮水保湿、下墨较快、软硬适中、易于雕刻，是一种比较理想的砚材。且储量较大，开采较为容易，具有良好的发展前景，萧县紫石砚的雕刻也属徽派风格。（图 2-10-11、图 2-10-12）

有关萧县紫石和紫石砚的历史资料及实物遗存较少，目前生产情况不明。

2008 年 12 月，萧县石刻被列入安徽省第二批非物质文化遗产名录。

图 2-10-11　云纹平板砚

六、五彩奇石砚

五彩奇石砚产于安徽省黄山市，因砚材为黄山境内深山峡谷中经长年水流冲刷浸泡的彩色卵石，也称黄山卵石砚，是新开发的砚种。

五彩奇石有紫、青、绿、蓝、黑等底色类型。石上的纹路美丽旖旎，可分为冰裂纹、山水纹、雪斑纹、龟背纹、虎皮纹、豹斑纹、螺纹、条纹等。石质细腻柔滑、坚硬致密、呵气出水、莹润如玉，有较好的实用功能。

五彩奇石砚的雕刻相对简单，在基本保持卵石原始形状和石皮的情况下，只在适当的部位开挖砚堂和砚池，不做过多的雕饰，显得简朴自然，妙趣天成。在保持了较好使用价值的前提下，提高其观赏价值。此外，五彩奇石砚还有一个最大的特点就是一砚一式，绝无雷同，因此也具有一定的收藏价值。

以卵石制砚自古有之，宋人赵希鹄在《洞天清录》中有两种关于卵石砚的记载，一种是“湛如秋水，无纹，湿则微紫，干则否，细润如玉，久不退峰”；另一种是“隐隐白纹，或山水，或星斗，云月状，多作月砚，就地取材也”。但由于使用面窄，传世作品少，已处于失传的境地。20世纪90年代，五彩奇石砚重新开发，成功地填补了这一空白，不过由于只有安徽砚雕师方炳忠个人所制，产量极少，所以目前很少在市场上销售。

图 2-10-12　卵石砚

第十一节　福建省

一、将乐龙池砚

龙池砚，又称将乐龙池石砚、龟山砚、海棠砚，产于福建省将乐县古镛镇龙池村，因与古代传说中仙人指点的“龙池”毗邻而得名。龙池砚砚石出自县城北郊石门岭、海棠洞一带，其中以海棠洞石制作的砚最为出名，也称海棠砚。

龙池砚砚石赋存于二叠纪地层，属粉砂泥质岩。质地湿润缜密，颜色纯青，坚中带柔，光泽莹亮，温滑细腻，似婴儿嫩肤。击之铿锵悦耳，发墨益毫，滑不拒笔，挥毫书画，字迹晶莹，光泽流畅。上等龙池砚还可以看到像梅花、云朵、水波等形状的晕纹布列砚中。

龙池砚历史悠久，始于宋代，盛于明代。据传北宋龙图阁大学士杨时（号龟山先生），在家乡将乐县龙池村读书时，曾采龙池石制砚习字。后著书立说及与太子习字，亦喜用家乡这一名砚，使其名扬四海，故又名龟山砚。龙池砚在明代被视为闽砚“瑰宝”，至清代亦广受文人学士所重视。据清代《将乐县志》记载，龙池砚石“由石门岭逾莲花山之背，地名砚瓦峡……凡碑石、砚石皆出此石。自具片段文理取者，因其脉凿之。大者六七尺裁为竖碑，次之三四尺裁为墓碑，小者制为墨砚。但质地颇松，不及海棠洞之坚结细腻耳”。龙池砚石在历史上曾以破坏“龙脉”和“风水”之名被停采过。但因石质好，为文人墨客青睐，制砚者拾残石雕制，从未间断。（图 2-11-1、图 2-11-2）

龙池砚其雕刻以深浮雕为主，适当辅以立体雕和镂空雕。所雕纹饰大多为龙凤、瑞兽、云海等传统题材，形象自然生动，刀法古拙苍劲，具有浑朴大气的艺术风格。

1949 年后，龙池砚继承了闽砚的传统特色，其砚造型清雅，古朴大方，雕刻精巧，线条流畅，既有实用价值又有欣赏价值，并具有时代气息，畅销国内外。2004 年在第三届中国国际民博会暨第二届中华民间艺术精品会上，“飞龙夺魁”龙池砚荣获金奖。

2005 年 11 月，民间龙池古砚制作工艺被列入福建省第一批省级非物质文化遗产代表作名录。

图 2-11-1　双龙戏珠砚

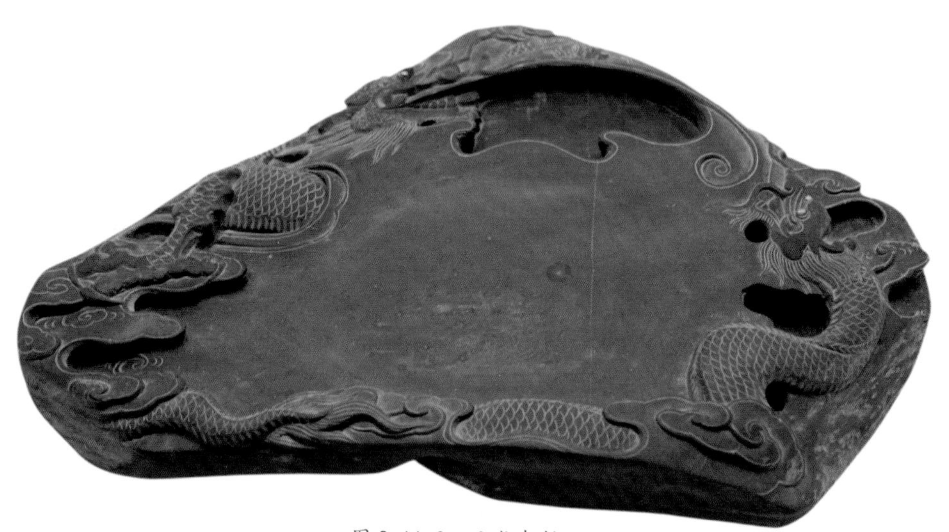

图 2-11-2　飞龙夺魁砚

二、建州石砚

建州石砚，砚石产于福建省建瓯市北苑凤凰山。建瓯市，古名建州，故称建州砚，又称凤咮石砚、凤咮砚。

建州石存在于震旦系地层中，为灰质板岩。其色有深紫、淡绿、浅灰三种，该石叩之声如铜铁，适宜制砚。韩子苍曾说："北苑龙培山，如翔平饮之状。当其咮有石，苍黑而玉色。"苏轼《凤咮砚铭（并叙）》："北苑龙焙山，如翔凤下饮之状。当其咮，有石苍黑，致如玉。熙宁中，太原王颐以为砚，余名之曰凤咮。然其产不富。或以黯黮滩石为之，状酷类而多拒墨。"并作《书凤咮砚》称赞："建州北苑凤凰山，山如飞凤下舞之状。山下有石，声如铜铁，作砚至美，如有肤筠然，此殆玉德也。疑其太滑，然至益墨。"马丕绪撰《砚林脞录》记载："苏子瞻云璞好凤咮石，少得真者（李录）。"《砚林》记载："东坡有凤咮风字大研。"凤咮石稀少，质地好，玉德金声，发墨益毫。

宋代杜绾的《云林石谱》记载："建州石产土中，其质坚而稍润，色极深紫，扣之有声，间有豆斑点，不甚圆，亦有三两重石晕，琢为砚，颇发墨。往以石点作鸲鸽眼，充端石以求售。"（图 2-11-3、图 2-11-4）

建州石砚产量不大，有人用黯黮滩所产的石料做成砚台，其形状与凤咮砚十分相似，可是有些滑墨。现建州石砚已无产出，砚市现在所见多为古砚。

图 2-11-3　福禄寿砚

图 2-11-4　抄手砚

三、建溪黯淡石砚

建溪黯淡石砚，砚石产于福建省武夷山市（原南平市崇安县）建溪，亦称南剑石砚。建溪黯淡滩石赋存于震旦纪地层，为板岩结构。石色青灰，有纹理似牛角。石质硬且滑，叩之其声清扬，久磨都不得墨，实用效果较差。（图 2-11-5）

建溪黯淡石砚，历史悠久，始于唐宋时期。宋代米芾《砚史》记载："建溪黯淡石砚，质深青黑而光润，理如牛角，扣之声坚清，磨久不得墨，纵得，色变如灰，作器甚佳。"杜绾《云林石谱》南剑石："南剑州黯淡滩出石，质深青黑而光润，扣之有声，作研发墨宜笔。土人琢治为香炉诸器，极精致。东坡所云'凤咮研'是也。"其实，杜绾的记述也是有误的。

建溪黯淡石砚也许是由于石质、石色均与其他名砚差距极大，故一直未有多大发展，后来更是销声匿迹，现只有历史遗留旧砚流传。

图 2-11-5　淌池砚

四、莆田石砚

莆田石砚产于福建省莆田市，砚因地而得名，亦称福州石砚。

砚石呈赭色，有淡紫、淡绿二种，紫石系有银绿特征，质较坚硬而燥。自古有被取作端砚代用品，故俗称为“福建端溪”。雕刻多为随形，上雕龙、凤、瑞兽、祥云等，总体风格类似寿山石雕。（图 2-11-6、图 2-11-7）

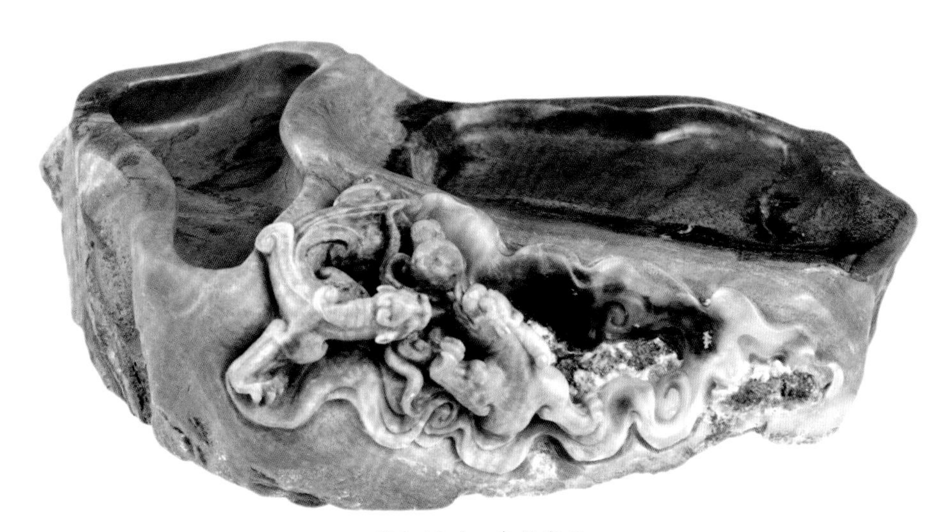

图 2-11-6　青龙宝砚

图 2-11-7　泾渭水滴池圆砚（正、背）

五、仙石砚

仙石砚，产于福建省浦城县，石出盘亭乡柳墩村东浮盖山。

据《砚林脞录》记载，仙石砚始于唐代，有1000多年历史了。唐代文学家皮日休在其文集《皮日休集》中写道："福建浦城，出浮盖山，有仙石砚。"福建省浮盖山又名盖仙山，山上有个仙坛（潭）洞，是古代道人修炼的地方。仙坛洞附近出产这种砚材，古人就地取材，从唐代开始即用之来制砚，亦流行于福建及周边地区。有历史遗存旧物，目前没有生产，市面上为数不多，均为民间个人把玩之品。（图 2-11-8、图 2-11-9）

图 2-11-8　一夜成名砚

图 2-11-9　方形砚

六、寿山石砚

寿山石产于福建省福州市北郊晋安区寿山乡寿山村，是中国四大印章石之一。

寿山石分田坑、水坑、山坑三大类，品种有百余种之多，以芙蓉石为石中上品。寿山石开采历史可追溯到唐代，延至元、明之际，开始用于刻印，使寿山石名冠“印石三宝”之首而流传至今。其中之珍品田黄石，更是价值连城。（图 2-11-10、图 2-11-11）

寿山石的主要矿物成分为叶蜡石、高岭石和地开石等，硬度在摩氏 2.3—3 度之间，质地细腻油润，软硬易于凑刀，色彩丰富多变，最适宜雕刻印章及各种花鸟、山水、人物、动物摆件及其他手工艺品。

寿山石虽好，但并不利于研墨，故以寿山石制砚，仅是个别人偶尔为之，多用来观赏、把玩，亦或用来掭笔。

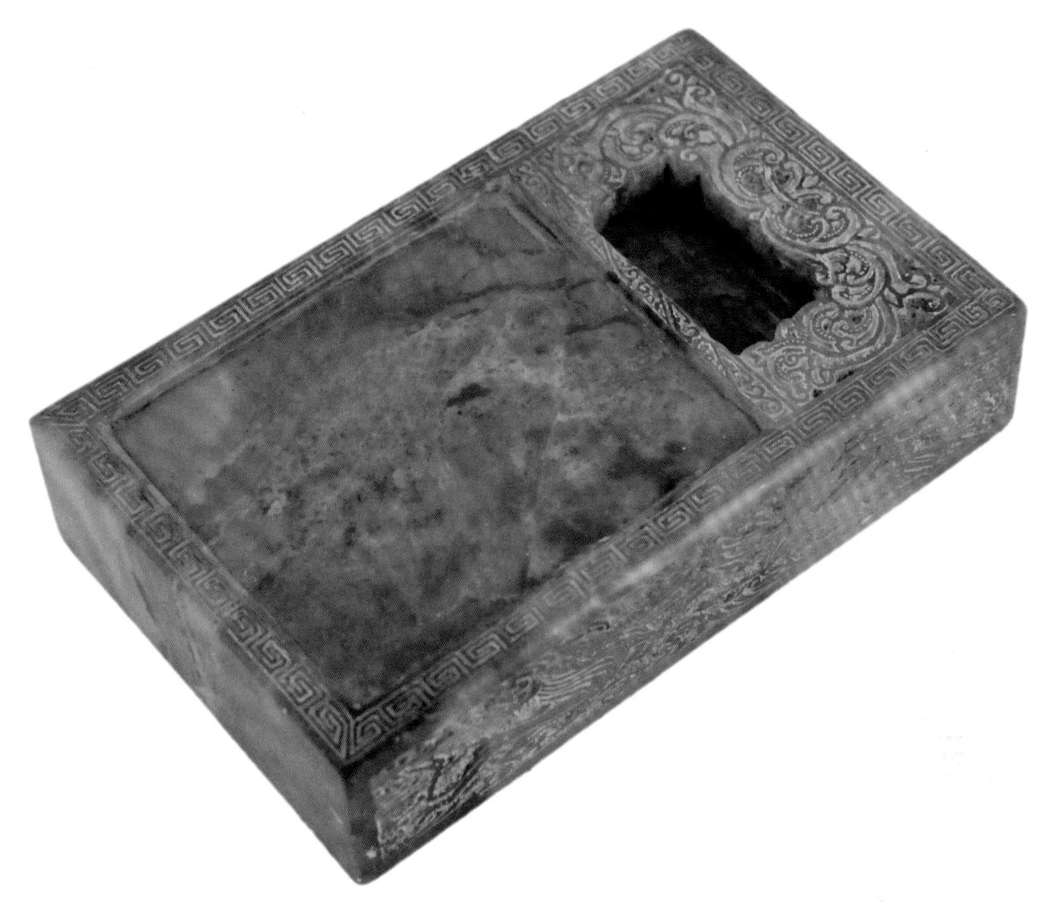

图 2-11-10　回纹龙池砚

图 2-11-11　凤纹砚

第十二节　江西省

一、庐山金星砚

金星砚，产于江西省庐山南麓星子县（今庐山市），石出横塘驼岭和华林吉山等地，以石中纹理有金星而称作金星砚，也称星子砚、庐山金星砚。其实金星只是星子石中的一种纹理，还有粗细罗纹、金星和眉纹等。庐山青石砚、庐山绿石砚，都是金星砚的不同品种。

金星砚历史悠久，据传，东晋建武年间，诗人陶渊明发现了金星石，并亲手制作了第一方金星砚，距今已有1700多年历史。公元902年，南唐中主李璟隐居庐山南麓星子秀峰时，曾专用陶渊明的这方砚台。宋徽宗赵佶酷爱丹青，在获得陶公自刻的金星砚后，大为喜悦，并称赞其为“砚中之魁”，并易名为“金星宋砚”，从此金星砚名扬天下，被人们誉为“与端歙砚同辉”。金星砚的生产在宋代相当繁荣，当时在南康古镇还专门建立起了一条生产金星砚的“砚池街”。至明代，石砚制作一度中衰，清中叶又渐兴，其造型更加多样，雕刻更加精细，逐渐成为一代名砚。民国时略有发展，县境内有制砚作坊百余家，当地艺人制作的金星砚曾两度参加国际性展览并获奖。目前，金星砚生产更是发展迅速。

金星石赋存于震旦系地层中，属灰质板岩。主要矿物成分是绢云母和绿泥石，石质坚韧，刚而不脆，柔而不娇，刚中含柔，柔中带刚，叩之金声，抚之如玉，纹理缜密，温润莹洁。抚之有锋微触，研之如行云流水。呵气轻凝珠雾，贮水长年不涸。金星砚以青灰、灰黑色为主，天然纹饰繁多，有金星、金晕、金环、银环、眉子、水浪、牛毛纹、鱼子纹等，同时还有名贵的龙睛凤眼、金龟眼等纹饰。其形态与歙砚天然纹饰相似。

金星砚的制作既注重实用，又注重观赏。在造型上有规矩形，也有自然形；有仿物形，也有随形。在雕刻上吸取了徽派砚雕的技法，以浅浮雕、浮雕为主，辅以圆雕、透雕，形成了形象生动、刀法多样、线条流畅、质朴大方的风格。不少现代书画名人曾对金星砚给予很高的评价。金星砚作为庐山市的传统工艺美术品，已经成为使用、馈赠、收藏俱佳的文房精品。（图 2-12-1 至图 2-12-5）

2006 年 5 月，金星砚制作技艺被列入第一批国家级非物质文化遗产名录。庐山市李平汉被确定为国家级非物质文化遗产名录项目金星砚制作技艺省级代表性传承人。

图 2-12-1　暮云成雪砚

图 2-12-2　舟字砚

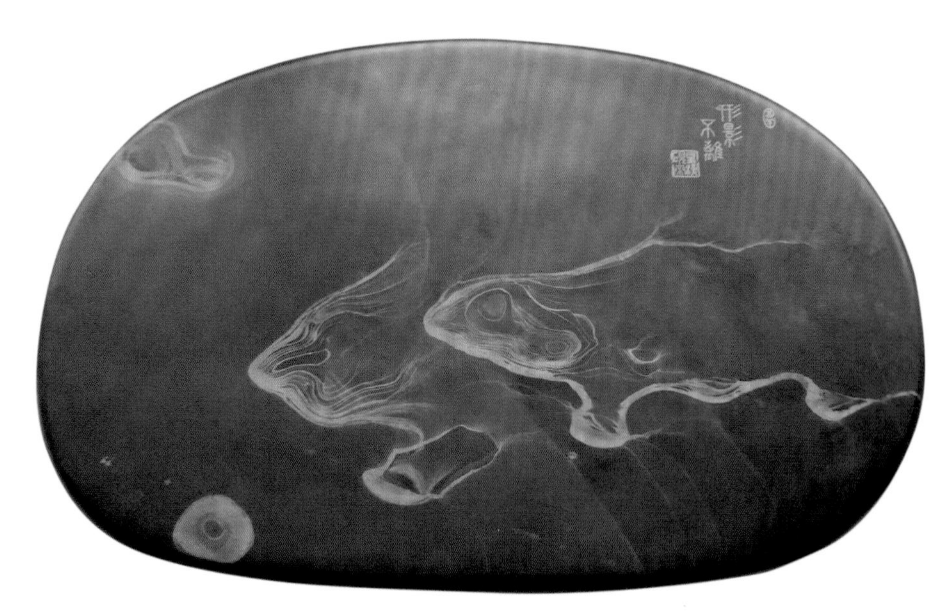

图 2-12-3　形影不离砚

图 2-12-4　莲生贵子砚

图 2-12-5　卣形砚

二、石城砚

石城砚产于江西省石城县，石出龙岗乡黄石山，故地方志记载为“龙岗砚”，又称石城黄石砚、龙砚。据传北宋年间，当朝命官陈恕（石城人），将石城的龙岗砚作为贡品进献给皇帝，皇上见此砚非常奇特，便问这是什么砚？陈恕如实回奉皇上，这是一方“龙岗砚”。皇帝甚为好奇，就亲手研墨并挥毫写下“龙砚”二字，此后就有了皇上钦定的“龙砚”御名之传。（图 2-12-6 至图 2-12-9）

石城砚始于北宋，但令人不解的是没有留下任何文字记载可查，失传于清代。直至 1991 年，在石城县政府的重视和支持下，经有关部门和当地文人雅士的共同努力，才重现光彩。

石城石藏于深涧中，温润如玉，抚之如小儿肌肤，呵气可凝珠露，发墨快而不损毫锋，贮墨不涸不腐，遇严寒而不冻结，是制砚的上乘而珍贵之石。石品十分丰富，石色五彩斑斓，有赤赭、淡赭、羊肝红、鹅黄、翡翠绿、灰宝兰等多种色彩。花纹奇特，独具天然石画，除有青花、火捺、金银丝、石眼、鱼脑冻、云、水、木纹等与其他砚石共有的花色外，更独具天然色彩的石画图案，有山水、人物、飞禽、走兽、鱼虫、虾蟹之类。石中的山水图案，更是酷似传统中国画，其皴、擦、点、染效果，无所不有，泼墨泼色之笔墨情趣也随处可见，确有“妙理清机不尽吟”之天然雅趣，这也是石城砚区别于其他砚石的突出特点。

重新问世的石城砚，最大的特点就是自然，所谓“清水出芙蓉，天然去雕饰”。其秉承“天工造物，人意臻美”的治砚之道，砚形几乎都保持了砚石的“原生态”，不做规矩形、不做任何加工修饰，一砚一式，绝无雷同。最大限度地展示了砚石完整而精彩的“画面”，将随意性、原始性有机结合，从而达到“天人合一”的最高艺术境界。

2008 年 6 月，石城砚制作技艺被列入江西省第二批非物质文化遗产名录。

图 2-12-6　灵境砚

图 2-12-7　壮丽砚

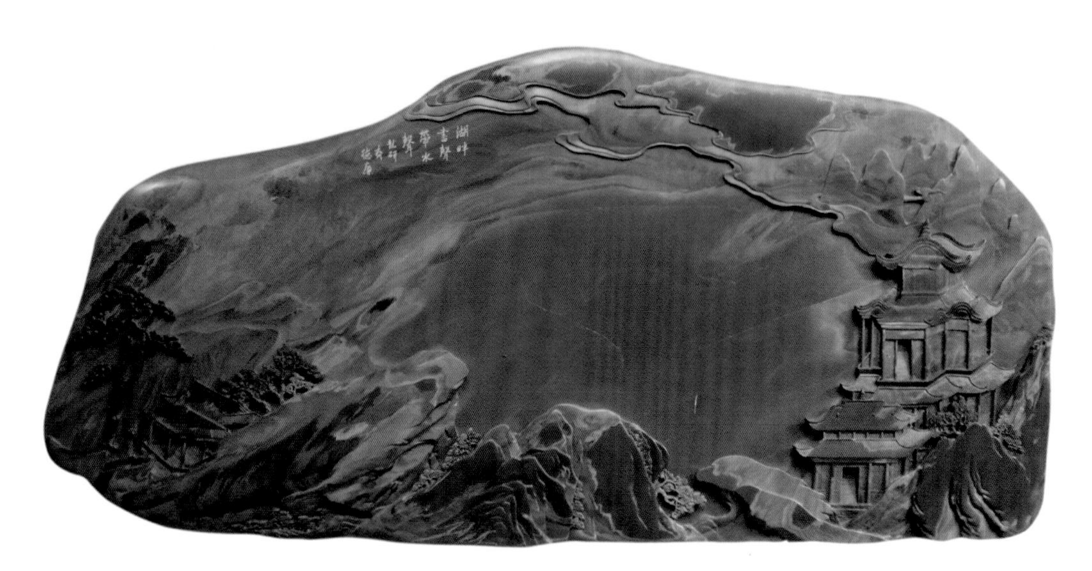

图 2-12-8　湖畔书声

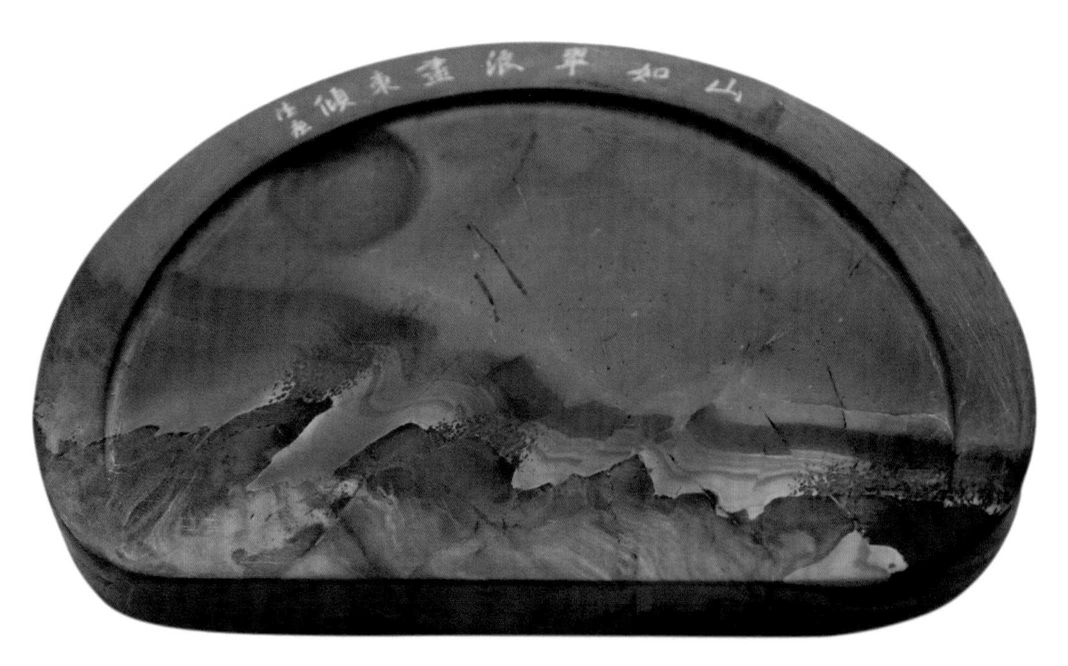

图 2-12-9　山水砚

三、玉山罗纹砚

玉山罗纹砚，产于江西省上饶市玉山县，砚石集中分布于怀玉（原童坊乡）、樟村、南山、临湖、必姆等西片山区。因砚石的矿物质定向排列形成的纹理如同丝罗，故名罗纹石，又因区别于歙砚中的罗纹石，也称玉山罗纹砚。因曾属信州府所辖，亦有信州砚之称。（图 2-12-10 至 2-12-12）

玉山罗纹砚，历史悠久，始于唐代，至今已有1200多年历史。清同治《玉山县志》载："唐大历元年（766）已有开采。石之属有体青而带白，纹直而理精者，出沙溪岭，可研。朱子（熹）称为怀玉研。"宋代理学大师朱熹在《怀玉砚铭》里说："……怀玉山相连，山产砚石，盖歙砚之佳者。"

传说，在很早很早以前，鄱阳湖里住着一条"乌龙精"，它母亲在歙州问政山，父亲在九江镇妖井，每年到清明前后，"乌龙精"都要到母亲坟上扫墓。有一年清明节，它呼风唤雨，电闪雷鸣，威风凛凛地去徽州，从鄱阳湖到徽州都成了一片汪洋大海，老百姓遭了殃，田地淹没，房屋倒塌，家破人亡。这件事惊动了在休宁白岳（齐云山）修道的张天师，他拿起斩妖剑腾空而起，在云层里和"乌龙精"搏斗。"乌龙精"哪是张天师的对手，经过几个回合，只好败退而逃，张天师追至婺源上空，斩下"乌龙精"的尾巴，尾巴掉在芙蓉溪，变成了砚石。所以后称砚山为"龙尾山"，那里的砚石称为"龙尾石"。再说"乌龙精"成了断尾龙，便跑到怀玉山，被观音菩萨用罗裙把它罩在山脚下，从此以后变成了"罗纹石"。因此，罗纹砚、龙尾歙砚有着亲缘关系。据说朱熹用罗纹石雕了一方"双龙吐珠"砚，龙嘴里会自动出水，砚池里365天都不干，朱熹不禁惊呼起来："真是宝砚也！"又挥笔写了"砚国明珠"四个大字。从此以后，罗纹砚名声大振。

罗纹石地质年代距今8亿年，为含钙质粉砂板岩，形成于震旦系地层中，其顶底板均为黄绿色粉砂质千枚状板岩。硬度在摩氏3—4度之间。玉山罗纹砚，石质细润，坚而发墨。呈青灰色，略带灰紫色，纹理清晰妍丽，有罗纹玉带、刷丝纹，还有豆斑。具有发墨不吸水、不损笔毫等特点。罗纹石以玉山县樟村乡的沙溪岭坑、怀玉乡锦溪的石厅和米（茗）坑等老坑所产细罗纹石著称，其石纹理细密，石质纯净，其佳质之砚石多出自深穴水坑。

玉山罗纹砚生产规模大，花色品种多，属徽派风格，造型生动、工艺精湛，有高、中、低三个档次，能满足不同层次消费者的需要。目前，每年销售砚台十万余方，成为我国砚台生产销售的大户。

2013 年 8 月，玉山罗纹砚制作技艺被列入江西省第四批非物质文化遗产名录。

图 2-12-10　多子多福砚（正、背）

图 2-12-11　锦绣玉山砚

图 2-12-12　祥和砚

四、修水贡砚

修水贡砚，产于江西省修水县，因清代道光年间被列为清宫贡品而得名。因其色为赭色，也称为修水赭砚。又因最早产于修水而称修水砚、修口石砚。据传，修水贡砚始于唐代。在宋杜绾《云林石谱》中记载："洪州分宁县（今修水县），地名修口，深土中产石，五色斑斓，全若玳瑁。石理细润，或成物象。扣之，稍有声。土人就穴中镌砻为器，颇精致，见风即劲。亦堪作砚，虽粗而发墨云。"《义宁州志》载："紫石出武乡谭家埠紫石潭（今修水征村乡），石出水中者，良而坚，发墨，琢为砚，类端溪新岩石。"北宋书法家黄庭坚任国子监教授、国史编修官时，积极推崇家乡修水赭砚，并称为"宝砚"。据传他曾以此砚作礼品，广赠于苏东坡等诸友，令此砚名传于世。清道光皇帝的侍读、兵部左侍郎万承风，将家乡修水石砚呈献给道光皇帝。道光帝悦而赐名"赭砚"，列为朝廷贡品。从此，修水贡砚风行一时。（图 2-12-12 至图 2-12-15）

清末，贡砚开始衰落，到20世纪三四十年代，勉强维持生产。20世纪50年代后期，修水刊刻社恢复贡砚生产，并首次将该砚通过上海工艺品进出口公司出口日本。

贡砚砚石赋存于震旦纪地层，属凝灰质板岩。以赭黄色为主，也有类似洮绿色的，或兼有紫绿两种颜色，被称为"鸳鸯色"。蕴金星、金晕、鸡血藤、鱼子、水波纹等天然纹理，宛如山水画，怡人悦目。偶有石上呈金晕如云似雾或牛毛纹而类似瓷器窑变的色彩，斑斓悦目，为稀世珍品。砚质不坚不燥，温润细腻，滑而不涩。发墨速而细稠，贮水久而不涸。

修水贡砚的雕刻工艺，依色据纹而象形，熔书法、雕刻、绘画于一炉。既有端砚的细腻精巧的风格，也有北派豪放的气度，造型古雅，形象生动，深得文人墨客喜爱。

2010 年 6 月，修水贡砚制作技艺被列入江西省第三批非物质文化遗产名录。

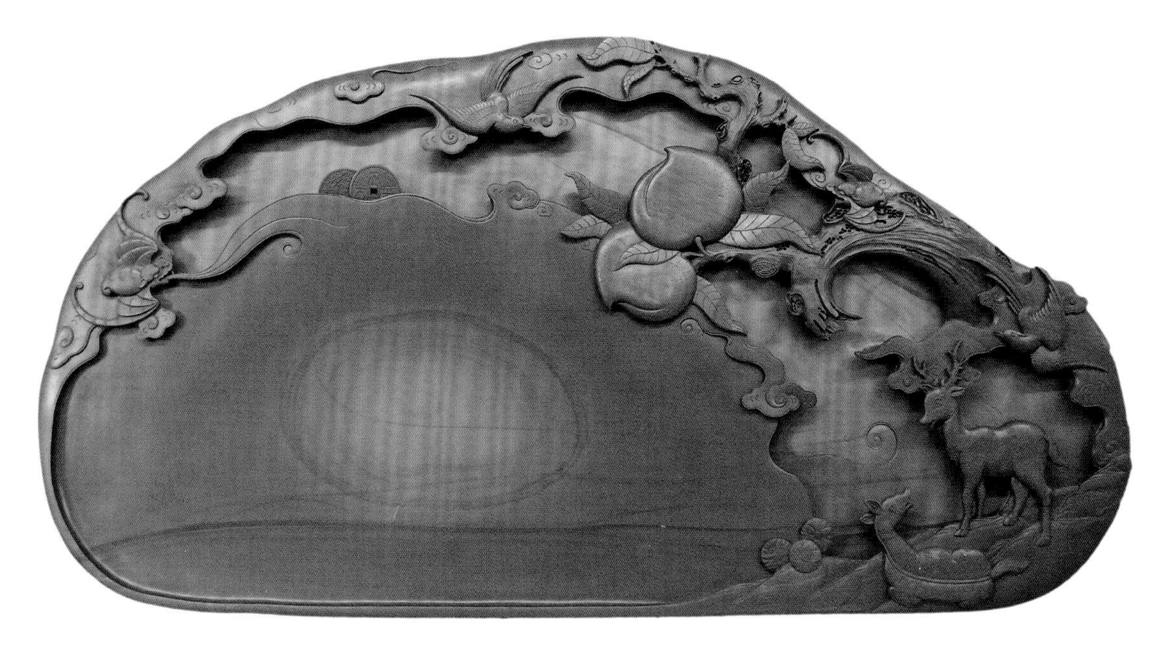

图 2-12-13　福禄寿砚

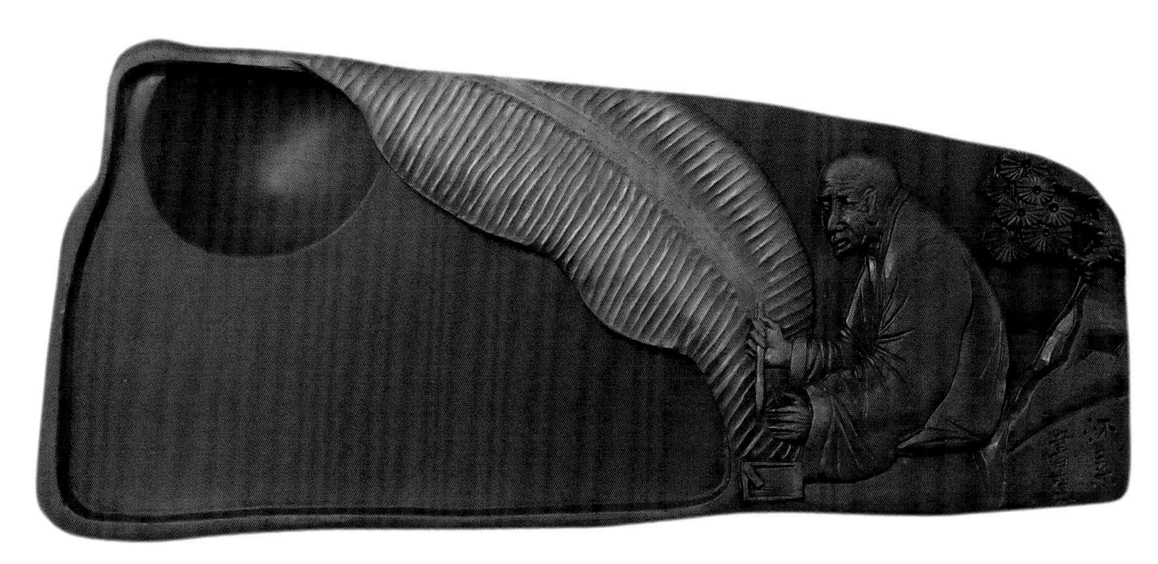

图 2-12-14　怀素书焦砚

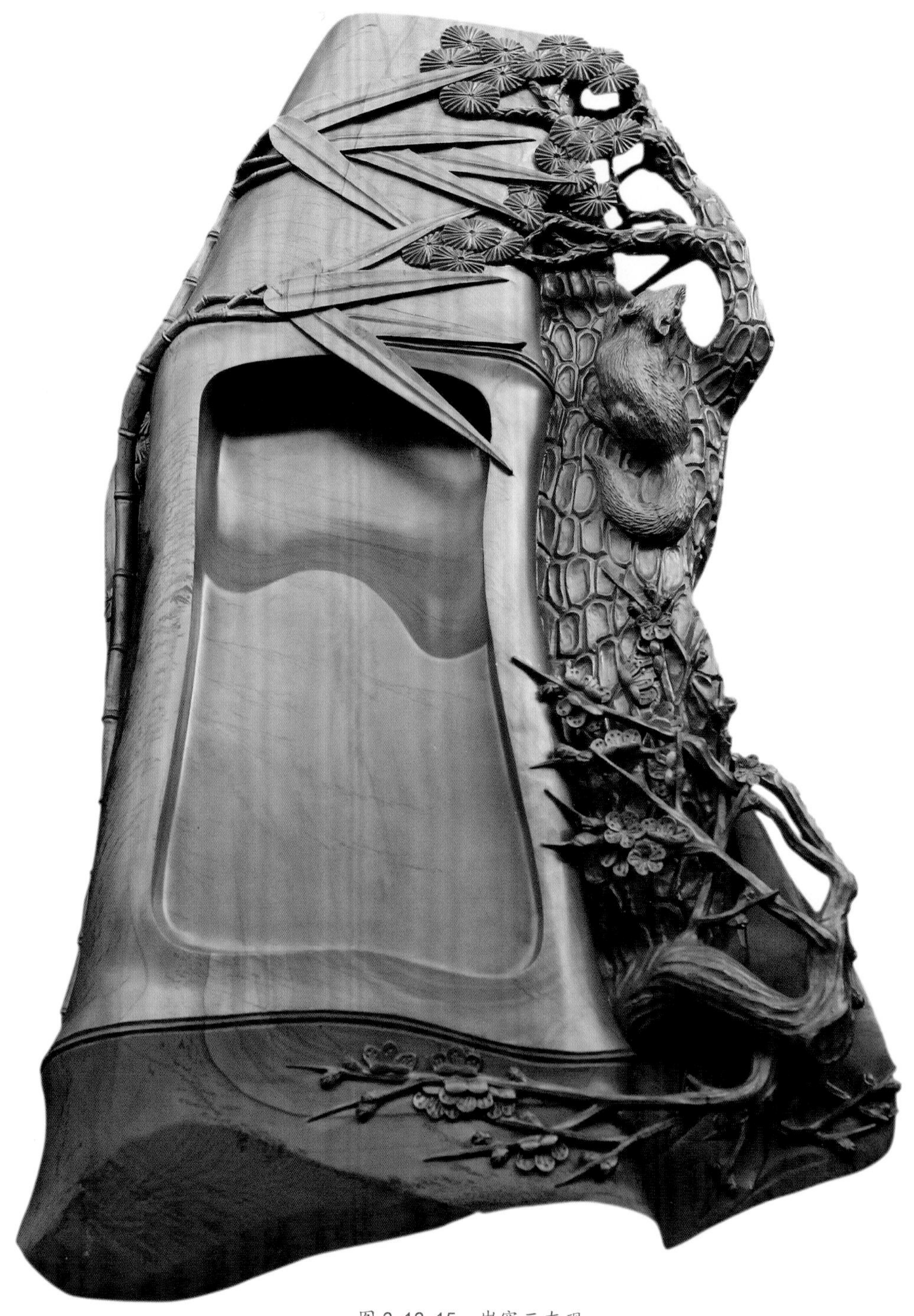

图 2-12-15　岁寒三友砚

五、吉州石砚

吉石砚，又称吉州石砚、吉州紫石砚，产于古吉州，今江西省吉安市安福县，砚因产地而得名。

吉州石砚始于何年代今已无据可考，但宋时已闻名天下并被广泛使用，现在能见到的多数为宋代吉石砚，这说明吉石砚的历史至少应在宋前。宋代文献，如唐询的《砚录》和杜绾的《云林石谱》等均有记载。杜绾《云林石谱》称："吉州数十里土中产石，色微紫，叩之有声，可作砚，甚发墨，但肤理颇矿燥，较之永嘉华岩石，为研差胜。土人亦多镌琢为方斛诸器。"唐询的《砚录》称其："砚色近紫，粗理不润。"宋代高似孙《砚笺》："吉州永福石砚色近紫，理粗，不润。"他还引用宋代大书法家米芾的话说："永福县紫石状类端溪之西坑，发墨过之。"可见吉州石砚石质虽稍显粗糙，但下墨、发墨效果还是很好的，有实用价值。吉州石砚的器型和雕刻呈明显的宋砚风格。（图 2-12-16）

不知是否由于吉石"粗理不润"或其他原因，吉石砚在宋代之后逐渐销声匿迹，此后未见到有新出。现存世之实物，所见多为宋砚。

图 2-12-16　抄手砚

第十三节　山东省

一、红丝砚

红丝砚砚石产于山东省青州市邵庄镇黑山和临朐县冶源镇老崖崮村北的壮山，两地实际上直线相距20余千米，区域内均有红丝石出现，所产红丝石色泽质地极为相似，系同出一脉，因古青州府黑山红丝石洞而得名。

红丝石形成于距今约4.5亿年前，赋存于奥陶纪马家沟组土峪段的顶部，属微晶质灰岩，硬度为摩氏3—4度。红丝砚石中带有红丝，华丽和谐，悦人眼目。红丝石色泽品种多样，有紫红地灰黄丝纹、紫地黄丝纹、柑黄地红丝纹、黄丝纹等。砚石纹理细腻，有的如木质，丝纹纤细，若隐若现。有的丝纹平行蜿蜒成波纹状，有的层层环绕呈同心圈层状，且十余层次第不乱，内蕴天然的纹理和色彩，千姿百态，独具特色。红丝石的色调以红为主，红黄相间，其中黄地红丝者为最佳，深受人们喜爱。《西清砚谱》云："红丝石出临朐县，其色红黄相间，佳者绝不易得，故世罕流传。是砚红丝映带，鲜艳逾常，而质古如玉，洵为佳品。"红丝砚质地优良，质坚而润，纹理细致缜密。手拭如膏，发墨如油，不渍墨，不耗水，不干涩，不损毫，是砚中之佳品。

唐代端砚、歙砚尚在悄然崛起时，山东的红丝砚已长时间独领风骚。据史料记载，唐中和年间曾采石于青州黑山，宋、明、清亦有开采，清又开采于临朐老崖崮村的壮山，自唐至今，历代典籍对红丝石、红丝砚多有记载。宋代唐询在《砚录》里说得非常详尽：

“红丝石华缛密致，皆极其妍。既加镌凿，其声清悦。其质之华泽，殊非耳目之所闻见。以墨试之，其异于他石者有三：渍水有液，手试如膏一也；常有膏润浮泛，墨色相凝如漆二也；匣中如雨露三也。自得此石，端歙诸砚皆置于衍中不复视矣。”所以他的结论是：“此石之至灵者，非他石可与比，故列于首云。”宋代进士李石也在其著《续博物志》中介绍：“《砚谱》载，天下之砚四十余品，以青州红丝石为第一，端州斧柯山石第二，歙州龙尾山石第三。”遗憾的是，因红丝石坑口呈窝状存在，矿脉不连贯，开采难度大，产量较低，只盛极一时，后戛然而止。直至20世纪70年代，这一宝贵的地方资源才先后在临朐和青州被重新恢复挖掘。近代书法家赵朴初赞红丝砚云：“黑山红丝石，奇异盖其尤。云水行赤天，墨海翻洪流。临砚动豪兴，挥笔势难收。品评宜第一，吾服唐与欧。”书法家启功有诗赞云：“唐人早重青州石，四海推迁世罕知。今日层台观鲁砚，百花丛里见红丝。”（图2-12-1）

图2-13-1　虫蛀砚

以红丝石制砚，遵循的是“随其纹理、巧夺天工、粗犷遒劲、简朴大方”的宗旨，根据红丝石的特点，尽量利用纹彩的去势转向，对局部加以雕饰，突出红丝石华贵绚丽的特点。同时针对红丝石质地坚润、不适合大雕大刻的特性，尽量以浅浮雕为主，以取得事半功倍的效果。（图 2-12-2 至图 2-12-4）

2013 年 5 月，红丝砚制作技艺被列入山东省第三批非物质文化遗产名录。

图 2-13-2　佛光普照砚

图 2-13-3　海天浴日砚

图 2-13-4　玉连环砚

二、淄砚

淄砚，产于山东省淄博市（古称淄州），石出淄川和博山两区。因淄砚金星遍体，又称金星砚。淄川罗村洞子沟产的淄石，其石质属粉砂质泥岩，赋存于中碳系地层，石呈黑色，上有金星遍布，硬度为摩氏 3.5 度。博山的禹王山的砚石坑口属于 20 世纪 70 年代末新开发的砚坑，产石地层为古生界寒武系，属泥质灰岩，色彩丰富。

淄砚砚石，结构密致，质地细润，硬度适中，极易发墨，色泽滑缛而不深艳。其中洞子沟的以黑色为主，古人评砚有“端石尚紫、淄石尚黑”之说，因此黑色为最好。禹王山所产有绿、黄、紫、黑等颜色。绿色分为沉绿、荷叶绿、竹竿绿、莴苣绿等品类；黄色分为绀黄、柑黄、瓤黄等品类，其中柑黄为最，其色黄如蜡，透润如玉，抚之如孩儿面，坚而不拒，发墨如油，但稀少罕见。紫色分为关山红、紫云、绀红等品类；还有赭色、多彩、绀青等品类。不少品种还带有石眼、斑点、冰纹、金线、金晕等纹彩。淄砚中还有金雀山的韫玉、金星，梓桐山的青金石等较名贵的品种。

相传，淄砚始于战国，盛于唐宋，距今已有 2000 多年的历史。汉代的一方淄砚为故宫博物院收藏。宋代唐询《砚录》将砚分十五品，淄砚金雀山石和青金石分别列第五、六品。蔡襄《文房四说》：“东州可谓多奇石，自红丝出，其后有鹊金、黑玉砚，最为佳物。”李之彦《砚谱》赞：“淄州金雀石，色绀青，声如金玉。又有青金石，叩之无声，发墨。”古人所称青金石、鹊金石、金雀石、韫玉石，即为今之淄砚砚石。宋范仲淹任青州知事时，曾遣石工至淄川梓桐山石门洞取青金石为砚，后人又称青金砚为“范公砚”。此砚初用料于罗村紧邻的对松山石，后顺石脉查寻，延于罗村东北二华里处的洞子沟，洞子沟自清代至今不断有砚石开采。陆游在《蛮溪砚铭》中载：“龙尾之群，淄韫玉之伯仲也。”明末清初余怀的《砚林》记载：“宋熙宁中尚淄砚，神宗择其佳者赐司马温公”，这是说宋神宗选择优质淄砚，用以奖励完成《资治通鉴》编著任务的司马光，可见淄砚当时之身价。北宋灭亡之后，政治、经济、文化中心随着南宋政权的建立南移，导致淄砚一度销声匿迹。明代以后，随着经济和文化的繁荣发展，淄砚重新为世人所重视。清乾隆年间，浙江秀水人盛百二任淄川县令，曾编有《淄砚录》一书，对淄砚作了专门记录。清代蒲松龄（号柳泉居士）与赵执信（号秋谷）均为淄博人，酷爱淄砚，故该砚有“柳泉砚”“秋谷砚”之别称。

其后，由于淄石老坑被过度开采，最终被废弃，直到20世纪70年代末期方又重新得到恢复开发。目前，淄砚生产继承了传统工艺，弘扬文化精粹，因材施艺，精雕细琢。用之如意，陈之高雅，藏之升值。淄砚文化品位高洁，艺术价值独特，享誉大江南北，蜚声海内外。（图2-13-5至图2-13-8）

2013年5月，淄砚制作技艺被列入山东省第三批非物质文化遗产名录。

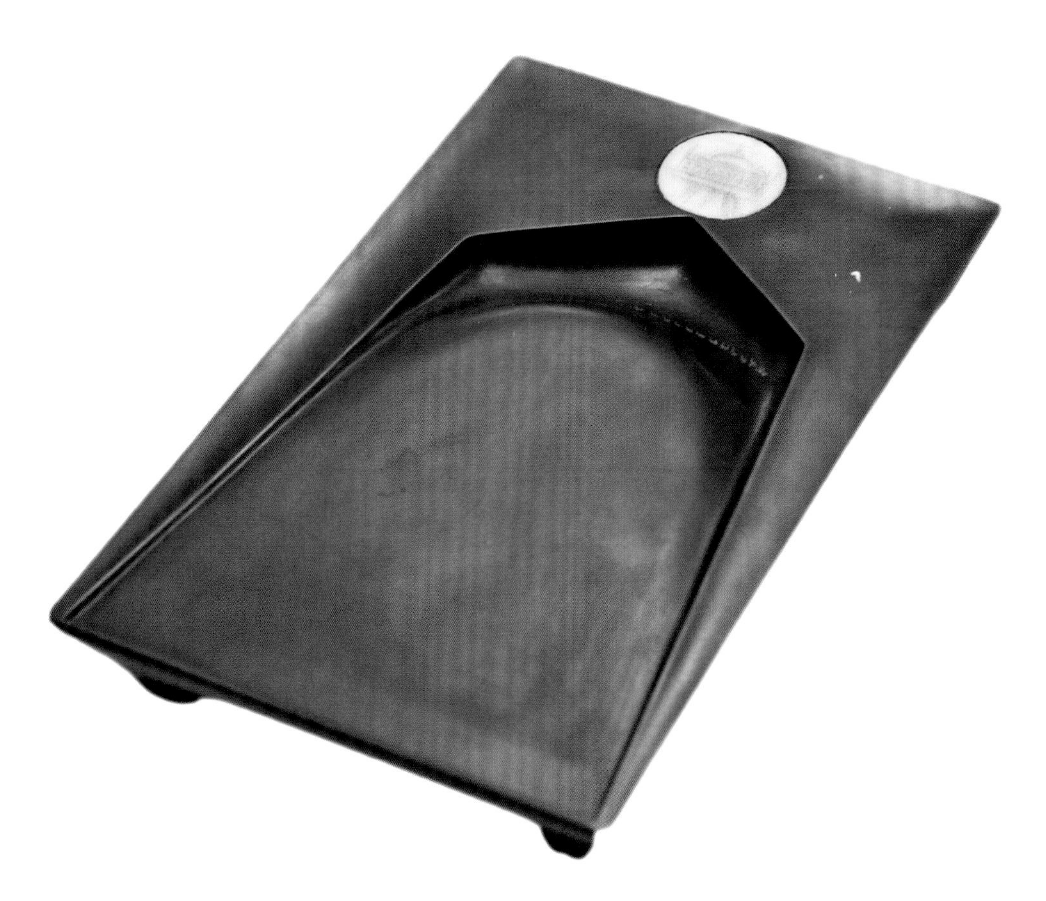

图2-13-5　一带一路砚

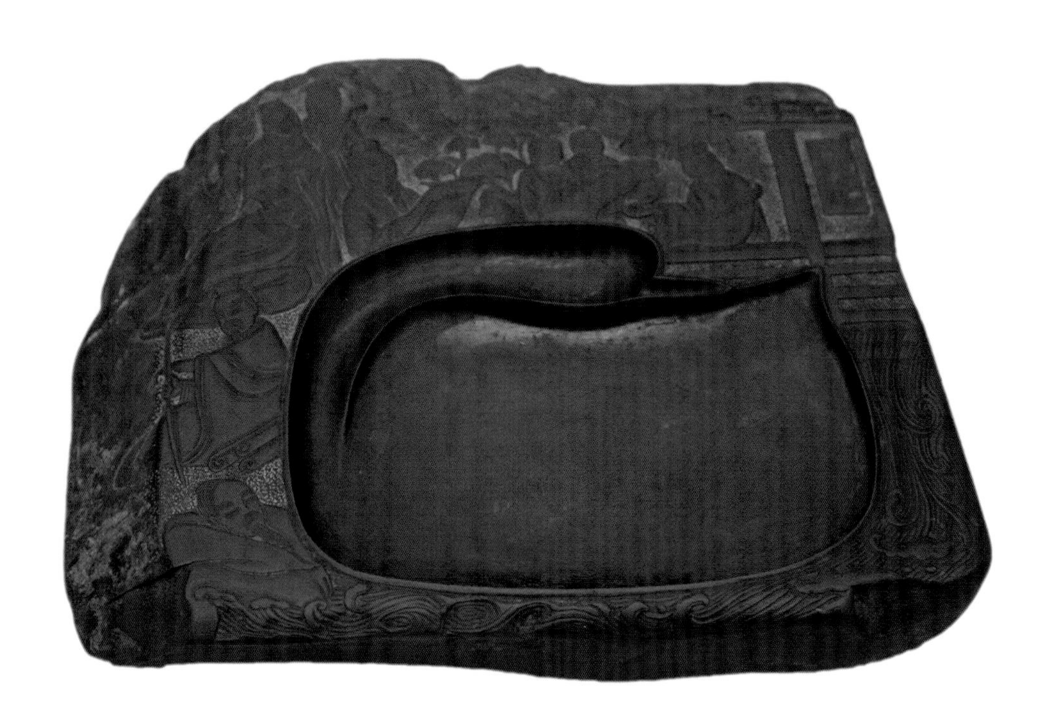

图 2-13-6　兰亭砚（正、背）

图 2-13-7　蓬莱仙境砚

图 2-13-8 石函砚（带盖）

三、砣矶砚

砣矶砚也称金星雪浪砚，高似孙在《砚笺》中称其为“登石砚”。砣矶砚砚石产于山东省烟台市长岛县砣矶镇，古时属登州蓬莱管辖，石出砣矶岛磨石嘴村西北部悬崖下的山泉水眼处的洞穴。

砣矶石赋存于元古震旦系地层，属千枚岩，硬度为摩氏3—4度。砣矶石成青灰色，石质细润，纹理妍丽，具有发墨、益毫、坚而润、不吸水等特点。天然纹饰有金星、雪浪纹、金星雪浪、罗纹、刷丝纹等。有的因含有微量的自然铜，犹如金屑洒在石上，闪耀发光，即所谓金星。而灰白色绢云母和石英片岩，着水似浮动，映日泛光，小如秋水微波，大如雪浪滚滚，惊涛拍岸，气象万千，故又名金星雪浪。加工雕刻成砚后，其色泽如漆，如金星闪烁，似雪浪腾涌，油润细腻，柔刚相间，敲之清脆仿佛金声。下墨快，发墨如油，涩不滞笔损毫，为砚中尤物，堪与端歙媲美。砣矶石中还有一种极为罕见的、带橙红色彩的砚材，如朝霞映红海面，下墨颇利、发墨如油，是砣矶石中的极品。

砣矶砚，始于宋代熙宁年间，已有近千年历史。历代名人雅士，对砣矶石砚评价很高。宋代书画家苏东坡赞曰：“色泽如墨玉，金星如铜屑遍布，理细质坚，叩之有声，发墨如油。”宋代唐彦猷《砚录》中记载：“登州驼基岛石，色黑，罗纹金星，发墨类歙，而纹理不如。”宋代李之彦《砚谱》云：“登州驼基岛石上有罗纹金星。”明代画家徐渭称：“向者宝，端歙，近复珍砣矶。”清朝乾隆钦定的《西清砚谱》曰：“是砚虽新制，而质理锋颖，佳处不减龙尾，可备砚林别品。”乾隆帝所得砣矶砚为长方形，石色青间碧，中刻一蟠，边刻四螭绕之。砚底刻有乾隆皇帝手书赞誉七言绝句：“砣矶石刻五螭蟠，受墨何须夸马肝。设以诗中例小品，谓同岛瘦与郊寒。”清代董寄庐评赏砣矶砚为：“似歙而益墨殊胜，有枯润二种，得之润水中者尤佳，石家藏此砚而宝之。”高凤翰在《砚史》中云：“北方土性刚烈，所产砚材绝少。考砚谱，惟青州红丝、青石，与登州之砣矶数种而已。”

清代后半个多世纪，砣矶砚逐渐衰落乃至停产。直到20世纪70年代末，故宫博物院藏清御用金星雪浪砚，引起了外商的兴趣，要求订购砣矶砚。当地有关部门组织制砚艺人恢复了砣矶砚生产，使绝迹了半个世纪的鲁砚中的名品又恢复了生机。从此，产品不仅行销国内，还出口到日本、韩国及东南亚等地，受到普遍的欢迎和好评。1985年，著名书法家舒同来长岛，对砣矶砚啧啧称道，爱不释手，题写对联颂曰：“金星闪烁雪浪翻，为文泼墨赛马肝”，对砣矶砚作了高度评价。（图 2-13-9 至图 2-13-11）

2013 年 5 月，砣矶砚雕刻技艺列入山东省第三批非物质文化遗产名录。长岛县王守双、乔旭玲被确定为山东省非物质文化遗产代表性项目砣矶砚雕刻技艺代表性传承人。

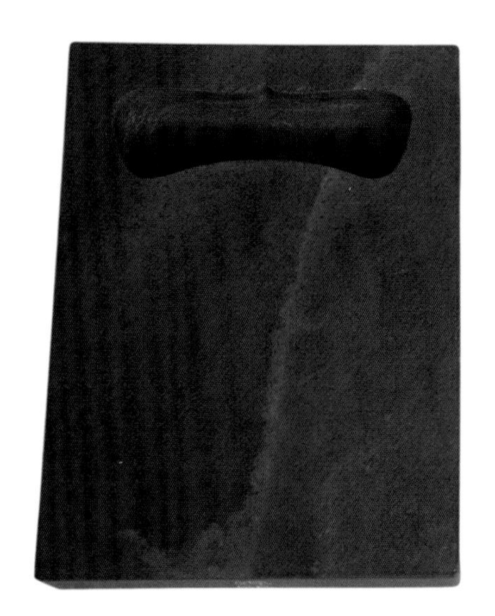

图 2-13-9　对砚（金雀、雪鸥）

图 2-13-10　投壶砚

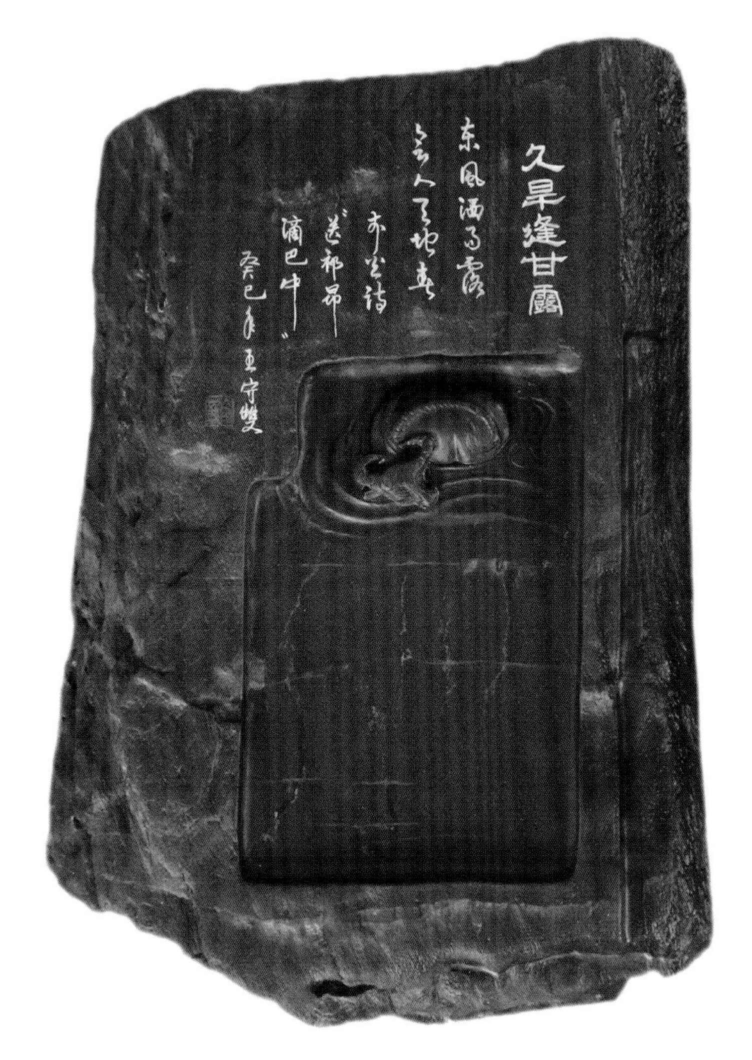

图 2-13-11　久旱逢甘露砚

四、琅琊金星砚

琅琊金星砚砚石产于山东省临沂市费县探沂镇（原刘庄镇）箕山岐山寺旁山涧。因石上有金星遍布（也有银白色），似天空中繁星闪烁，故称金星石，用来制砚，称金星砚。费县古时属琅琊郡，故称琅琊金星砚。又因临沂是东晋“书圣”王羲之的故乡，有传说王羲之偶然得此石，爱不释手，琢磨成砚，视为珍宝，所以又称该石为“羲之石”，砚则称为“右军砚”“羲之砚”。

金星石存在于寒武系地层，属轻微碳化的优质灰岩，硬度约为摩氏4度，与歙石相当。其石分三层，上层为扁平状卵石，石呈灰黑色，光泽较差，石质较软，发墨较慢，金星显得稍暗。下层石为扁平石板，质稍硬，磨光后色如墨玉，光气逼人，金星闪烁夺目，但质滑，下墨亦较慢。唯中层石夹于千页岩中，制砚最好，抚之如脂、握之生润、发墨益毫、蓄水不涸，是金星石中的上品，石中偶有如游云、山川、树木、色纹彩者，更是异常名贵。金星石中还有夹入金银线的，也极为难见。现采用机械化开采后，又下挖了三层砚石。除此之外，金星石另有自然虫蚀边板石，产于山涧两边的黄土层下，其边缘经长年水流溶浸，形成多变化的自然边，随形稍事加工，便可成为别具一格的自然形砚，为金星石中之妙品。（图2-13-12至图2-13-14）

相传岐山寺内曾有90岁老僧，于溪涧得一金星石，大如龟，色漆黑，金星遍布，触手生润，呵之水滴。老僧宝之，磨而制砚，供于禅堂。每日早晨水凝欲滴，阴雨天取水更盛，老僧用此砚写经，无须加水，每夜聚水，恰用一昼。老僧感叹其妙，视为镇寺之宝，代代相传，每传于下一代方丈，必定要拜授此砚。

以金星石制砚，目前尚无资料证明确切始于何年。据传，琅琊金星砚始于东晋，盛于唐宋，曾得到书画家苏轼和米芾等人的推崇。唐代大书法家颜真卿祖籍临沂费县，出任平原太守时，曾搜寻金星砚，并视金星砚为“文房瑰宝”。金星石被作为良材来制砚，并得到文人墨客们的喜爱，宋之后金星砚逐渐衰落乃至绝迹。

直到20世纪70年代初，在费县箕山涧重新找到金星石坑，使失传了七八百年的这一历史名砚获得新生。改革开放后，金星砚的生产更是发达兴旺。

2006年，金星砚制作技艺被列入临沂市非物质文化遗产名录。

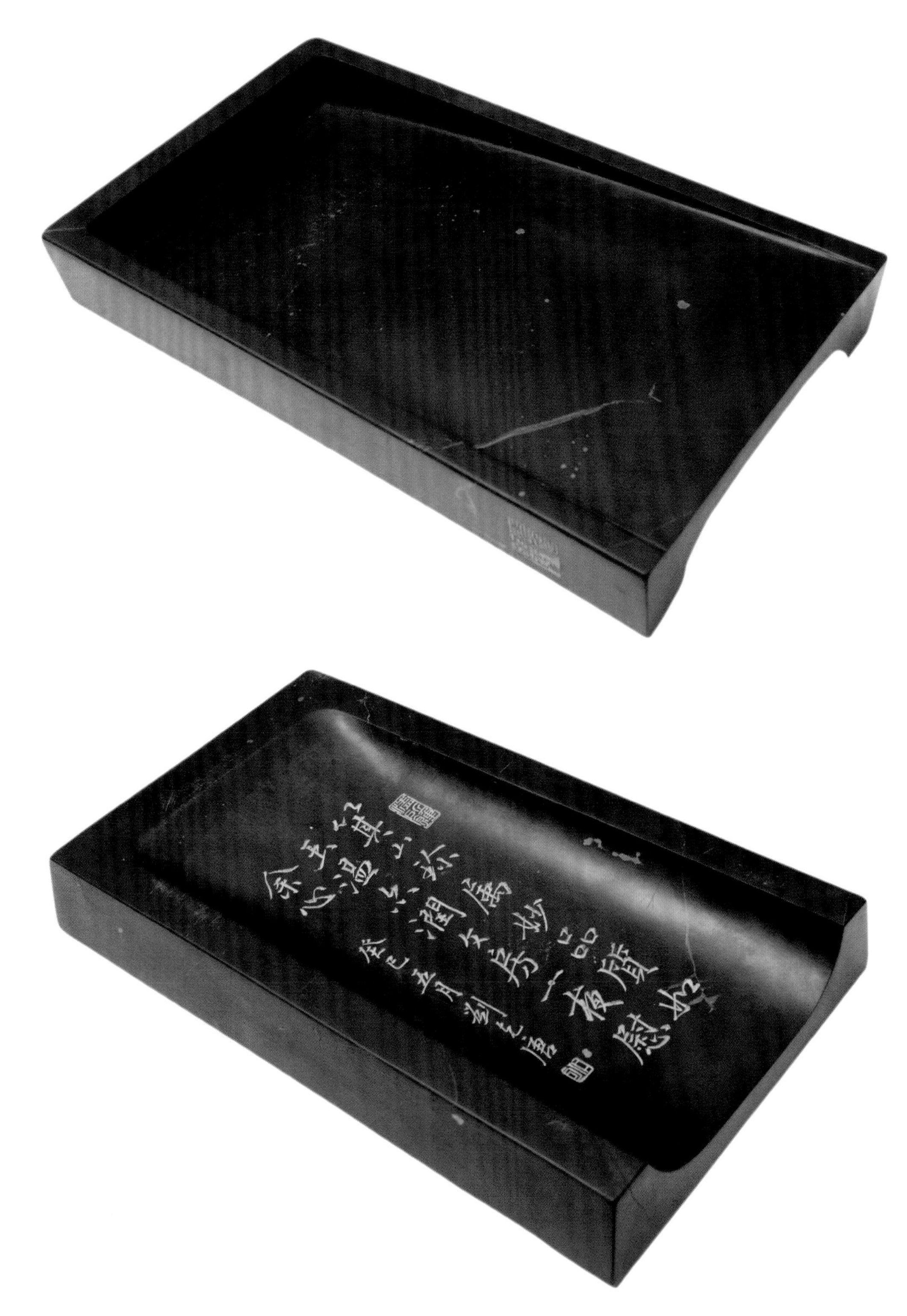

图 2-13-12　箕山珍砚（正、背）

图 2-13-13　秋趣砚

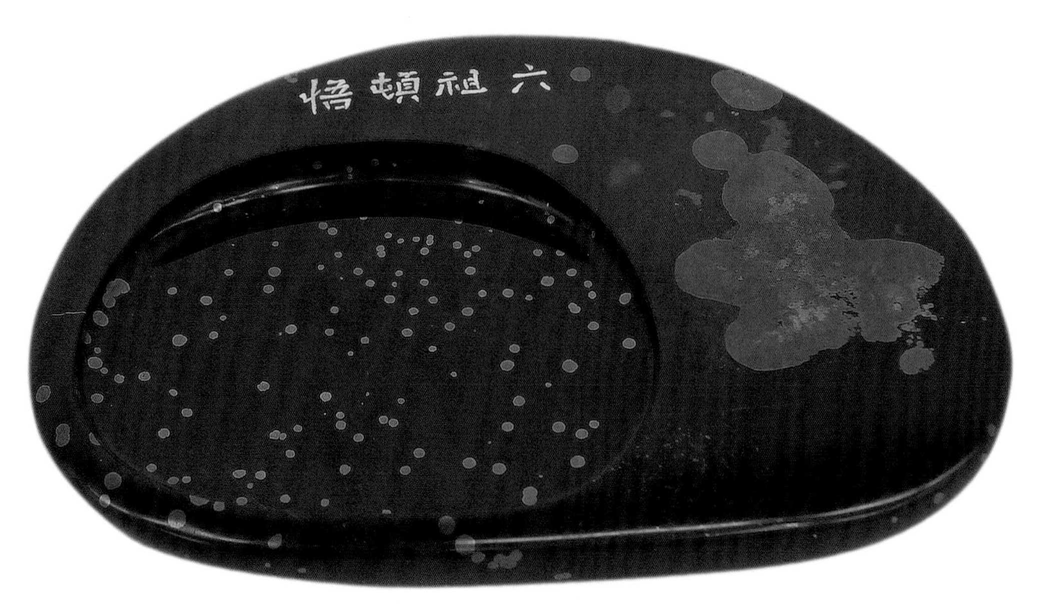

图 2-13-14　六祖顿悟砚

五、徐公砚

徐公砚砚石产于山东沂南县青驼镇徐公店，费县也有产出。用该石制成的砚，称徐公砚。

徐公石存在于震旦系地层，属薄层状玄武岩，产在地下岩层与风化层之间的夹层中，由亿万年风化水蚀所形成，硬度在摩氏4度左右。徐公砚石质细润，抚之如肤，叩之有声，坚而不滑，着手生润，贮墨耐久，寒冬不冰，下墨如锉，研墨无声，发墨如油，色泽鲜润。徐公砚颜色丰富，深透而不浮艳，主要有蟹青、鳝黄、沉绿、绀青、橘红、黑、紫、褐等色，多彩相间，五色缤纷，可见冰纹、刷丝纹、彩带等天然纹饰。古朴风雅，赏心悦目，堪称砚石之上品，不仅有实用价值，也有极高的观赏价值和收藏价值。

徐公砚得名于唐代的徐晦。相传，唐朝时有位举人徐晦进京赶考时路过此地，偶见路边沟中有奇形片石，因爱其形色，试磨成砚，随身使用。开科之时，因天寒地冻，众举人砚中之墨皆结为冰，不得书写，唯徐晦砚墨如油，挥洒自如。徐晦一科进士及第，官至礼部尚书。后来，徐晦年高休官，因感砚台之恩，遂举家迁往得砚之地，聚众成村。徐晦被后人尊为“徐公”，该地亦易名“徐公店”，而砚台也就被称作“徐公砚”，名闻天下。

徐公砚力求保持自然特点，其边痕多具自然溶蚀的石乳石纹，只在石面加工，色泽纹理丰富，纯朴雅观，具有形奇、色美、质润、石温之特点。《临沂县志》对徐公石备加称赞道：“边生细碎石乳，不假人工，天然雅观”“皆天成砚材，小者尤佳”。

徐公砚由于产地偏僻、交通不便，唐代以后的千余年间，发展和影响都受到很大限制。徐公砚从20世纪70年代末开始，多次进京参展，并远赴日本等国展示，受到普遍欢迎和好评。

徐公砚的雕刻将鲁砚创作中的“天人合一”理念发挥到了极致，徐公石每块都是天然独立成形，每方石料的周围都可见到一万年风化水蚀的钟乳纹理，每方石料的表面都有着变化莫测的纹彩，这是“天工”所为，极其宝贵，而作为“人工”，就是充分发现、挖掘徐公石这种天然美，通过整体上的把握和设计，巧妙地利用这种天然美，达到最佳的艺术效果。（图2-13-15至图2-13-19）

2016年3月，徐公砚制作技艺被列入山东省第四批非物质文化遗产代表性项目名录扩展项目名录。

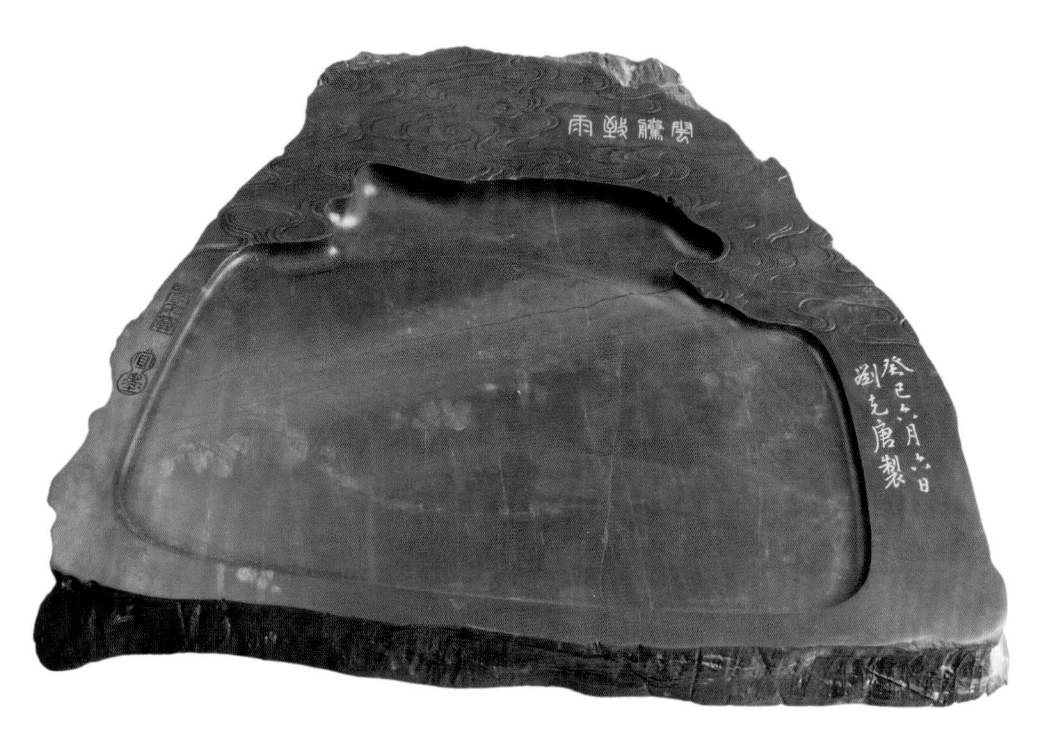

图 2-13-15　云腾致雨砚

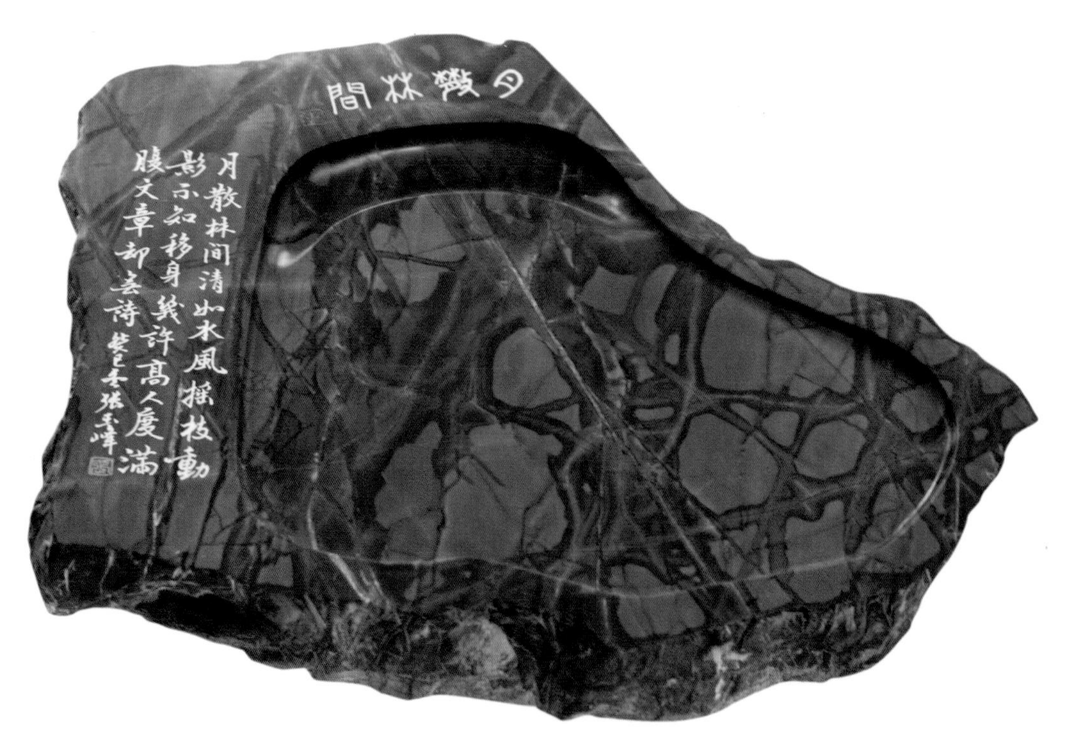

图 2-13-16　月散林间砚

图 2-13-17　寿如金石砚（正、背）

图 2-13-18　孔子思辨砚（正、背）

图 2-13-19　斧斤所救砚

六、尼山砚

尼山砚，因产于孔子诞生地山东曲阜尼山而得名，是鲁砚名品之一。

尼山砚砚石是存在于距今 6 亿年的寒武系地层中海相沉积的薄层泥质灰岩，硬度为摩氏 2.9—3.5 度。主要有蓝灰、土黄、姜黄色，石质细腻，抚之生润，有疏密不均的黑色松花纹。

尼山砚，掭笔如油，拭不损毫。尼山砚中的佼佼者也称为“松花砚”，石色褐黄，遍布青黑色松花纹，雅致可爱。另外，尼山石除黄色之外还有一种豆青色的石材，纯正无杂色，但极少见。（图 2-13-30 至图 2-13-22）

尼山砚历史悠久，因圣人孔子出生于此地，自唐宋便享有盛名。明万历二十四年（1596）刻本《兖州府志》记载：“尼山之石，刳而为砚，文理精腻，亦佳品也。”《清一统志》记载：“尼山石砚，出曲阜县尼山，文理精腻，亦称雅品。”又据清乾隆年间侯船修订的《曲阜县志》载：“尼山之石，文理精腻，质坚色黄，可以为砚，得之不易，近无用者。”尼山砚历史上又为孔府的贡品，历来被控制，产量很少，为罕见之物。

20世纪80年代初，在尼山五老峰下又找到产砚石新坑，恢复了尼山砚生产。尼山砚在继承传统的基础上又有创新，结合自然，因材施艺，略加点缀，便情趣盎然。近年来，为保护尼山人文景观，尼山已禁止开采，并进行了绿化，尼山砚石因而极其难得。目前，尼山砚已成为鲁砚中之重要品类，是曲阜三宝（楷木雕刻、碑帖、尼山砚）之一，深受国内外书画家、收藏家喜爱。

2009年9月，曲阜尼山砚制作技艺被列入山东省第二批省级非物质文化遗产名录。

图 2-13-20　江水奔流砚

图 2-13-21　尼山寻芳砚

图 2-13-22　思圣追贤砚

七、青州青石砚

青州青石砚产于山东省青州市。

宋米芾《砚史》先后记载："青州青石色类歙，理皆不及，发墨不乏，有瓦砾之象。""青州蕴玉石红丝石青石……青石有粗文如罗，近歙，亦着墨不发。"宋高似孙《砚笺》引用米史之说："青州青石色理类歙，发墨。"据此，青州青石砚始于宋，或早于宋。近期，临朐砚家制两方青州青石砚，石出青州市西23千米的邵庄镇河庄村中山头，如鱼子纹，与米芾《砚史》描述不同，不可确定。（图2-13-23、图2-13-24）

图2-13-23　青石之惑砚

图 2-13-24　仿宋抄手砚

八、琅琊紫金石砚

琅琊紫金石砚产于山东省临沂市兰山区，因临沂古称琅琊郡而得名，是山东历史名砚。

琅琊紫金石形成于距今约 4.5 亿至 5 亿年前的寒武纪，属浅沉积岩，硬度为摩氏 3.5 度至 4.5 度。琅琊紫金石石色灰紫，有光泽，映日银星遍体，石有冰纹、火捺、鱼脑冻、金银线等石品，石质细嫩，不吸水，硬度适中，易于雕刻，创作砚品的回旋余地较大，是制砚良材。

以紫金石制砚相传始于汉，盛于唐，并在唐代成为宫廷贡品。宋代米芾曾得到一方紫金石砚，非常珍爱，在其传世书作《乡石帖》（台北故宫博物院藏）中记述：“新得紫金右军乡石，力疾书数日也，吾不来，果不复用此石矣。”在其《宝晋英光集》也记录此事：“吾老年方得琅琊紫金石，与余家所收右军砚无异，人间第一品也，端、歙皆出其下。新得右军紫金砚石，力疾书数日也。吾不来斯，不复用此石矣。”台北故宫博物院所藏米芾《紫金研帖》：“苏子瞻携吾紫金研去，嘱其子入棺。吾今得之，不以敛。传世之物，岂可与清净圆明本来妙觉真常之性同去住哉。”苏轼得米芾藏紫金石砚，嘱其子入棺，而米芾得知后，却不顾一切地索回，可见其厚爱至极。

1973年在元大都遗址中就出土一方紫金石砚，现存首都博物馆，砚呈风字形，色泽正紫，有隐约雾气和豆绿色斑点，背面刻米芾铭文：“此琅琊紫金石制，在诸石之上，皆以为端，非也。元章。”可见当时紫金石砚地位之高，使用之广。

宋后，因砚材匮乏等原因，琅琊紫金石砚产量逐渐减少，清中后期基本绝迹。

直到近几年，在临沂市兰山区境内距王羲之故居不远处找到一种砚石，其颜色、石质、发墨效果等特征，与历史文献记载以及少量存世之物基本吻合，并使一些资深的砚学专家、藏砚者和用砚人“皆以为端”，这应是历史上真正的紫金石，当然这还有待有关部门的专家予以进一步鉴定。（图 2-13-25）

图 2-13-25　紫金石砚

九、临朐紫金石砚

临朐紫金石砚也是山东的历史名砚，其石产自临朐县。与琅琊紫金石砚可称鲁砚双璧。不少人将两种紫金石砚混为一谈，应予以纠正。

临朐紫金石砚以深紫色为底，阳光下石上有点点细微金星内现，个别砚石上还有黄色条纹和斑点。紫色自古象征祥瑞，金色历来代表富贵，故以紫金石制砚一直广受世人珍爱。

用紫金石制砚相传始于汉代，盛于唐代。宋代唐彦猷《砚录》中说："紫金石砚……最下层者润泽，发墨不殊端、歙砚。"又说"青州（临朐古属青州）紫金石状类端州西坑石，发墨过之"。可见这是一种与端溪坑石相近的制砚佳石。（图 2-13-26、图 2-13-27）

清代乾隆皇帝于 1778 年夏曾在紫金石"太平有象"砚上御题："紫金石，临朐产，起墨益毫，略次端歙，刻作太平，称有象斯之，未信敢心宽。"并将其列在钦定《西清砚谱》二十三卷，足见其对紫金石砚的钟爱。后因砚材匮乏等原因，清中后期已基本绝迹。正如《西清砚谱》所载："临朐紫金石在唐时竞取为砚，国初已乏，当端歙即盛行，采取者少，故甚少流传。"也正因如此，有关临朐紫金石的文字记录少之又少。

近年来，临朐紫金石砚得到重新开发生产，也雕刻出一批精品砚作，产生了较大影响。

图 2-13-26　环池砚

图 2-13-27　石鼓砚

十、燕子石砚

燕子石产于山东省泰安市大汶口、莱芜、平邑、费县等地。燕子石，古生代的一种海洋动物化石——三叶虫化石，属薄层灰岩，含矿地层为寒武系，距今约有 5 亿多年。燕子石因含完整的三叶虫形骸，颜色微黄，凸出石面，似燕子或蝙蝠，如春燕穿柳，似蝴蝶寻芳，因其形态如浮雕般凝于岩板层面，故以“燕子石”或“蝙蝠石”名之。

燕子石砚，颜色多深绿、浅绿，间有紫褐；虫化石呈微黄，凸出石面。石质细腻、温润如玉、抚如凝脂、叩有铜声。保湿耐涸，易于发墨，不伤笔毫。（图 2-13-28 至图 2-13-30）

燕子石砚始于明朝时期，当时，将燕子石制砚，名曰“多蝠砚”“鸿福砚”。清盛百二《淄砚录》称：“此石莱芜往往有之，其背有如蝙蝠者，如蜂、蝶、蜻蜓者数十，文皆凸出，制砚名‘鸿福砚’，为读《易》研朱妙品。”据清代王渔洋在《池北偶谈》中记载：“张华东公（延登），崇祯丁丑三月游泰山，宿大汶口。偶行饭至河滨，见水中光芒甚异，出之，则一石可尺许，背负一小蝠、一蚕，腹下蝠近百，飞者伏者，肉羽如生，蚕右天然有小凹，可以受水，下方正受墨。公制为砚，名曰‘多福砚’。铭之云：‘泰山所钟，汶水所浴。坚劲似铁，温莹如玉。化而为尔，生生百族。不假雕饰，天然古绿。用以作砚，龙尾继躅。文字之祥，自求多福。’”张延登死后，其砚被浙江巡抚张勄收藏。对此，清代著名文学家孔尚任赋诗赞道：“张家两中丞，得失如轮转。一砚供二贤，前后荷殊眷。”

1987年，天津博物馆举办中国砚史展，展出一方大可盈尺的椭圆形燕子石砚，砚体四周有近百只振翅欲飞的“小蝙蝠”，令人叹为观止。改革开放以来，燕子石砚在继承前人的基础上有了新的发展。在沂源县、费县、泰安等地办起了燕子石工艺厂，工艺师们利用当地得天独厚的天然石料，制作了不少砚雕珍品。当代著名书法家欧阳中石赞赏道：“五亿年前古，翩翩燕子飞。奇珍天下宝，史迹依稀存。”

莱芜市燕子石制作技艺已被列入莱芜市非物质文化遗产名录。

图 2-13-28　双福砚

图 2-13-29　多福砚

图 2-13-30　祥瑞砚

十一、田横砚

田横砚，砚石产于山东省即墨市田横岛。秦末汉初，刘邦称帝，遣使诏齐王田横降，横不从，于去洛阳途中自刎，岛上五百壮士闻此噩耗，集体挥刀殉节。世人惊感岛上五百义士大义，拾其骸骨，合葬于岛顶，并立庙祀之。至此，该岛被称为田横岛。由田横石制砚称为田横砚。（图 2-13-31 至图 2-13-33）

田横石赋存于侏罗纪莱阳组地层中，属黑色粉砂质泥页岩。砚石产于田横岛西南近海处，暴露在陆地上的石材粗松干燥，多有裂缝，不宜制砚；而海水下的砚石，当地称之为“水岩”，为优质制砚材料，但只有退潮时才能开采。田横砚质地细腻，润泽不燥。易发墨，不滑不滞，储墨一周不干不淤。石质坚硬，色黑如墨，少有纹彩，偶见金星。

据传，田横砚自发现至今已有 2000 多年的历史，史料记载亦有 500 多年的历史。传说中，田横石即为当年田横的兵将来岛上时，用其磨砺刀剑所用，后被田横门客中的文人所发现，遂以刀削剑刻，略加雕饰为砚台。明嘉靖年间的《即墨县志》中就有记载：“田横石、可琢砚。”清末民初，此砚尚有生产，主要销往胶东一带，至 20 世纪四五十年代基本绝迹。20 世纪 70 年代后期开始恢复生产，但产量一直较少，不成规模，故市场所见不多。

2015 年 7 月，田横砚制作技艺被列入青岛市第四批非物质文化遗产名录。

图 2-13-31　海天旭日砚

图 2-13-32　铁树砚

图 2-13-33　海天旭日砚

十二、温石砚

温石砚产于山东省即墨市司家疃洪江河底温泉下（一处位于村边洪江河温泉处，一处位于小范家水库底）。因砚石出温泉下，称温石，砚以石得名为温石砚。

温石属粉砂质泥岩，存在于白垩系地层，主要矿物成分为长石、石英、黏土等，石质温润坚细，发墨益毫，与端石极为相似。经试验，用温石磨墨在零下三四摄氏度时确实不冻，是名副其实的“温石”，为极佳的制砚材料，这是其他砚石所不能比拟的。但上品温石一般都是小料，大料虽有却极不易得。有时方圆逾尺的石料，仅得小料数方，青花隐约，沁透如冻，发墨而不滞笔，为石中上品。

温石呈灰紫色或紫褐色，有豆绿色石眼，其晕可达 4 层至 5 层。除此，还有青花、朱斑、朱线、翠斑、胭脂晕等石品，绚丽多彩。由于砚石出自河底温泉之下，要一边抽水，一边采挖，开采十分困难，非枯水季节不能进行，从而产量极少。

以温石制砚，据说已有数百年的历史，但多属自制自用，未作为商品销售，所以流传地域很小，当地史志均未见记载。

温石在 20 世纪 70 年代中期曾被重新发现并有少量开采，亦有极少成砚面世，但由于前些年修建水库，一处砚坑已沉于水底，另一处砚坑被新建房屋所占，故温石砚已很难再得。（图 2-13-34、图 2-13-35）

图 2-13-34　结邻砚（正、背）

图 2-13-35　山水砚（正、背）

十三、崂山绿石砚

崂山绿石砚产于山东省青岛市仰口海湾。其石出自有“道教圣地”“海上仙山”之称的山东四大名山之一的崂山。因绿石蕴藏于海底，亦有人称“海底玉”。仰口海湾距青岛市区有百里之遥，湾畔有两条颜色特异的石脉蜿蜒入海中。石脉越深入海底，质地越好，色泽越纯。在秋冬季节农历初一和十五前后，海水退潮绿石滩露出海面时方宜采石。现为保护仰口景区的景观，崂山绿石的海坑、旱坑已被当地政府彻底封闭。

崂山绿石的矿物学名称为蛇纹玉或鲍纹玉，主要是绿源石、硅胶盐、镁铁，杂有绢云母、叶腊石、石棉等，硬度为摩氏 5.6 度到 5.9 度之间。崂山绿石质甚坚，其色如秦汉鼎彝，土花堆涌，最可爱的是间有白理如残雪、如瀑泉者，具有岩壑状；手感细腻，宛如美玉。崂山绿石是我国传统赏石中的优秀代表，因而具有很高的观赏和收藏价值。（图 2-13-36）

图 2-13-36　云龙砚

据传在元代，用崂山绿石制作的“墨砚”曾名扬天下。最早的一方为明隆庆年间文伯仁款崂山绿石砚，而后清和民国时期陆续有发现。据《文物》杂志载，“宋代即已有绿石”案供，元代多用制文房。

崂山绿石砚无古砚存世，是因其过硬过滑，不宜下墨、发墨，基本上是作为观赏工艺品出现的，所能见到的多数为民国时期老砚。又因砚石资源奇缺，再加上雕刻困难，成本太高，所以产量极少，已濒临绝产。（图 2-13-33、图 2-13-38）

图 2-13-37　同心砚

图 2-13-38　绿波金星砚

十四、龟石砚

龟石砚，砚石产于山东省临朐县东南20千米的辛寨乡刘家庄南山沟壑中。清代《临朐县志》记载：“龟石产辛寨龙岩寺石涧中，天然龟形，磕之底盖自分，质细而润，蓄墨数日不枯。”

龟石属饼状灰岩结核，多为扁平、椭圆形卵石，因其外貌似龟形，故得名“龟石”。其石色多为赭红、黄褐、茄紫等，石中心与外边色彩有变化，一般为外深内浅，中间有一明显石心，周围有层层花纹环绕，有的中间还有如风景、人物、动物般的彩晕，颇具观赏价值。此石是山岩经风化再沉积的结果，优质龟石很难得，一般在雨季雨水冲刷后，才能找到少量的龟石。龟石砚石质细润，具有不吸水、不渗水、蓄墨不涸、发墨益毫等特点。

以龟石制砚，往往取自然成形，因石内为彩色环状纹理或图案，故不需多加纹饰雕琢，只将砚石腹背凿出平面，刻以砚池、复手，最多再刻一点铭文即可。所成之砚浑朴古拙，自成天趣。（图 2-13-39 至图 2-13-41）

据传龟石砚始于唐代，后来经过宋、元、明各朝代的发展，到清朝初年已成为鲁砚中较名贵的品种之一。但毕竟砚材匮乏，产地偏僻，故一直没有太大影响。20世纪末才又有人重新开发，目前也只是砚家偶尔制砚，数量极其有限。

图 2-13-39　皈佛砚

图 2-13-40　辟雍砚

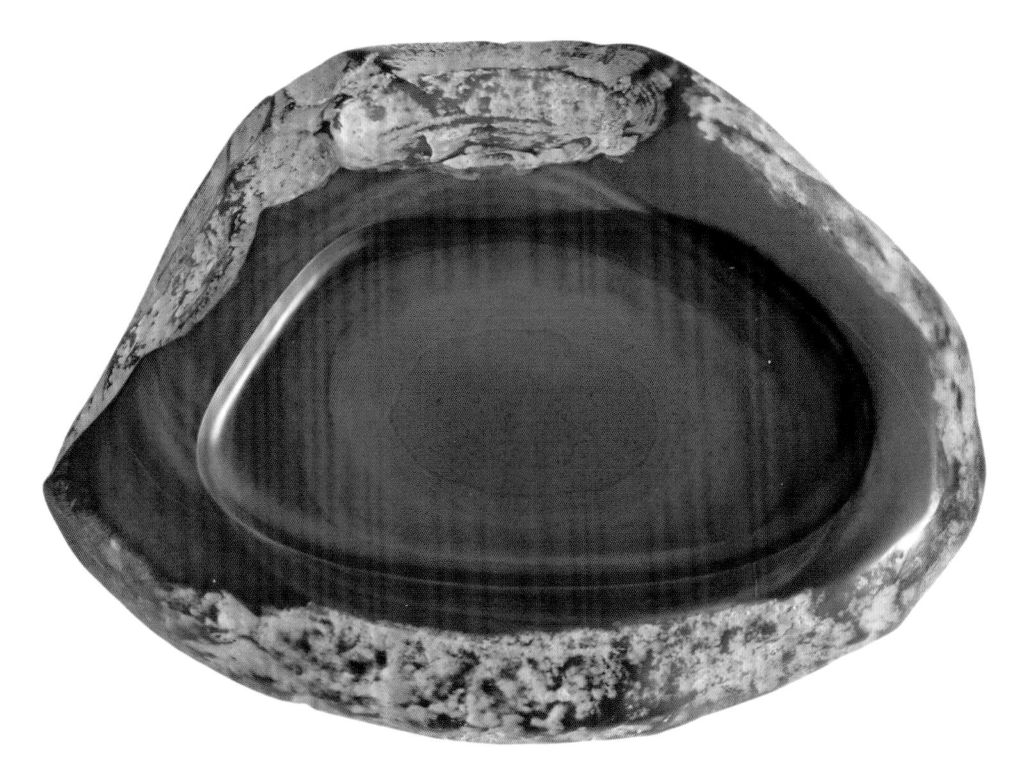

图 2-13-41　天成涌泉砚

十五、浮来山砚

浮来山砚，砚石产于山东省日照市莒县城西浮来山，砚因地得名。

浮来山石为微晶灰质岩，产于震旦系地层，其主要矿物成分为绢云母、绿泥石、石英、粉砂碎屑等。以其制砚理细质润，手拭如膏，发墨泛油，墨色如漆。石色有深绿、褐黄、绀青，石中有变幻多样的“冰纹”，石边为天然溶蚀的石乳，组成了自然而有序的图案，造化精奇，异彩非常，令人赞叹。

浮来山是一座历史文化名山，南朝梁刘勰的《文心雕龙》一书就于此撰稿而成。相传历史上盛产砚石，故山麓之村称“砚疃”。以浮来山石制砚应始于宋代，据清雍正年间《莒州志》载：“东坡守密州，取龙尾石（指该地寨里一种酷似画中龙尾纹饰的砚石，而非江西婺源龙尾石）制砚并为之作铭。”明万历年间，浮来山砚曾作为贡品。后因开采无方，技艺失传，渐被历史所湮没，直到20世纪末才得以重见天日，但因佳石少而不易得，故目前只有极少量产出，影响远不及其他鲁砚。

浮来山石多为扁平石饼，用来制砚，亦不需多加雕饰，取其自然纹理，略施小技，别具风趣。（图2-13-42至图2-13-44）

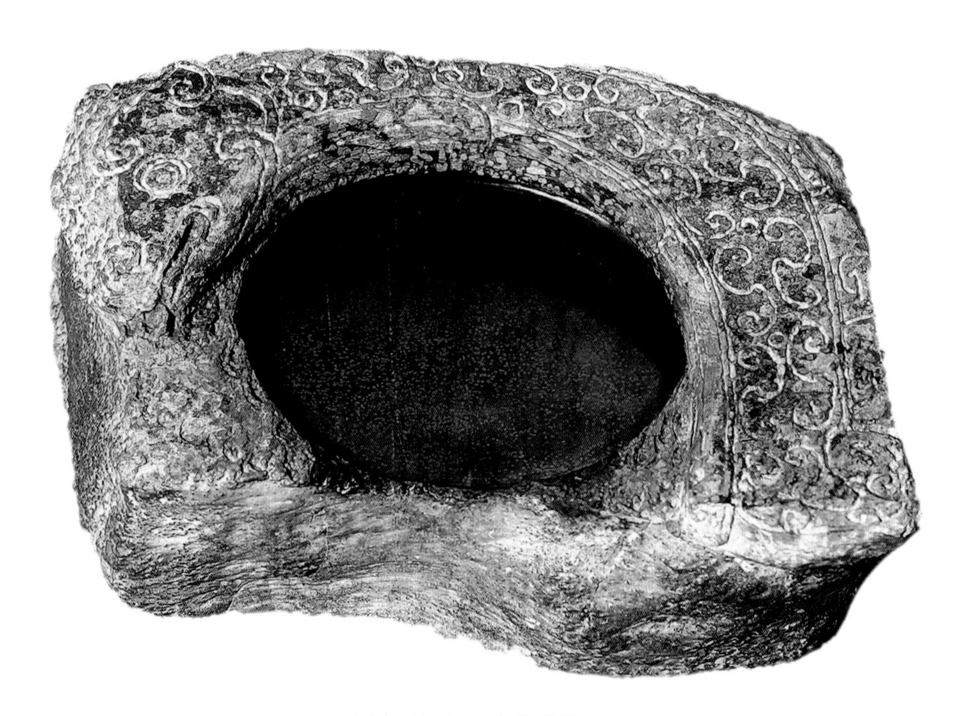

图2-13-42　古龙抱月砚

图 2-13-43　天然砚

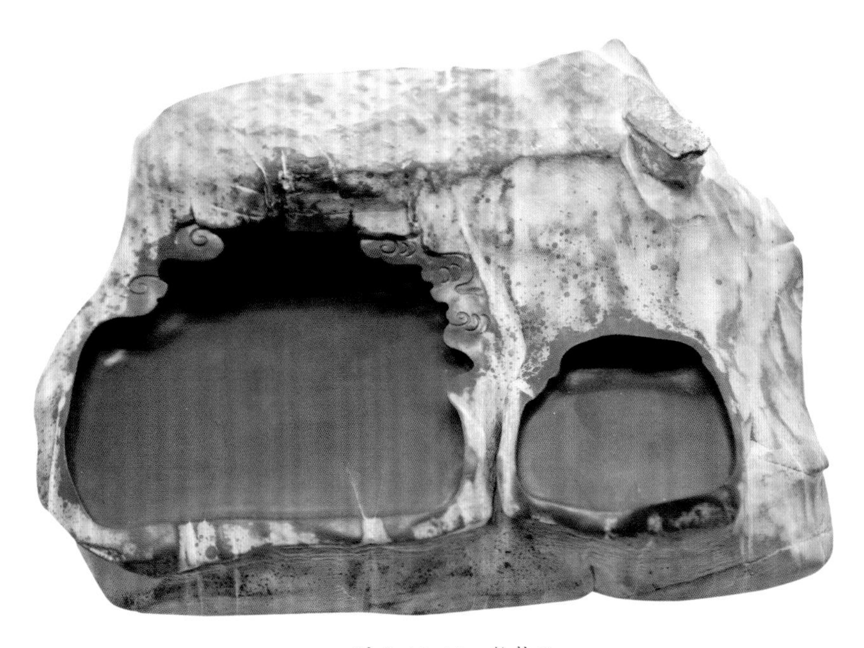

图 2-13-44　伯仲砚

十六、薛南山石砚

薛南山石砚，砚石产于山东省临沂市兰陵县大仲村镇薛南村东薛南山。据《临沂县志》载："薛南山产石，皆天成砚材，若马蹄，若龟壳，四周若竹节状，小者尤佳。"薛南山石多为扁平自然形的石饼，直径10厘米至15厘米。用此石制砚，即为薛南山石砚。

薛南山石多为橘黄色、深绿色，斑纹似若隐若现的微尘，色泽柔和沉静，映日有珠光发于深处。硬度适宜，质细温润，磨墨无声，发墨而不滞笔。周边经过长年风化，呈竹节状的石乳纹，如竹根密节，纹多垂直，显现于石侧中部，腹背较平，磨去风化层即是完整的砚坯。随其形态，周边无需加工，乃天成砚材。用薛南山石制砚，多以其自然形状做随形砚，简挖砚池，略加雕饰，有的适当配以砚铭，使砚文雅大方，古朴自然，极富天趣，充分呈现"天人合一"之美。（图2-13-45至2-13-47）

薛南山石砚的历史目前尚无资料可查。近年来由于资源逐渐枯竭及其他原因所限，产出已很少，不成规模，影响力远不如其他鲁砚，但仍不失为一种较好的砚种。

图2-13-45　一叶砚

图 2-13-46　秋荷鱼乐砚

图 2-13-47　圭池砚（正、背）

十七、莒南紫丝砚

紫丝砚，产于山东省莒南县。石出壮岗镇下峪子村，因石中含辰砂微粒，所以加水研磨时便会出现紫红色石沫，故称紫丝石，用其制砚称紫丝砚。

紫丝石为元古界胶南群洙边组，岩性为绢云母千枚岩，石色多为靛青色，有灰绿和黄绿诸色掺杂其间，石质细而坚，储水不干，呵之生润，下墨细速，久用不乏，石质接近端石，曾被人称为“莒端”。紫丝砚带有青紫相间松皮花纹，质朴无华。

关于紫丝砚始于何年不明，石可先生的《鲁砚初探》记载：“紫丝砚石产于莒南县水库河底，系蛇纹岩之夹层，蕴藏量较少，开采不易。”“清乾隆间曾作为贡砚，又称莒端。”但没有注明出处。清代当地文人许瀚、庄瑶在为官及交友中涉及到紫丝石砚，也没有查到文字记述。曾有一方传世古砚，其铭曰：“乡里自有紫丝砚，何必南国求歙端。”存世紫丝石老砚颇多，新出少见。（图 2-13-48、图 2-13-49）

图 2-13-48　葡萄累累砚

图 2-13-49　蝈蝈白菜砚

十八、颜鲁公石砚

颜鲁公石砚产自唐代著名书法家颜鲁公（颜真卿）故里山东省费县，石出刘庄镇箕山山麓及马庄镇牛田村河谷。用其制砚，称颜鲁公石砚。

颜鲁公石属泥质灰岩，赋存于寒武系地层。由于地壳变动，形成独特的块状独石裹于赤泥当中，又经长年流水冲刷浸泡，故质细温润，手扪生津。用以制砚，发墨爽利而不损笔，墨汁如油而久不涸，被视为砚中珍品。石色有深紫、淡紫、绛红、血红、橘黄等，中含彩点。因其色如猪血，民间称为“猪血石”。

颜鲁公石砚的历史资料很少，只在清光绪《费县志》中有载：“其（岐）山鲁公石……色淡紫，可制砚。”其石色紫而兼有“紫气东来”，象征吉祥之兆，故为文人墨客及藏砚家所钟爱。但由于种种历史原因，此砚石曾被长期湮没，年久失传。直到1979年，经有关人士精心查访，重新发掘出此石，使其重现砚林。颜鲁公砚在费县一带有少量产出，雕刻风格与徐公砚、金星砚等相近，但多年来对此石的开采与制砚一直未成规模。

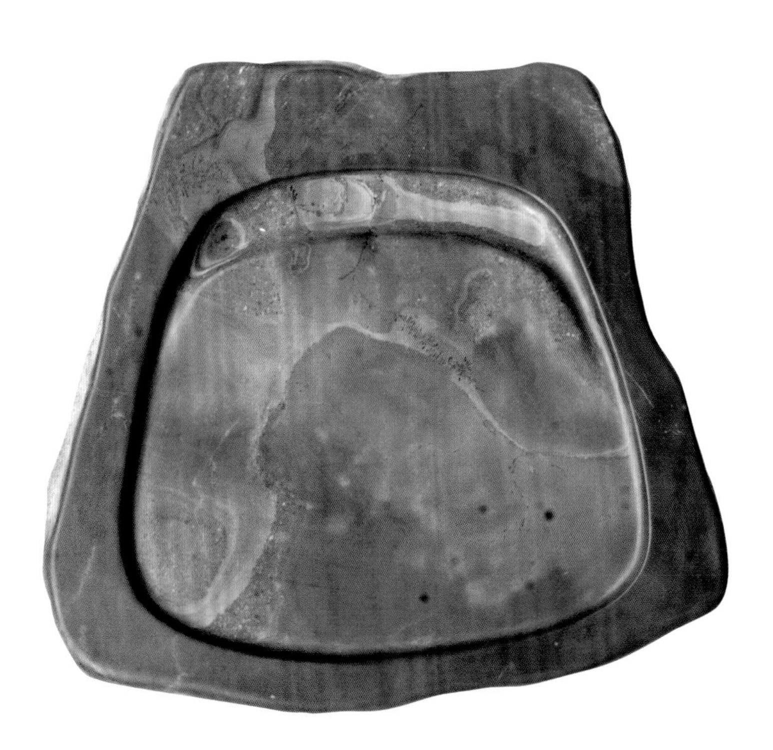

图 2-13-50　随形砚

十九、冰纹石砚

山东省临朐县冶源镇老崖崮村南10千米，20世纪80年代初曾发现一种新的砚石，该石大面积呈紫色，并有浅绿色不规则的纹理纵横其间，如同冰裂纹，十分赏心悦目。中国工艺美术大师刘克唐提议暂名“冰纹石”，用其制砚暂称“冰纹石砚”。

冰纹石开采时间短，有关地质部门尚未对该石的地质状况和矿物成分进行详尽的考察分析。但其石质坚润细腻，抚若童肌，呵气有雾，发墨如油，确为一种新的制砚良材，且储量较为丰富，开采也相对容易，适合批量生产，发展前景十分广阔。在当地除被加工成砚台之外，还被做成笔筒、水盂、印泥盒、镇尺、笔架等成套文房用品出售，物美价廉，深受广大消费者欢迎。

冰纹石砚的雕刻多采用简雕，亦有用深雕、透雕者，造型明快大方，图案古朴雅洁，最大限度地彰显出石纹的美丽。（图2-13-51）

需要特别说明的是，当地很多制砚、售砚者都把此砚称为紫金石砚，这显然有误，事实上该砚无论是石色和石质，都与历史上真正的紫金石砚相距甚远。

图2-13-51　金丝冰纹砚

二十、鹤山石砚

鹤山石砚产于山东省泰安市宁阳县。石出县西北的鹤山乡鹤山和龟山一带，砚因山而得名，亦称龟山砚、龟血砚。

鹤山石为微晶石灰岩，存在于早寒武系地层。石呈沉稳的砖红色，具有石质细嫩、坚而不顽、发墨益毫、贮水不干等特点，非常适合制砚。据说由于宁阳离曲阜不远，历史上宁阳的制砚者曾在“圣人府前卖过砚”，借此炫耀鹤山石砚之好。

据《九九砚谱》记载，龟山砚最早出现在南宋时期，有近千年的悠久历史，是泰安市有历史记载最早的砚台。其石深埋于地下，而非生在山上，质地优良，储量极少，不易寻找。传说千年神龟出逃汶水后，化作一座山脉，与鹤山相对，其血化为两山之间的红色石头，因其吸收了龟鹤之灵气，被当地人称为“龟血石”。因龟鹤都是长生不老神，因而当地老百姓把“龟血石”看作神奇之物，每年的正月十六，老百姓纷纷走出家门，先登高望远，再携“龟血石”回家，门口悬挂柏树枝，就可驱邪扶正，清秽辟毒，百病皆无，富贵平安一年。（图 2-13-52）

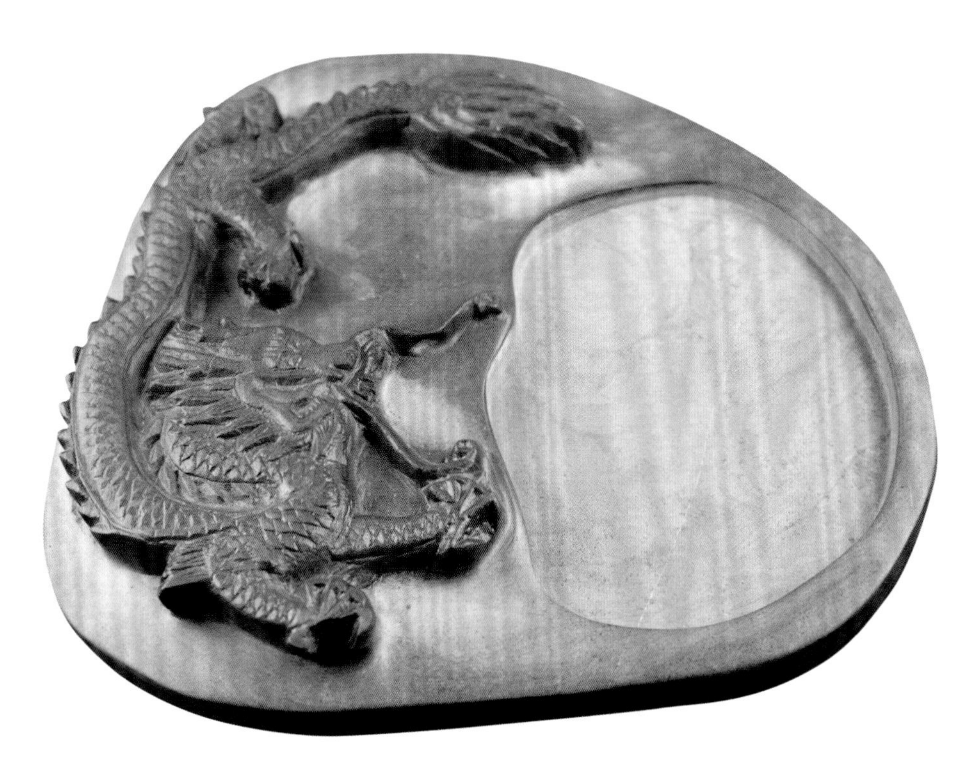

图 2-13-52　飞龙砚

20世纪80年代初，有人根据历史上流传下来的“九九砚谱”提供的线索，尝试着发掘鹤山石砚，但效果甚微。为传承珍贵的民间文化，2006年12月，宁阳龟山砚制作技艺被列入泰安市首批市级非物质文化遗产名录，重点加以开发保护，使鹤山石砚重新面世。不过受原材料开采和加工雕刻的限制，目前产量还较少，这也使得人们对其了解甚少，可谓“藏在深闺人未识”。

二十一、砭石砚

砭石砚，又称红砭石砚、泗水砭石砚、泗滨砭石砚。砭石产于山东省泗水县泗河源头，赋存于寒武系地层，为微晶石灰岩，因含有锶、钛、铬、锌、锰等几十种对人体有益的微量元素，致使砭石呈现除黑色以外的红、黄、绿等颜色，其中的“将军黄”和“富贵红”为砭石中的极品。（图2-13-53、图2-13-54）

砭石自古以来多用以保健、养生、治病。据《史记》记载，扁鹊用泗滨石砭术，救治虢太子，故又称“扁鹊石”。泗水当地又叫富贵石，代表富贵吉祥。

由于红砭石色彩艳丽，纹理奇绝，近年来有砚家用于制砚，形成新的砚种。经试用效果与红丝石相似，故有人称其为“泗水红丝石”。

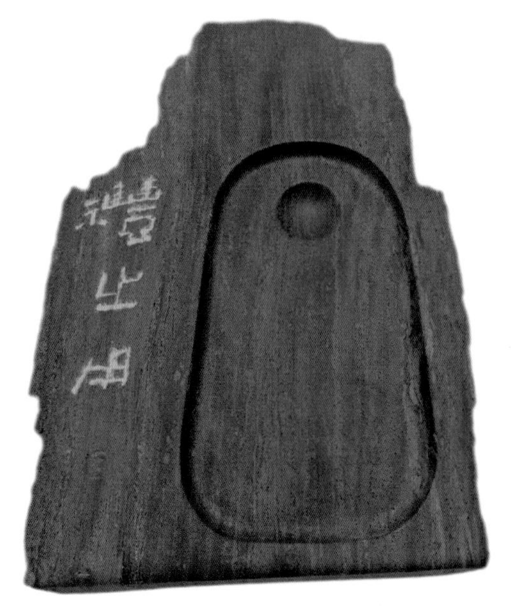

图2-13-53　随形砚

图 2-13-54　长方形素砚

二十二、红埠寺石砚

红埠寺石产自山东省临沂市兰山区西部红埠寺村附近。据《中国篆刻大辞典》介绍，其石色彩斑斓，有红、黄、蓝、白、绿、青、紫等色，当地有五彩石之称，石质圆润细腻，近于青田石，早期曾与寿山石、青田石、昌化石并称四大印章石，是治印的好材料，宋代开始衰落，清末失传。

以红埠寺石成砚，历史中没有记载。1982 年，考古人员发现红埠寺南侧有一个大坑，通过走访得知，此为砚台坑，是采石头形成的，传说唐代曾在此产石制砚。从当地砚台岭及砚台村的地名上看可推知其制砚的历史，但未见实物遗存。由于多年的挖掘，该石存量已不多。

红埠寺石砚现没有正式生产，工艺美术大师刘克唐曾雕刻过一方红埠寺石砚，其颜色深紫，石质细腻，石纹偶见，发墨如漆，当属鲁砚别品。（图 2-13-55）

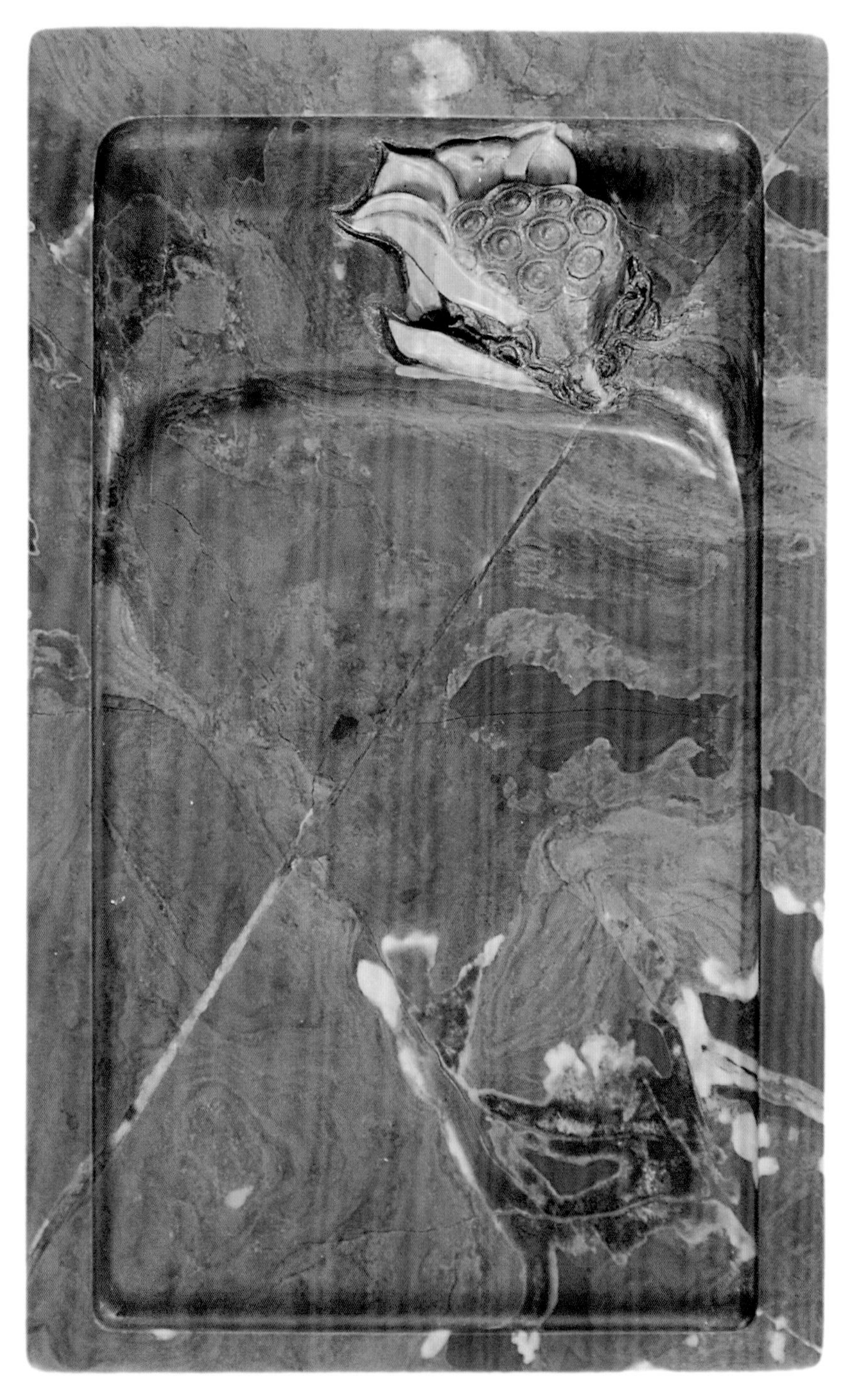

图 2-13-55　莲子砚

二十三、泰山石函砚

泰山石函砚产于山东省泰安市。石出泰山主峰周边的石灰岩山区或变质岩地带，多为沉积型和浅积型。石呈天然团块状或板块状，姿态多样，色彩丰富。硬度在摩氏3度左右。石质坚而不硬，莹润如玉，用之发墨如油。

20世纪90年代，泰山石函砚经山东省民间工艺美术大师邹宗玉研究开发，主要有平卧式或立体式两种砚式。其中平卧式石函砚属泰安市首创，立体式赏石型石函砚属中国制砚史上之首创。

泰山石函砚主要以悠久的泰山文化为背景，因材施艺。或大璞不雕，浑然天成，或浮雕浅刻泰山历代题刻和自然风光，力求达到自然与文化的和谐统一，成为具有典型泰山特色的文化艺术品和旅游纪念品。（图2-13-56）

泰山石函砚具有良好的使用价值、观赏价值，已远销欧美、东亚、东南亚地区，并被省市有关部门作为对外交往的珍贵礼品。

图2-13-56　随形砚

二十四、榴砚

榴砚，又名榴石砚、枣庄榴砚、石榴水纹砚、水纹砚。产于山东省枣庄市峄城区，因砚石出于峄城区青檀山，其为石榴之乡，故而得名，是鲁砚名品之一。

青檀山原名云峰山，因遍山皆青檀，后改名为青檀山。《峄县志·山川》载："青檀山，县西七里，多产青檀，故名，一名云峰。"榴砚砚石属晚寒武纪崮山组，为黑色泥质灰岩。榴砚色彩丰富，有红、黄、绿、黑等色。（图 2-13-57、图 2-13-58）

据峄城区高级砚雕师李传宝介绍，峄城区石榴水纹砚始于康熙年间，自康乾以来因老峄县文人辈出而畅销。此砚已申报市级非物质文化遗产项目。

图 2-13-57　云月砚

图 2-13-58　笸箩砚（正、背）

二十五、梁山砚

梁山砚砚石产于梁山县梁山附近的小安山，因地得名。小安山在梁山县城东北 7 千米处，为东平湖水库内孤立的山峰，原名安民山，据传因《水浒传》中宋江在此安民而定山名。其北石坑所产石料十分适合制砚。石有豆绿、灰褐、灰黄等色，上有美丽的曲线和斑点状花纹，偶可发现有蕨类等原始植物的化石痕迹。该石水平切割没有纹理，当 15—30 度斜向切割时则会出现旋纹，很适合制蚌形砚，因材施艺，十分巧妙。（图 2-13-59）

20 世纪 70 年代末，在山东省专家的协助下，当地部门对梁山砚的开发进行了论证，不久即有小批量产品参加广交会，并出口日本、东南亚等地，目前仍有少量生产。

图 2-13-59　蚌形砚

二十六、玉皇石砚

玉皇石，产于山东省临沂市兰陵县西鲁城乡玉皇庙村的山丘之间，用来制砚即称玉皇石砚，是鲁砚中的新品种，目前处于开发阶段，有少量产出。

玉皇庙石纹彩丰富，有橘黄、褐黄、绀绿、枣红、乳白等色，石质温润细腻，发墨效果较好。其雕刻风格基本沿袭鲁砚，雅静而不浮艳，是鲁砚中的又一新秀。（图2-13-60、图2-13-61）

图 2-13-60　一指池砚

图 2-13-61　编钟砚（正、背）

二十七、木纹石砚

木纹石产于山东省费县许家崖乡凉山头。泰山山脉西侧济南长清区至泰安东平县一带，也有产出。砚石因褐色的底板上有紫红色的条纹深浅轮回，酷似华贵的紫檀木的纹理，故名。以其制砚称木纹石砚，亦称紫檀石砚。（图 2-13-62、图 2-13-63）

木纹石，也有人称木鱼石，是一种板岩结构的中厚层粉砂质灰岩。据化学分析，石内含有人体所需的许多稀有矿物质，可以向人体输送对健康有益的微量元素，所以这种石材一直被用来制作茶壶、茶杯等饮茶用具，加之又有一定的观赏性，所以身价倍增。

以木纹石制砚，应该说是一种新的尝试。木纹石中石英和绢云母的含量丰富，因而有很好的研磨功能，而酷似紫檀木的砚石中偶然出现的洁白石英夹层，如巧妙加以利用，更会使砚增添几分艺术感染力。

木纹石砚产量极少，故市场上极难见到，其雕刻风格与徐公砚、金星砚等基本一致。

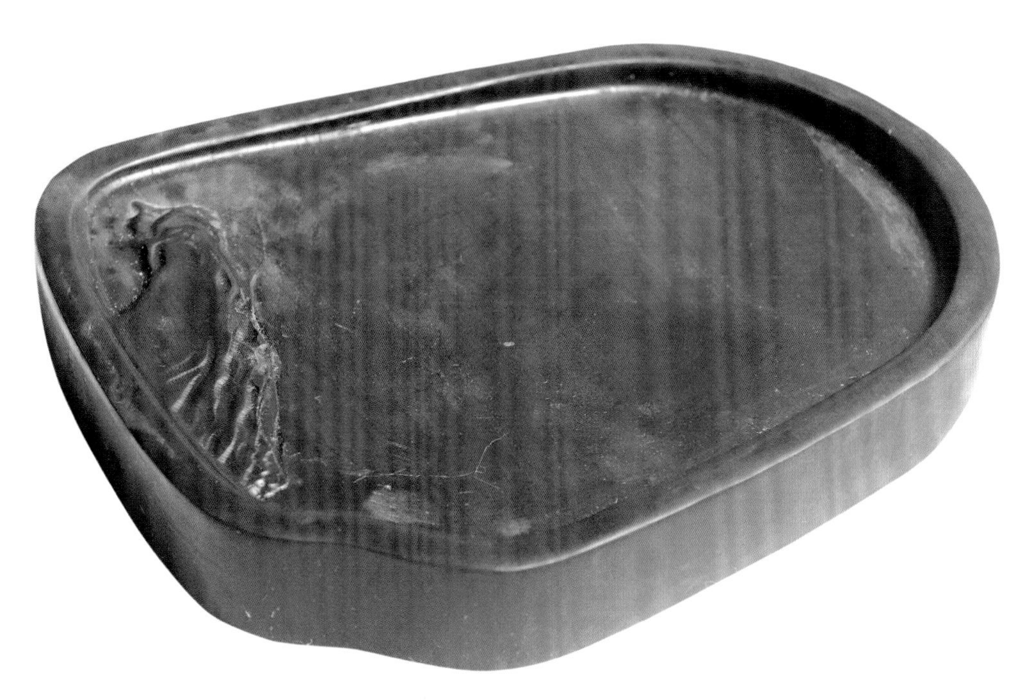

图 2-13-62　随形砚

图 2-13-63　归真砚

第十四节　河南省

一、天坛砚（盘谷砚）

天坛砚亦称盘谷砚，是中国历史上的名砚之一，因其砚石产于河南省济源市天坛山东部太行山之阳的盘谷，加之山顶有传说的轩辕黄帝祭天之坛，故名盘谷砚或天坛砚。

天坛砚（盘谷砚）历史悠久，济源沁台遗址出土之原始砚距今5000余年，汉代四龙砚已距今2000余年，见于唐代史料记载也有1200余年。因砚石产于盘谷，唐代文豪韩愈的《送李愿归盘谷序》一文，使盘谷砚声名远扬，凝聚了丰富深厚的人文内涵。韩愈的文学风采和学士情操使盘谷成为历代文人学士向往的境界和精神家园。相传唐代的司马承祯、王维、李白、杜甫、刘禹锡、白居易、李贺、卢仝、杜牧、李商隐都曾为济源的山水歌咏，使这里成为历代人文荟萃之地。

文人爱砚，天坛砚（盘谷砚）是笔耕砚田、表情达意的寄情物。唐代韩愈题铭道："儒生高常与予下天坛，中路获砚石……幽奇天然。疑神仙遗物，宝而用之，请予铭焉。铭曰：仙马有灵，迹在于石。棱而宛中，有点墨迹。文字之祥，君家其昌。"由此开创了历代文人墨客题铭于盘谷砚石之先河。清代乾隆帝亲撰大字长文《济源盘谷考证》，镌刻于盘谷的高山巨崖之上，使盘谷多了一道天下砚石产地罕有的文化景观。苏东坡、纪晓岚、黄易、徐世昌、谢慎修、于右任等历史名人对盘谷砚的考察著述，使盘谷砚载于中国名砚之史册。

天坛砚（盘谷砚）是碳酸钙灰泥质沉积岩，也有少量变质岩，是距今约5亿年前寒武纪时期沉积产物。砚石蕴藏于太行高崖甘泉之中，有青斑、猪肝、柳芽黄、天蓝、豆青、三彩、瓜子、子母石等名贵石品。其石质温润如玉、细腻莹洁、发墨保温，具有坚而不脆、柔而不绵的特点，被誉为文房瑰宝。（图 2-14-1 至图 2-14-3）

天坛砚因石赋形，以石立意，因材施艺，样式丰富，有实用的学生砚和题材各异的雕花砚，《螃蟹夹莲》《盘谷胜景》《韩愈题铭》《卢仝煮茶》《愚公移山》等无不体现了鲜明的地方特色和艺术风格，多为文人墨客所珍爱。天坛砚（盘谷砚）是国家地理标志产品。

2011 年 12 月，天坛砚（盘谷砚）雕刻技艺被列入第三批河南省省级非物质文化遗产项目。2012 年 12 月，张许成、张书碧被确定为河南省第三批省级非物质文化遗产项目天坛砚（盘谷砚）代表性传承人。

图 2-14-1　龙腾砚

图 2-14-2　五龙戏珠砚

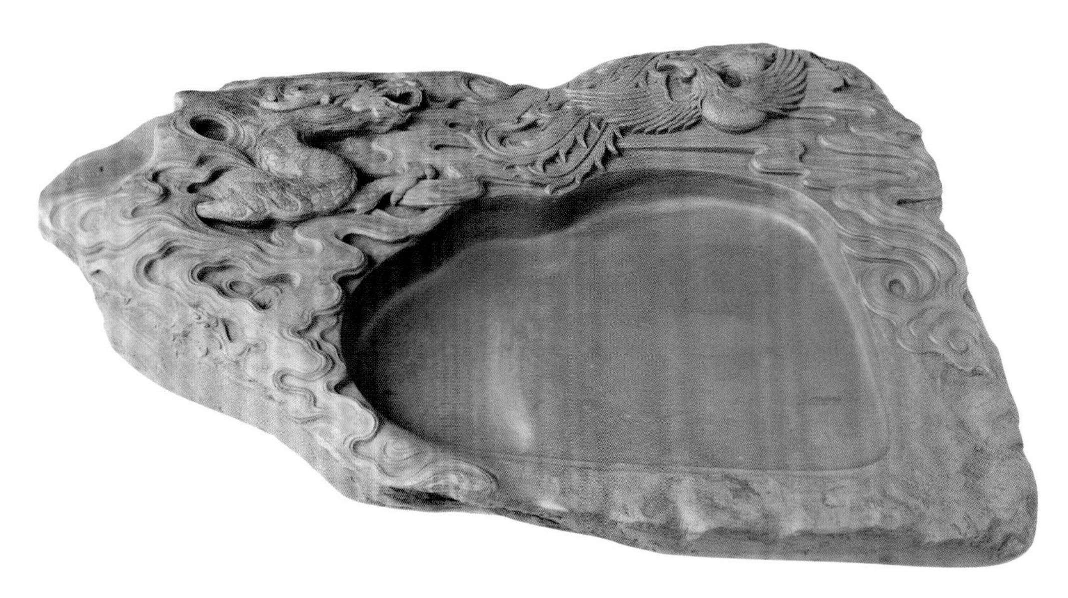

图 2-14-3　龙凤呈祥砚

二、方城黄石砚

方城黄石砚，产于河南省方城县，石出风景秀丽的黄石山，故称黄石砚，亦称方城砚。因唐宋时方城县属唐州（今唐河县）管辖，古时也称唐石砚。始采于汉代，盛产于唐宋，是中国名砚之一。黄石山附近有三个村出产砚石，最好的砚石在石沟村，村中最好的砚石出在葛仙公洞。仙公葛玄，是三国时的道士左慈的弟子，被尊之为“葛仙公”。他曾在黄石山前的仙公观修炼，葛仙公洞就是因他得名，所出产的砚台在宋代也被称为葛仙公岩砚。

黄石砚，石质如玉，其声如磬，其色多彩，发墨如脂，是历代书画家赞赏和珍藏的佳品。宋代米芾在《砚史》中将材质昂贵的玉砚列为第一，排列为第二的就是唐州方城石：“唐州方城县葛仙公岩石石理：向日视之，如玉莹，如鉴光，而着墨如澄泥不滑。稍磨之，墨已下……良久墨发生光，如漆如油，有艳不渗也。岁久不乏，常如新成，有君子一德之操。色紫可爱，声平而有韵。亦有淡青白色，如月如星而无晕。”北宋黄庭坚得方城石砚，视为至宝，爱不释手，并亲登黄石山，留下了“乃知此山自才美，物以致用当穷搜”的著名诗句。宋代杜绾《云林石谱》：“唐州方城县石，出土中，润而微软。一淡绿，一深紫，一灰白色，石质不甚细腻，扣之无声。堪镌治为方斛器皿，紫者亦堪做砚，颇精致发墨。”明代马愈著《马氏日抄》称其为“石中上品”。（图 2-14-4 至图 2-14-6）

黄石砚砚石为泥质板岩，赋存于震旦系地层中，硬度在摩氏 2.6 度到 3 度之间。该石材可分为五类：紫石、青紫石、青石、墨石、凤眼石等，奇韵独具，异彩纷呈。紫石，其色为标准马肝色，湿润后呈正紫，光泽可爱；青紫石，紫中带青，或二色相互浸润，如玉莹，如鉴光，有孔雀羽毛光泽，亦称“孔雀石”，尤显古朴典雅；青石，钴蓝或青灰色，间或有金色纹理或星点；墨石，灰墨色或墨色，石质细腻，深沉大方，但此石蕴藏深处，极为难得；凤眼石，枣红色，石中分布有一个或数个白圆点，很像眼睛。有眼有珠，还有瞳仁，周围还有多到八九层翠绿相间的“双眼皮”，明媚如画，巧似凤眼。用凤眼石制作的砚台，观赏价值极高，若工艺上乘，其收藏价值就更高。雕刻主要为浅雕和深雕，部分辅以立体雕和镂空雕，并巧妙利用“巧色”和“石眼”，使产品繁复细腻，巧夺天工，具有很好的实用性和很强的观赏性，是难得的文化艺术珍品。

2011 年 12 月，黄石砚制作技艺被列入河南省第三批省级非物质文化遗产名录。

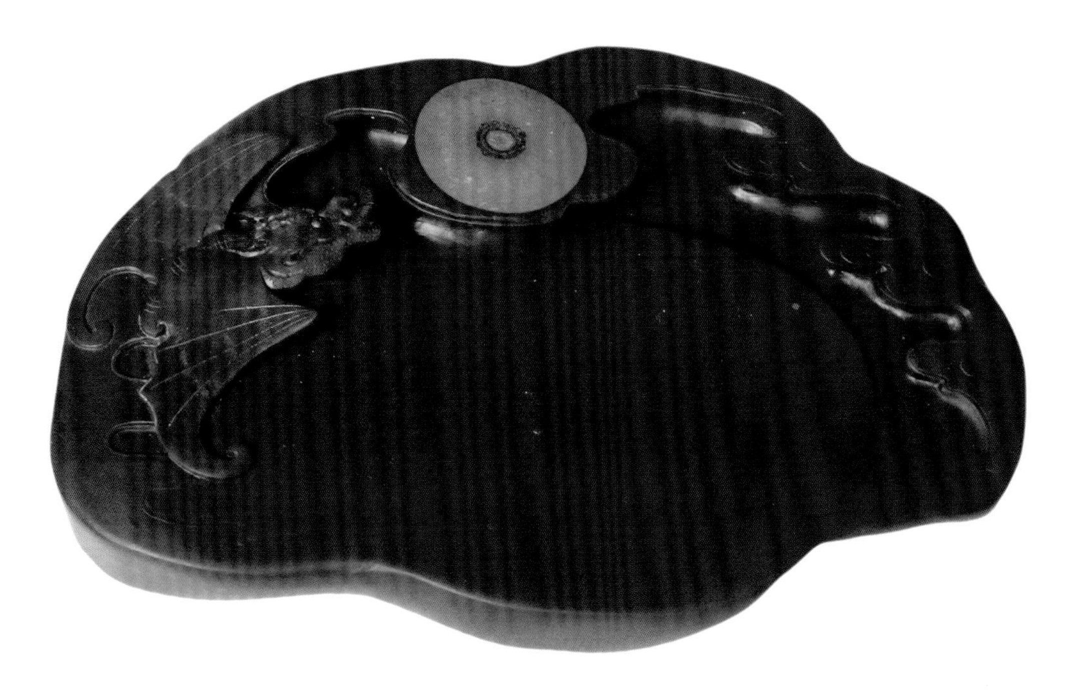

图 2-14-4　福到眼前砚

图 2-14-5　水天一色砚

图 2-14-6　龙凤呈祥砚（带盖）

三、虢州砚

虢州砚砚石产于河南省灵宝市朱阳镇紫石沟。因灵宝市在历史上属虢州，砚因地而得名。又因交易多在稠桑驿，也称稠桑砚。还有传说虢州砚因呈灰色，古时用来研朱砂点钟馗，是镇宅之宝物，又被称为钟馗砚。

虢州石以紫色为主，也有红、黄、绿、白等色，其中的模树石是虢石中的精品。其石质地细腻温润、色彩斑斓、保湿发墨、硬度适中、易于雕刻，是比较理想的制砚材料。

虢州砚历史悠久，始制于东汉，兴盛于唐朝中叶。据唐代李济翁《资暇集》载：“稠桑砚始因元和初，其叔祖宰虢之朱阳邑，得一紫石琢为砚，名稠桑砚。”宋代杜绾《云林石谱》：“虢州朱阳县石，产土中，或在高山。其质甚软，无声。一种色深紫，中有白石，如圆月，或如龟蟾吐云气之状，两两相对。土人就石段揭取，用药点化，镌治而成。间有天生如圆月形者极少。昔欧阳永叔赋云月石屏诗，特为奇异。又有一种，色黄白，中有石纹如山峰，罗列远近，涧壑相通，亦是成片修治镌削，度其巧趣，乃成物象。以手拢之，石面高低。多作砚屏置几案间，全如图画。询之土人，石因积水浸渍，遂多斑斓。”宋代米芾在《砚史》中说：“虢州石，理细如泥，色紫可爱，发墨不渗。久之，石渐损毁，硬墨磨之则有泥香。”可见其问世距今至少已有1000多年，不仅如此，当时的虢州砚还成为贡品，唐人杜佑《通典》曰：“虢州岁贡十砚。”宋代虢州砚更是声名大噪，为当时世人所珍视。清光绪二年《灵宝县志》载：“朱阳镇出虢石，自生花草，可为屏风、为砚。”清代后一度失传。令人费解的是，在古砚中很难见到当年虢州砚的实物。

21世纪初，当地制砚人重新找到砚坑，恢复了生产，才使我们能一睹虢州砚的风采。虢州砚器型多作随形和自然形，图案为“龙凤呈祥”“金牛望月”“钟馗”等传统题材，雕刻则以深雕为主，并有透雕和镂空雕，精细、圆润、浑厚，具有浓郁的中原地方特色，受到各界人士的普遍关注。（图2-14-7、图2-14-8）

2007年2月，虢州石砚制作技艺被列入河南省第一批省级非物质文化遗产名录。

图 2-14-7　雁归图砚

图 2-14-8　双凤联姻砚

四、蔡州白石砚

蔡州白石砚产自河南省东南部的息县，砚石称“息县玉”，以白色为主，而息县古代属蔡州，故所制之砚称蔡州白砚或蔡州白石砚。

息县玉属轻微变质的奥陶纪大理岩，色泽多为纯白，亦有少量浅灰或深灰。

有文献记载，息县玉早在隋代便被开发利用。唐代李吉甫《元和郡县图志》中载：“其玉色洁白，堪为器物。隋朝官采用。唐贞观中亦令民采取。其后为淮水所没。开元中淮水东移，珉坑复出，其玉温润倍于昔时。蔡州至今以为厥贡之首。”但由于其质虽细，但理滑，下墨慢，发墨差，故所制之砚多用来研朱砂。宋代米芾《砚史》中谈到蔡州白石砚时就说其“理滑可为器，为朱砚”。清代朱栋《砚小史·白石·江淹集》云：“宋高祖赐建平景素石砚。米史云，蔡州白石砚，理滑。”

蔡州白石砚现有历史遗存，未见新砚生产。（图 2-14-9）

图 2-14-9　云水纹残砚

五、会圣宫砚

会圣宫砚，又称西都会圣宫砚，砚石产于河南省洛阳市东郊偃师市山化乡寺沟村。因洛阳在北宋时被称为“西都”，在寺沟村东訾王山曾建有著名的北宋赵氏皇族祭祀祖先、祈福驻跸的太庙宫苑——会圣宫，砚因寺而名，是河南省的历史名砚。（图 2-14-10）

会圣宫砚颜色多以正紫色为主，俗称“暖石”“紫石”“红石”，石出邙山脚下谷大沟深、有着洞天之美的历史水系“洛水”之暖泉水中。因为地热丰富，暖泉冬季水温可达 50℃至 60℃，砚石在溪涧中长年累月接受地热及暖水的滋养，使之结构细密，柔腻温润，不干不涸，发墨养毫。正是由于这些特性，砚石赢得了王室名流、文人墨客的垂青。

会圣宫砚历史悠久，据历史资料记载，砚石早在汉代已被开发利用，砚以石名，石以砚贵，至唐代已名声臻盛。北宋米芾《砚史》中论道：“西都会圣宫砚：会圣宫石在溪涧中，色紫，理如虢石，差硬，发墨不乏，扣之无声。”北宋时期，在修建会圣宫时，

图 2-14-10　平板砚

聚集了大量的能工巧匠，他们发现鄠溪中的紫色暖石光洁细腻，是做砚台的上品。会圣宫区域是宋时皇陵禁区，所以拥有一方会圣宫砚十分难得，会圣宫砚因而成为当时十分罕见而又名贵的奢侈品，当地至今还流传着“捧得暖石砚，能把朝廷见”的民谚。

由于种种历史原因，会圣宫砚两宋后便失传，遗存的古砚很少，故世人对其了解认知也极少。21 世纪初，当地砚人为弘扬民族文化，查阅大量史料，潜心挖掘这项文化遗产。经过多年的查勘、探索和研究，成功地恢复了失传近千年的会圣宫砚，重现了历史名砚的迷人风采。

2015 年 9 月，会圣宫石砚雕刻被列入河南省第四批省级非物质文化遗产代表性项目。

六、共砚

共砚产于河南省新乡辉县市，因其砚石出自太行山黑鹿河畔之共山而名。

太行山史称“华夏之脊”，辉县以远古水神共工显于史册。司马迁《史记》“周共和元年行政”的记载，为中国史书确切纪年之始。辉县文化积淀深厚，是孔子弟子高柴故里。邵雍、程颢、程颐、苏轼、姚枢、许衡、李贽、夏峰（孙奇逢）等历史多人曾在此讲学著述，使起于五代历经千年的太极书院，成为“百源学派”的显学之地。（图 2-14-11、图 2-14-12）

共砚制作历史悠久，与共地文化相依相存。共伯和“尊之不喜，废之不怒，逍遥于共山头”，磨石为砚，成为世代美谈（清代《辉县志》）。辉县孟庄仰韶文化遗址出土的石器、原始砚距今已有 6000 年。琉璃阁遗址出土的商代石器、玉器、汉代龙砚、宋代抄手砚、明代潞王瓜砚、清代瑞兽砚，都闪耀着华夏文明的光辉。

共山砚石蕴藏于深山巨崖之中。据地质报告，此为寒武系地层，距今约 5 亿年。其石经山泉滋润，质地细腻致密，色彩典雅佳丽、温润如玉，犹羊肝之润滑，俗称“羊肝石”。石品有蟹壳青、羊肝红、红墨双彩、墨玉、榴皮红、麦叶绿、天蓝、红丝等。

砚式有墨海、淌池砚、抄手砚、箕形砚、吕字砚、伯仲砚、琴砚、随形砚等多种砚式和镇纸、笔山等文房用品。作品采用圆雕、浮雕、透雕、阴刻等技法及玉雕“俏色”技艺，砚面黑红相间，相映成趣，天然典雅，令人称奇，是我国砚林的独特风景。

图 2-14-11　在川观水砚

图 2-14-12　松鹤延年砚

七、鲁山砚

鲁山砚，又称尧山璞砚、鲁山紫石砚，产于河南省平顶山市鲁山县，是新开发的一个砚种。

鲁山砚石为太古时期浅海地貌所形成的沉积岩。石质富含水云母、石英砂、绢云母等矿物元素，经雕刻打磨，石质细腻如婴儿面、美人肤，滑若丝绢，哈气能研墨，发墨益毫，金声玉德，堪称制砚佳石。（图 2-14-13）

砚石山料坑口主要分布在张店、梁洼、辛集、张良、马楼、瀼河、团城、赵村、尧山、观音寺等乡镇，河料分布在尧山、赵村、中汤、下汤库区、董周、团城、张店和城区等地的河流之中，砚石资源十分丰富。

鲁山砚始于何时，未见史料记载。道光十三年（1833）后知县郑銮所修《鲁山县志》

图 2-14-13　博古青莲砚

（残存三、七两卷，现藏上海图书馆）卷七《土地志·物产目》，记特产稻、石炭、山茧、楮皮纸、秋鹅、雉、水晶、文石、紫石、石髓、松烟、漆、茉莉、榆叶梅、瑶草等，共 23 种。每种一条，详述之。惜未详细引用文石、紫石条目。

老兵傅增志 1991 年退役后回到家乡，开发鲁山砚文化产业，对鲁山县境内石材资源进行过详细勘察，并查阅大量文献资料，将石材大致分为 10 大类、50 余个品种，发现砚石坑口有 27 处。之后他锐意建立鲁山文博园，开发制砚、刻印等文化产业打造“文房四宝”中原品牌。

八、神农砚

神农砚砚石产于河南省焦作市沁阳市西北太行山麓的神农山。因神农山是炎帝神农氏尝百草、辨五谷、设坛祭天的圣地，故以其石制砚称“神农砚”，是新开发的一个砚种。

神农砚石多为紫褐色，亦有朱砂红、翠绿、天青等色，尤以红、黄、绿三彩石最为名贵。石质细腻，纹理缜密，成砚后具有磨墨流畅、发墨油黑、久湿不涸、不损笔毫的特点，雕刻多为传统的龙凤等吉祥图案，古朴大方，赏用皆宜。（图 2-14-14）

图 2-14-14　叶叶生辉砚

第十五节　湖北省

一、云锦砚

云锦砚产于湖北省恩施市。该奇石出于大龙潭清江河漫层，开采自河道两侧60米内，因其石外表风化水蚀，纹理如同人工织成的云锦，故名。又因其形色似古代的陶器，故也有人称其为古陶石砚。硬度在摩氏3.5度至5.5度之间。

云锦砚砚石独立成形，每方砚都绝无雷同，砚质、砚相尽善尽美，砚形、砚式多姿多彩。砚周和底部为天然浮云状钟乳，不加雕饰，情趣天成，尽显自然之美。只需要在砚面上挖一砚堂、砚池，深浅得当，大小相宜，使砚石中黑、蓝、黄、紫、灰等美丽纹色一览无余，具有较高的观赏价值。（图2-15-1、图2-15-2）

云锦砚砚石细腻温润，抚之如婴儿肌肤，缜密坚实，叩之金声玉振，贮墨留香、保湿益毫、一涤而莹，具有较好的使用功能。

云锦砚于古籍中未见任何记载，是一种新开发的砚种，20世纪90年代末问世，目前也只有少量的生产，故市场上亦不多见，知之者甚少。

图 2-15-1　云锦素砚

图 2-15-2　山水纹随形砚

二、归州大沱石砚

归州大沱石产自湖北省荆州地区（古属归州）的秭归县、江陵县一带峡江两岸的深水底。当地人称江水为“沱”，“大沱石”即江水中的石头，以之琢砚，名为大沱石砚，亦称归州砚。

大沱石多为青黑色，或遇黄、绿色更佳。石上有青黑色的鹏鸪斑点散布，虽纹理较粗，但发墨很好，因此至少从宋代初期就有人用此石制砚。宋代米芾《砚史》记载：“归州绿石砚理有风涛之象，纹头紧慢不等，治难平，得墨快，渗墨无光彩，色绿可爱如赍，色澹如水苍玉。”宋代欧阳修《砚谱》记载：“归州大沱石，其色青黑斑斑，其文理微粗，亦颇发墨。归峡人谓江水为沱，盖江水中石也。砚止用于川峡，人世未尝有。余为夷陵县令时，尝得一枚，聊记以广闻尔。”宋代杜绾《云林石谱》载：“归州石出江水中，其色青黑，有纹斑如鹏鸪，质颇粗，可为砚，甚发墨。土人互相贵重。峡人谓江水为沱，故名大沱石。”宋代唐彦猷《砚录》则载：“归州大沱石……至琢为砚……论其发墨，则过于端、歙石，而资温润则不逮也。”

由于大沱石采于峡江深水之底，得之艰难，故成砚数量很少，所以不大闻名于世。偶见有历史遗存，大多数是古砚，未见有新砚产出。（图 2-15-3 至图 2-15-5）

图 2-15-3　圭样砚

图 2-15-4　椭圆形龟纹砚

图 2-15-5　抄手砚

第十六节　湖南省

一、菊花石砚

菊花石砚，主要产于湖南省浏阳市永和镇。菊花石貌似矿物质其实是动物化石，石上有洁白晶莹像菊花似的花纹，分为蝴蝶花、铜钱花、蟹爪花、鸡爪花等。浏阳菊花石的花蕊更为明显，是文人和名士珍爱的佳品。

菊花石制砚，始于清朝，已有200多年历史。清乾隆初期就已发现菊花石。当时，浏阳永和镇村民欧阳锡藩等在砌芙蓉河堤时，于河底采石，发现了菊花石。后将菊花石雕刻成高雅别致、俊俏可爱的砚台，人们纷纷求购。清末，菊花石雕技艺成熟，菊花石雕艺术品成为当时的贡品。民国时期，菊花石砚制作工艺经过制砚大师戴清升的全面提升，技艺更加完善。在传统的浮雕上，他开创了圆雕、立体雕和镂宝雕等新技法，还把单花画面变成多花画面，并配上山水、人物、动物形象，提高了菊花石砚的艺术欣赏价值。其作品《梅菊屏》和《梅兰竹菊横屏》参加巴拿马万国博览会并荣获金奖。

菊花石砚质地光华如玉，呵气成珠，发墨性能好，储墨不涸，经艺人精心雕刻，更是黑白相衬，千姿百态，栩栩如生，宛如盛开的菊花，深受国内外客商青睐。清末政治家、思想家谭嗣同酷爱菊花石砚，曾有多方收藏，自我称呼为“菊花石影”，并把自己的书斋命名为“石菊影庐”，来表达他对故乡——浏阳特有菊花石砚的一片深情。他还亲自为所藏菊花石砚题铭，如“霜中影，迷离见，梦留痕，石一片”。1896年，应谭嗣同

图 2-16-1　恩施菊花石砚

图 2-16-2　龙戏珠砚

和唐才常的邀请，年方24岁的梁启超来到长沙时务学堂讲学，三人志同道合，一见如故，谭、唐二人遂送梁启超一方菊花石砚，砚的下面雕竹三株，取“华封三祝”之意，以洁白无瑕的菊花见证了三人间纯真而深厚的友谊。

以菊花石制砚，人们常依石取材，随形施艺，以“花”取巧，凿地成砚。首先要经过“相石”和“打粗寻花”，把砚石中的杂质、绺裂去掉，找出花的部位，确定花的大小厚薄以及花瓣的长短和走向等。然后再考虑砚的造型和菊花应分布在砚中的什么位置。菊花石砚的雕刻，以圆雕为主，并结合浮雕、镂空雕等手法，同时还吸收了其他雕刻艺术的营养，在围绕和突出“菊花”上下功夫，使菊花石砚成为构思奇巧、形态逼真、玲珑剔透、风格独特的雕刻工艺品。（图2-16-1至图2-16-3）

湖北省西部的宣恩县长潭河乡、恩施市红土乡及建始县等地、江西省永丰县藤八河的藤田镇老圩村段和陶唐乡曾家段等地也有菊花石出产，但其更多的是被制作成工艺品摆件。2006年6月，菊花石雕刻技艺被列入湖南省第一批省级非物质文化遗产名录。

图2-16-3　菊花砚

二、祁阳石砚

祁阳石砚产于湖南省永州市祁阳县，砚因地而得名，是湖南历史名砚之一。

祁阳石赋存于奥陶系地层中，属黏土质板岩，主要矿物成分有绢云母、石英、绿泥石、斜长石、氧化铁等，硬度为摩氏3.01度至3.6度之间，呈层纹状构造。根据石色，祁阳石基本分为五种，即紫袍玉带石、翡翠绿石、彩石、紫石和黑晶石。石品丰富，主要有紫袍玉带、七彩纹、蚯蚓纹、波浪纹、黄龙纹、浮云、翡翠、金星、银星、金线、银线等。其中一类为浅绿色，有深色的纹理，如烟云状，俗称“花石板”，很美观，也有品位，明清时多产出，曾风行一时。另一类石头通体为紫色，中间夹有青绿石纹，称“紫袍玉带”，十分珍贵。祁阳石石质坚实细腻、温润如玉、石色匀净、沉稳晶莹。琢制成砚，下墨无声、发墨如油、保湿益毫、不腐不冰。清代同治版《祁阳县志》述：“石产邑之东隅，工人采择，取其石之有纹者，随其石之大小，凿锯成板，彩质黑文如云烟状俗称花石板，以镶器皿亦颇不俗。无纹者有紫、绿两种，可以为砚。”《湖南通志》载：“祁阳出砚石，以绿色为佳。肌理莹彻，云季波襄。以示几案，可并点苍所产，湘人之砚，亦取给焉。”祁阳石砚质地细嫩幼滑，因与端砚的颜色、质地接近，过去曾经有人以祁阳石砚充端砚，常人难辨，足见其品质与端砚之接近。（图2-16-4至图2-16-6）

图2-16-4　葡萄砚

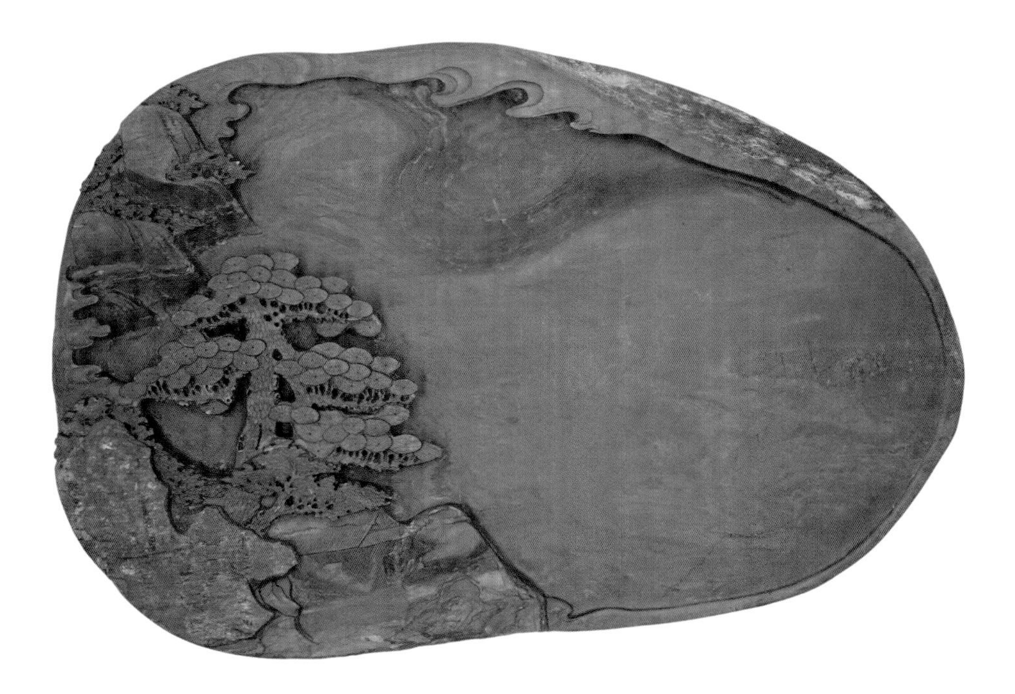

图 2-16-5　随形山水砚

图 2-16-6　锦绣山河砚

以祁阳石制砚，历史尚不可考。据传自唐代起，祁阳石砚就享誉全国，是历代书画家、收藏家珍爱的文房精品。清乾隆年间，社会稳定，经济发展，祁阳石砚更是快速发展，达到了历史上的鼎盛时期。当时祁阳籍重臣陈大受将祁阳石砚推荐给乾隆皇帝，深得其珍爱，并从此将祁阳石砚列为贡品。据记载，乾隆皇帝御书案上的一方“紫袍玉带龙砚”就是祁阳石砚，而故宫博物院收藏的祁阳石古砚，品质上乘，制作精美，都是乾隆及其后期的御品。清代书法家杨翰晚年移居祁阳，最爱祁阳砚，在自己使用、玩赏、收藏之余极力向好友推荐并赠送，使得祁阳砚名声远播。

由于祁阳石资源奇缺，在民国时期几乎开采殆尽，故有“祁阳石孰为难得，今已绝迹”之说，其古砚在国内外拍卖中往往取得较高的价位。21世纪初，当地砚人重新发现祁阳砚石坑口，恢复了祁阳石砚生产。祁阳石砚的创作题材广泛，山水、花鸟、人物无所不包，各种吉祥纹样无所不有。祁阳石雕已被列入永州市级非物质文化遗产名录。

三、桃江石砚

桃江石砚，产于湖南省桃江县，石出自舞凤山资水河畔。砚因地而得名，故称桃江石砚、桃江砚。又因山而得名，称舞凤山石砚、舞凤砚。

桃江砚石为青灰色粉砂黏土质板岩，赋存于桃江县元古代冷家溪群地层中。石呈浅灰色、灰绿色及灰黑色。质地坚而细润，具有涩不留笔、滑不拒墨、不吸水、不渗水、易涤洗等特点。有凤毛花纹，八角饱满，美观光滑，着字晶莹放亮。桃江石砚，具有自己的雕刻风格，以浮雕、浅浮雕为主，雕刻精细，端庄大方。有仿古砚、素池砚、随形砚等，图案有蛟龙、山水、人物、飞禽走兽等，品种多样。

桃江石砚以舞凤山石制砚始于清嘉庆年间。据传嘉庆二十五年（1820）湖南双峰邓氏途经舞凤山，见山上青石叠翠，知道发现了优质的石料，为制砚良材，遂于次年迁居此地，凿石制砚，开创了桃江石砚的历史。清光绪元年（1822），湘乡人朱南泽、朱玉泽兄弟在舞凤山开采石料，制作磨刀石和石砚。近200年间，桃江石砚一直有生产，但总体上看产量一直不大。改革开放后，桃江石砚有了很大发展。现在的桃江石砚，雕刻上继承和发扬了优秀传统，使得品位大大提高。桃江石砚的造型多以仿古砚和规矩形砚为主，亦有一定数量的随形砚，器型规整大方，纹饰简洁明快，刀法精湛细腻，格调古朴高雅，是集实用、观赏和收藏于一体的工艺品，受到中外客商的好评。（图 2-16-7 至图 2-16-9）

2017 年 1 月，桃江石砚制作技艺被列入湖南省第四批省级非物质文化遗产代表性项目名录扩展项目名录。

图 2-16-7　二龙戏珠砚（带盖）

图 2-16-8　太极池砚

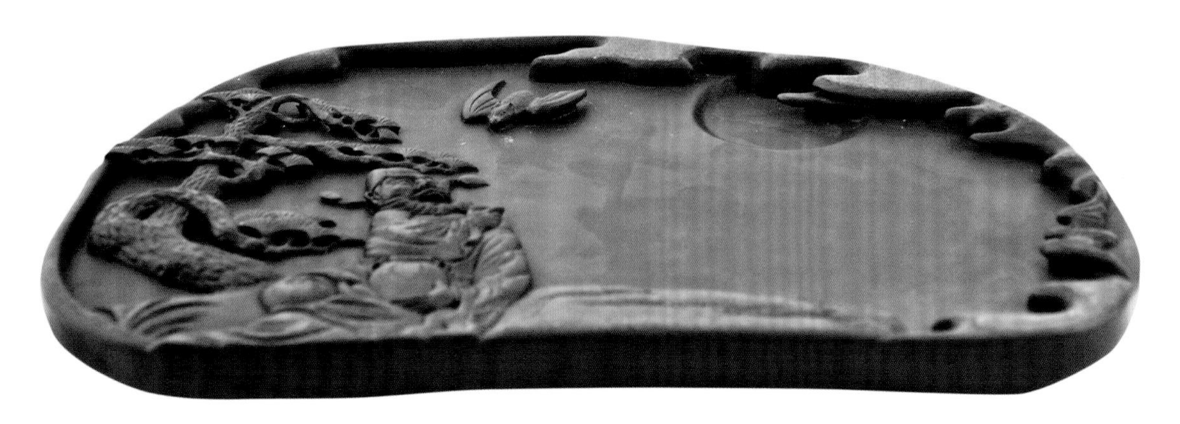

图 2-16-9　钟馗招福砚

四、双峰溪砚

双峰溪砚，产于湖南省双峰县杏子铺镇溪口村，又称溪砚。

双峰石出溪口雪花滩（水府庙水库泄洪河道）及岸边千层石山、猫面山（又名闺女山），为粉砂黏土质板岩，赋存于双峰县元古代板溪群地层中。双峰溪砚，质地细腻，纹理五彩缤纷，变化无穷。石色有绛红、碧绿、橙黄、淡青、紫罗兰诸色，其中雪花滩的双峰绿最佳。双峰溪砚着水研磨，水乳交融，黑亮沉凝。若将砚盒盖紧，墨汁经久不干，干无墨垢，扣之有声，备受历代文人雅士所珍爱。（图 2-16-10 至图 2-16-12）

早在清嘉庆、道光年间，溪砚就颇具盛名。清同治版《湘乡县志·涟水》有关于溪砚的记载：“涟水，又东至溪口，又东经雪花滩，有石可琢为砚。”清代湘学复兴导师邓显鹤在《南村草堂诗钞》中写道：“以湘乡雪花滩石为砚，佳者过端溪，五盖不足言也。”并以“顽矿刮目皆珠玑”之言，赞誉溪砚为“琳琅稀世宝”。清代书法家何绍基赞曰：“湘石（即溪石）佳者可奴隶五盖，端溪上品无以过。”

相传晚清重臣曾国藩少年求学之时，苦无佳砚发墨，习字作文了无兴趣，学业一度受阻。其祖父梦见获砚台一方，祖孙依梦沿涟水寻至溪口，只见翠谷挂瀑，紫气东来，在深谷涧溪中果真觅得奇石一块，琢成砚台。自此，曾国藩学业大进。出任直隶总督时，曾将溪砚作为“贡品”进献给皇上，同治帝把玩再三，龙颜大悦，置于龙案使用，使溪砚名声大振，一时满朝文武争相求之。

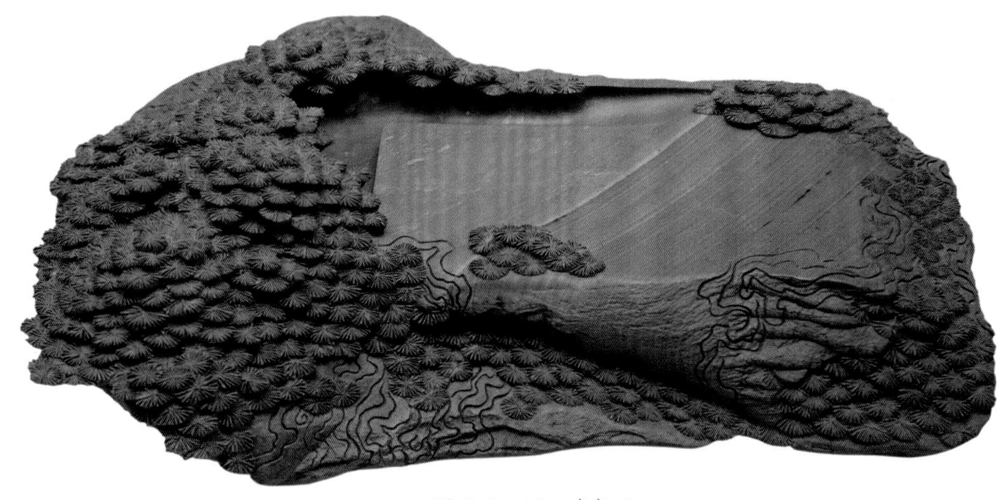

图 2-16-10　青松砚

图 2-16-11　鸭形砚

图 2-16-12　月宫砚

据史料记载，民国初年溪砚生产最盛。溪口古镇有近百号商铺，商贾士宦、文人墨客，或船或马，络绎不绝。1958年溪口水库建成蓄水，古镇全部湮灭于水下，溪砚停止生产。2004年，溪口村的农民企业家成立溪砚工艺厂，恢复溪砚生产，并吸取传统名砚工艺精华，随石取形，雕琢成山水、鸟兽、人物故事等题材，加上溪石特有的天然纹理与色彩，更显湖湘文化之神韵。

2009年2月，双峰溪砚制作技艺被列入湖南省第二批省级非物质文化遗产名录。

五、谷山砚

谷山砚，又称潭州谷山砚，砚石产自湖南省长沙市岳麓区与望城区交界的谷山，因山而名，为湖湘地区“四大名砚”之一。

谷山石以云母石为主，硬度在摩氏3度左右。质清润，色沉绿，叩之声如瓦木，多松花状纹理，以下墨快、发墨光而著称。谷山砚石色分为冬青、乌青、潭绿三种，以冬青、潭绿二色居多。石纹如丝、紧密柔腻，其砚质地温润如玉。

长沙谷山砚历史悠久，宋代米芾《砚史》记载：“潭州（今长沙）谷山砚，色淡青，有纹如乱丝。理慢，扣之无声。得墨快，发墨有光。”清乾隆年间刊刻的《长沙府志》亦载：“谷山，县西七十里。山有灵谷，下有龙潭，祷雨辄应。有石色淡青，纹如乱丝，叩之无声，为砚发墨，亦有光。”《清一统志》记载：“谷山，在长沙县西七十里，产青纹花石，可为砚。”《道光三长物斋本》：“谷山砚石，屡见前人记载，湘人知者颇少。道光八年，桐城阙翁岚偶见木工以绿石作砺，光泽可爱，询知谷山所产。购归，琢成一砚，竞相传播。于是谷山砚之名大著。”

2010年，长沙市文物局在望城区黄金乡进行文物调查时，发现一处跨越千年的谷山砚采石场遗址，据文物部门考证，这正是米芾提到的谷山砚砚石来源地。该遗址最早可追溯到宋代，可以说见证了长沙谷山砚制砚业的悠久历史。目前谷山砚石遗址，被列入湖南省非物质文化保护区，已封坑禁采砚石。谷山石老坑，也是一石难求。谷山砚现已恢复生产，但产量较低。（图2-16-13至图2-16-16）

2018年，谷山砚雕刻技艺被列入长沙市第六批市级非物质文化遗产代表性项目名单。

图 2-16-13　琴形砚

图 2-16-14　写经砚

图 2-16-15　渡砚

图 2-16-16　安然砚

六、沅州石砚

沅州石砚，产自湖南省芷江县，砚石出城北 10 千米明山中的黎溪等处，又称明山石砚、黎溪砚。又因芷江古属沅州，故名沅州石砚。

明山石属粘板岩，质地均匀细腻、色彩纷呈、纹理清晰、软硬适度、成板性能好，清雅莹润，色调绚美。品类有黑石、绿石、紫袍玉带、紫袍金带、金丝带、眉子纹和金星等，用它制作的精品石砚在宋代已是贡品。紫袍玉带石，石面呈淡青色，内深紫而带红，中间所含金线及黄脉相间。石质极为细腻，久用则光滑如镜，为沅州石砚中之珍品。

沅州石砚历史悠久，南宋赵希鹄所撰《洞天清录·古砚辨》中称："漆石，出九漆溪。表淡青，里深青紫而带红，有极细润者，然以之磨墨，则墨涩而不松快。愈用愈光，而顽硬如镜面。间有金线或黄脉，直截如界行相间者，号'紫袍金带'。宋高宗朝，戚里吴琚曾以进御，不称旨。"明山石一直被列为贡品，在明代的许多砚史著作中，明代曹昭的《格古要论·古砚论》、文震亨的《长物志》都对沅州的明山石砚做了记载。历来为文人墨客所重，后断续有生产。1994 年，芷江民间石雕艺人蒲长生精雕细刻的《九龙砚》文房四宝，作为珍贵礼品，被赠给著名美籍华人陈香梅女士和国际友人，漂洋过海到达美国。此后，明山石雕工艺品远销国内外。

图 2-16-17　荷塘月色砚

沅州石砚以浮雕为主，其图案结构复杂，有人物、山水、花鸟、走兽、虫鱼等，颇具侗乡民族特色，深受历代文人墨客之喜爱，目前沅州石砚在芷江侗族自治县仍有传承制作。（图 2-16-17 至图 2-16-19）

2014 年 11 月，沅州石雕被列入国家级非物质文化遗产代表性项目名录扩展项目名录。芷江县的胡杨被确定国家级非物质文化遗产代表性项目沅州石雕省级代表性传承人。

图 2-16-18　丰碑砚

图 2-16-19　竹叶清风砚

七、吉首水冲石砚

水冲石，产于湖南省湘西土家族苗族自治州吉首市乾州城北仙镇营北水冲湾。以水冲石制砚，称水冲石砚或水冲砚，是湖南名砚之一，也是湘西土家族苗族自治州著名的传统工艺品。吉首古称乾州，故又称乾州石砚。

水冲石，石色青碧，属沉积类青砂结构板岩，存在于古生代中寒武系地层，距今约5亿多年。其外形大多圆润有形，表面细润光洁，石体花纹有条带状、条纹状、花斑状、波纹状及不规则弯曲条带等。绚丽多姿，石质坚实，多以黑、黄、青灰色为主。水冲石以质、色、形、纹和独特的神韵外观而著称，变化多端，令人品味无穷。少数石内含硫铁矿砂，石表附有金黄色堆叠铜矿结晶体或硫铁矿砂，形成在阳光下闪烁的大小金点，金光灿灿，赏心悦目。雕砚者经常选取这种石材，巧妙布局，将结晶体或矿砂作为图案点缀于砚面，使之增光添彩，这成为水冲石砚的独特风格。水冲石砚，石质细润，不涸不燥，发墨快，不损毫，储墨经久不干。

水冲石砚，据传始于明代。据清光绪年间编修的《乾州厅志》记载，水冲砚“石色淡青，坚嫩发墨，质微黄，而花纹间有山水草木之状”。清末民初，当地画家杨味蔬选用它作为优质砚石材料，亲自进行设计，精雕人物典故、山水云彩、花鸟鱼虫、游龙走兽及名家诗词等，从而使水冲石砚集实用与艺术于一体。1915 年，杨味蔬雕制的水冲石砚《柳蝉花明砚》在巴拿马国际博览会上获得了好评。20 世纪 30 年代，他创作的《老子骑牛过函谷》浮雕水冲石砚荣获了巴拿马国际博览会金奖，并被一家美国博物馆收购和珍藏。从此以后，水冲石砚名扬中外，许多人不惜以重金求购。至抗战时期，水冲石砚便一落千丈，最终绝产。直至 20 世纪 50 年代初才恢复生产，在当地政府支持下，工艺师们刻苦研究，继承杨味蔬雕砚技艺，结合水冲石特点，巧妙利用天然纹饰，制作了不少优秀产品。著名书画家诸乐三赞颂曰：“石质细嫩，金色晶莹，笔毫不损，磨墨无声，储水七日，依然粼粼。”现在水冲石砚的雕刻技法以浮雕、浅浮雕为主，造型有规格砚和随形砚。其图案有神话人物、山水、花鸟等，活灵活现，已成为人们欣赏和珍藏的艺术珍品。（图 2-16-20 至图 2-16-22）

2012 年 8 月，水冲石砚制作技艺被列入湖南省第三批省级非物质文化遗产名录。2016 年，杨光三被确定为第三批湖南省级非物质文化遗产项目水冲石砚代表性传承人。

图 2-16-20　赤壁砚

图 2-16-21　仙人指路砚

图 2-16-22　仙山琼阁砚

八、永顺石砚

永顺石砚，产于湖南省永顺县，石出猛峒河地区和石门县壶瓶山。

永顺石砚石为中上寒武系薄层石灰岩中的三叶虫化石，与山东莱芜等地所产基本相同。用三叶虫化石制成的砚台，称永顺石砚，又称永顺三叶虫砚。工艺师们巧妙利用三叶虫化石点缀在砚台上，既美观又稀有，既有观赏使用价值，又有考古收藏价值。永顺石砚是一种问世不久的新品种，1983 年才被开发出来，深受海内外文人墨客的青睐。也有人称，永顺县明清时即已制砚，但没有见到文献依据。

图 2-16-23　福从天来砚

图 2-16-24　荷蟹砚

九、浮丘寺齿石砚

浮丘寺齿石砚产于湖南省益阳市，石出桃江浮丘山。

桃江浮丘寺齿石砚，也称齿石砚，是一种稀有之物，呈紫色。石头上有着深浅不同的天然条状痕迹，似被牙齿咬过的“薯糖”，“牙印”清晰可见。齿石只有海拔 700 米以上的浮丘半山腰和山顶才有，现已无法捡获。浮丘古寺传为南北朝刘宋时期始建。有古代修仙名士炼丹的“丹台”遗址，相传一位自号“浮丘子”的潘子良在浮丘山炼丹时，曾煮石充饥，故山顶多疑有仙人吃剩留有齿痕的“齿石”，制成的齿石砚天然古拙，颇具地方文化特色。

齿石大者如牛、如枕，小者如扣子一般。因石质老熟、纯净，的确像八卦炉中炼出来的，又加石纹淡而美，虽不透明，但光亮而晶莹。因此，历代有许多高官名士把它加工成印、砚等书房案头高雅的陈设品。

浮丘山齿石砚在清代已有生产，是桃江地方文房珍品。做工古朴大方，砚侧为齿状，制砚时一般不加打磨，基本保持原状。只是由于产量太少，不为人们所关注。齿石砚尚有传世遗存，至今也时有出现。（图 2-16-25 至图 2-16-27）

图 2-16-25　随形砚

图 2-16-26　随形砚

图 2-16-27　随形砚

十、龟纹石砚

龟纹石产于湖南省张家界市武陵源的天子山上，因石上有六边形纹理，酷似龟甲纹，故当地称之为龟纹石或龟岩，以其制砚，即龟纹石砚。

龟纹石是一种两亿年前形成的古生物化石，石质细腻、肌理洁净、温润如玉、抚之生津，是一种很有实用价值和观赏价值的砚材。以其制砚，大多加工成乌龟形状，使其成为造型美观、独具特色的工艺品。（图 2-16-28）

龟纹石砚的历史不详，文字资料欠缺。作为旅游纪念品，龟纹石砚现有少量生产。

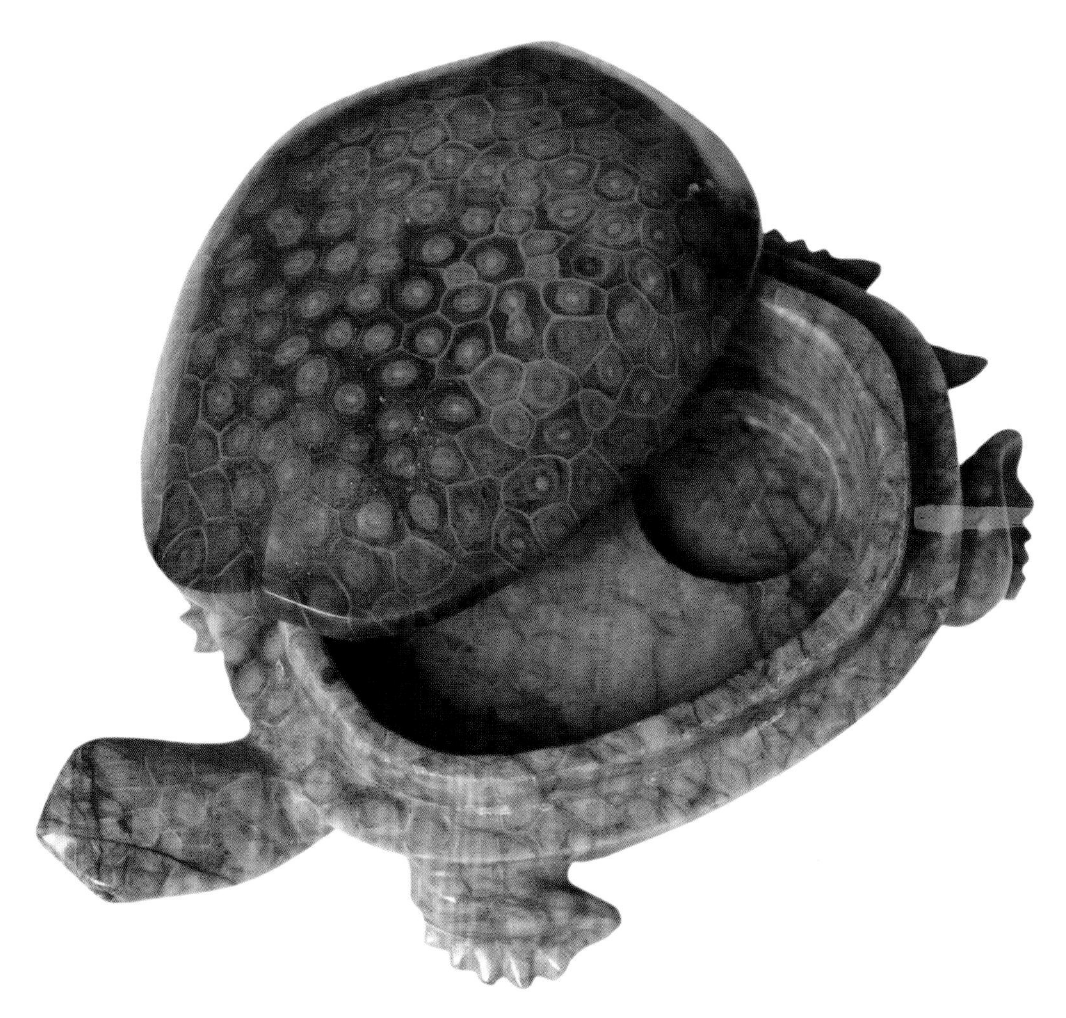

图 2-16-28　龟砚（带盖）

十一、醴砚

醴砚，产于湖南省醴陵市，石出醴陵，因地而名醴砚。醴砚是近年新开发的砚种。砚坑分布在水清湖望仙桥水库周围及醴陵山区的山峦峡谷，有沩山坑、桃花坑、小阳坑和楠竹坡坑等10多个坑口，目前以沩山坑的石质最佳。

醴砚石质坚硬，石色青黑，绢云母密集，纹理丰富，与龙尾歙石有几分相似。其石品有罗纹、眉纹、金星、银星、金晕、龙鳞眉纹、石英肉、雁湖眉、水波纹、乌丁、玉带等，一应俱全。折光强烈，坚实细腻，叩有金声，得墨快而细腻，发墨有光。

其中楠竹坡坑是一个老坑，始于何时不详，以前石工在此开采石材，用于做墓碑、桥梁、猪槽等石制品，细腻娇嫩的石材，也用来雕砚。当年附近有一位姓邱的老人，一直在雕刻砚台，等到他过世后，就没有人再用楠竹坡石制砚了。

今天，醴陵砚雕人张学军为了推广这种新砚，发起醴砚体验活动，先后打磨了近200块砚板，免费赠送砚友试墨。经过100多位朋友的试用体验，反馈评价很高，都觉得醴砚得墨快、发墨好、下发爽利，对付重胶墨都没有问题。甚至有砚友称“媲美歙之上品，实用之重器”，颇受欢迎。（图2-16-29）

图2-16-29　门字砚

十二、郴州黝砚

郴州黝砚产于湖南省郴州市，因石出五盖山，又称五盖山砚。砚石属于黏土质板岩，赋存于五盖山早奥陶纪世地层中。石质紧密细腻，黝黑油亮，因此取名“黝砚”。五盖山山势雄伟，绿林苍苍，溪流淙淙，冬天严寒，夏天酷暑，为优质细腻的砚石生成提供了条件。所制之砚叩之无声，呵气成水，贮墨不腐不干，易发墨而不损毫。（图 2-16-30）

郴州黝砚自唐以来的各个历史时期都曾为文人墨客所钟爱，各种文献资料也屡有记载。如曾兴仁《砚考》中称：“五盖山砚石，色微紫而质细腻”，“（郴州石）青紫二色，中有山水树林之影”。清代黄本骥《三长物斋长说》记：“郴州五盖山石，色紫而润。曾刺史钰始制为砚，遍贻同好。”《五盖山砚石歌赠曾石友（钰）刺史并序》言：“郴州东五盖山巅大瀵下石，乃砚材，人不识，屈为磨。石友见而异之，身凿山取琢砚，谓胜端溪下岩……”然而，后因石脉资源稀少，开采难度大，再加上交通极不便利等因素，逐渐销声匿迹，到清末停产达数十年。知五盖山砚者已少之又少。

21 世纪初，湖南砚人经查阅大量历史资料，求教当地耄耋老人，搜寻郴州的田野山川，终于在 2008 年于一山涧中觅得黝砚砚石原矿，使沉寂百年的郴州黝砚又重新回到历史舞台。

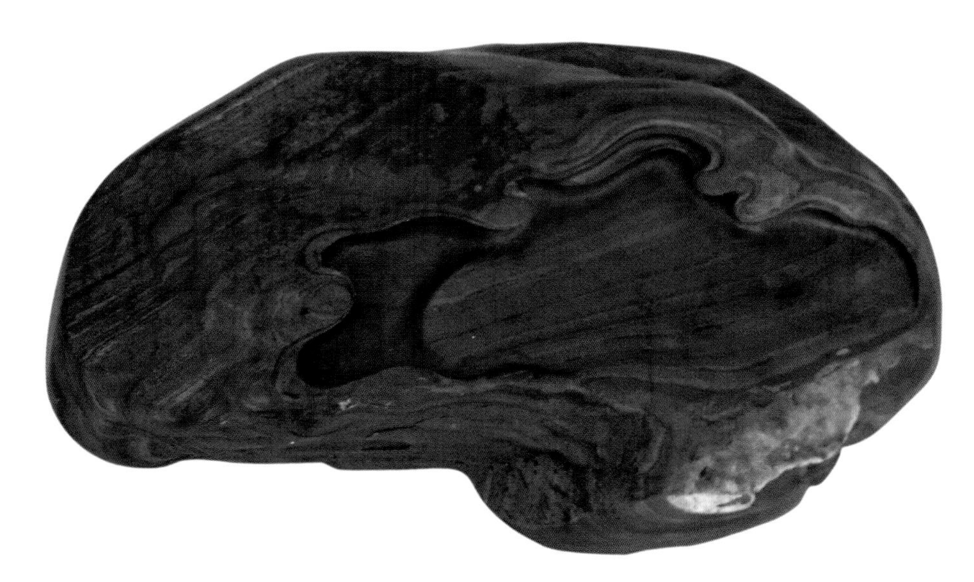

图 2-16-30　随形砚

十三、文田砚

文田砚，又称梅山砚，产于湖南省新化县。

文田砚以新化紫鹊界山下文田镇廖家坝的绿豆石为主制成，此外有炉观镇永丰桥村贺家岭坑、天门乡长丰村坑，石色有墨绿、叶绿。还有少量墨晶石、黑缎石。石品有木纹、水波纹、眉纹。个别石质还出现神奇的金银星、金银线和鱼子纹等。

文田砚石质温润细腻，致密坚实，敲击有金属声，呵气可研墨，春天回潮天气，砚面上会形成天然的水珠，经久不干。其雕刻以随形为主，题材多为树木花草、飞鸟走兽。古朴清雅，鲜活灵动。

文田砚石是溪砚胡氏第三代雕砚传人胡中纲的祖父在新化大山中发现的一种制砚佳石，胡中纲于 2007 年到新化县文田镇采回砚石，雕刻成砚，完成了祖父的心愿，其砚因产于梅山文化中心地带，故原名为梅山砚，后改名为文田砚。

雕刻的作品多为梅花、荷花、松树、梯田，画面上佐以青蛙、水牛等动物，增加了作品的灵动性，一片古风清雅之气陡然而生。文田砚制作工艺精巧，石材奇特，受到社会的广泛关注。（图 2-16-31）

图 2-16-31　圆形砚

十四、高甲溪石砚

高甲溪石砚，产于湖南安化，因石出东坪镇古溪高甲溪而得名。

砚石属土母板页岩层，有绿石与紫石两种。绿者似洮河砚无水纹，紫者多为紫袍玉带，个别带眼。因“三山夹两溪”的环境特征造就出其石质温润细嫩的特点，但较明山石要燥一点，益甚发墨。（图 2-16-32、图 2-16-33）

据传此地取石刻砚的历史比较悠久，只因交通闭塞，未曾外流，故未被记载于史册。该砚石的重新发现实属偶然，2008 年修建公路时，当地砚台藏家发现此处石料温润细腻，遂请砚雕师雕刻制砚。

图 2-16-32　紫石老干新枝砚

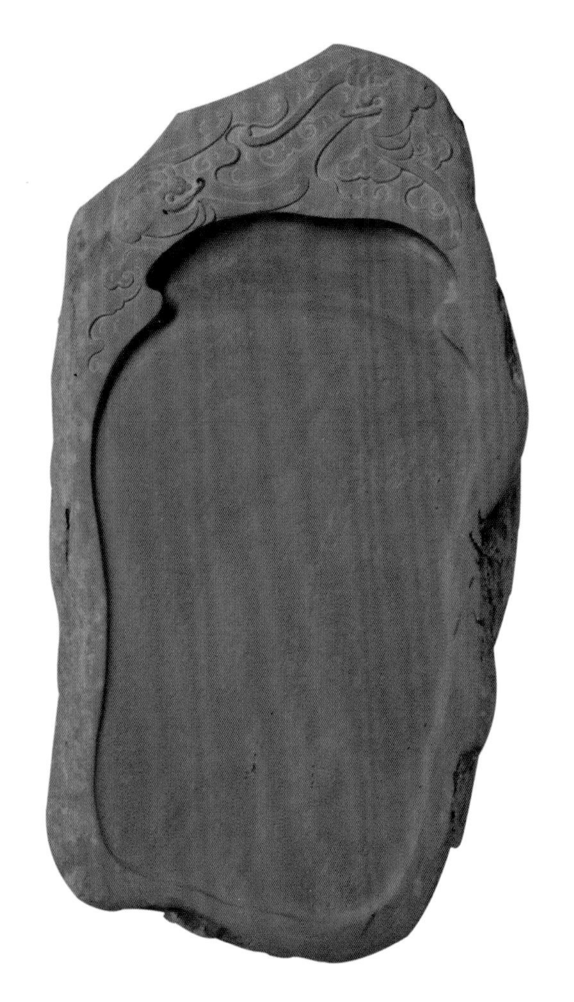

图 2-16-33　黄石福常在砚

十五、杨柳石砚

杨柳石砚，产于湖南省泸溪县，因石出佛教圣地天硚山下的杨柳溪而得名。

杨柳石属冰川沉淀物，为紫红钙质泥岩，墨色油绿，页岩呈现彩色组织，纹理清晰艳丽、性质稳定，硬度在摩氏 4 度左右，是雕刻各种工艺品的上乘石料。据记载，早在明末清初，泸溪龚氏家族就曾有人用杨柳石雕刻石砚、石屏等工艺品，颇受当时文人雅士的钟爱。其中杨柳石山水画屏《天硚山秋色》于 1915 年荣获巴拿马万国博览会金奖。

杨柳石以紫石为主，绿石为辅，间有多色。就其山体特征来看，紫绿相间，其紫袍玉带石山体特征是湘砚中最典型的，但达到砚石标准的紫袍玉带石并不多。许多山体属钙质泥岩，石质嫩轻疏松。（图 2-16-34、图 2-16-35）

图 2-16-34　随形砚

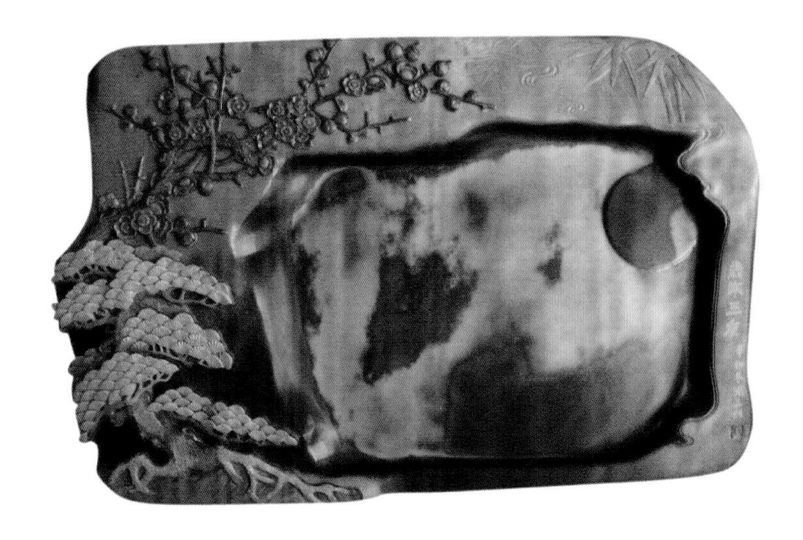

图 2-16-35　岁寒三友砚

第十七节　广东省

恩平石砚

恩平石砚产于广东省恩平市，砚因地而得名，亦称恩平砚。

恩平石赋存于距今5亿年的寒武系地层，为含碳质、绢云母的凝灰质板岩。石质缜密细腻，发墨极佳，与龙尾歙石相近。石色丰富，呈现灰、绿等多种颜色，且有黄龙、火捺、绿眼、金线及纵横交错的绿色条纹，又十分接近端石。此外，恩平石还有一个独有的特点就是研磨后可除去墨的臭味。

据恩平地方史料记载，早在清代嘉庆年间，恩平已有人开采此石制砚。

正如清代吴兰修在《端溪砚史》中评述的那样："恩平茶坑石，岭南恩平县南二十余里，溪尽处入山又二十里，有岩曰茶坑，产异石。嘉庆初，山民始掘之，持至端州砚工见之，始采为砚，以冒充端州石。端州老坑石几近，坑闭不复采，今采者新坑耳。恩平石虽不及老坑，而发墨胜于新坑。"

20世纪90年代中期，有关人员几经周折，终于在恩平的深山老林中重新找到了砚石，并在2000年使恩平石砚重新问世，得到广泛好评。恩平石砚的雕刻受端砚的影响，形制、题材、设计、技法都呈较明显的粤派风格。（图2-17-1）

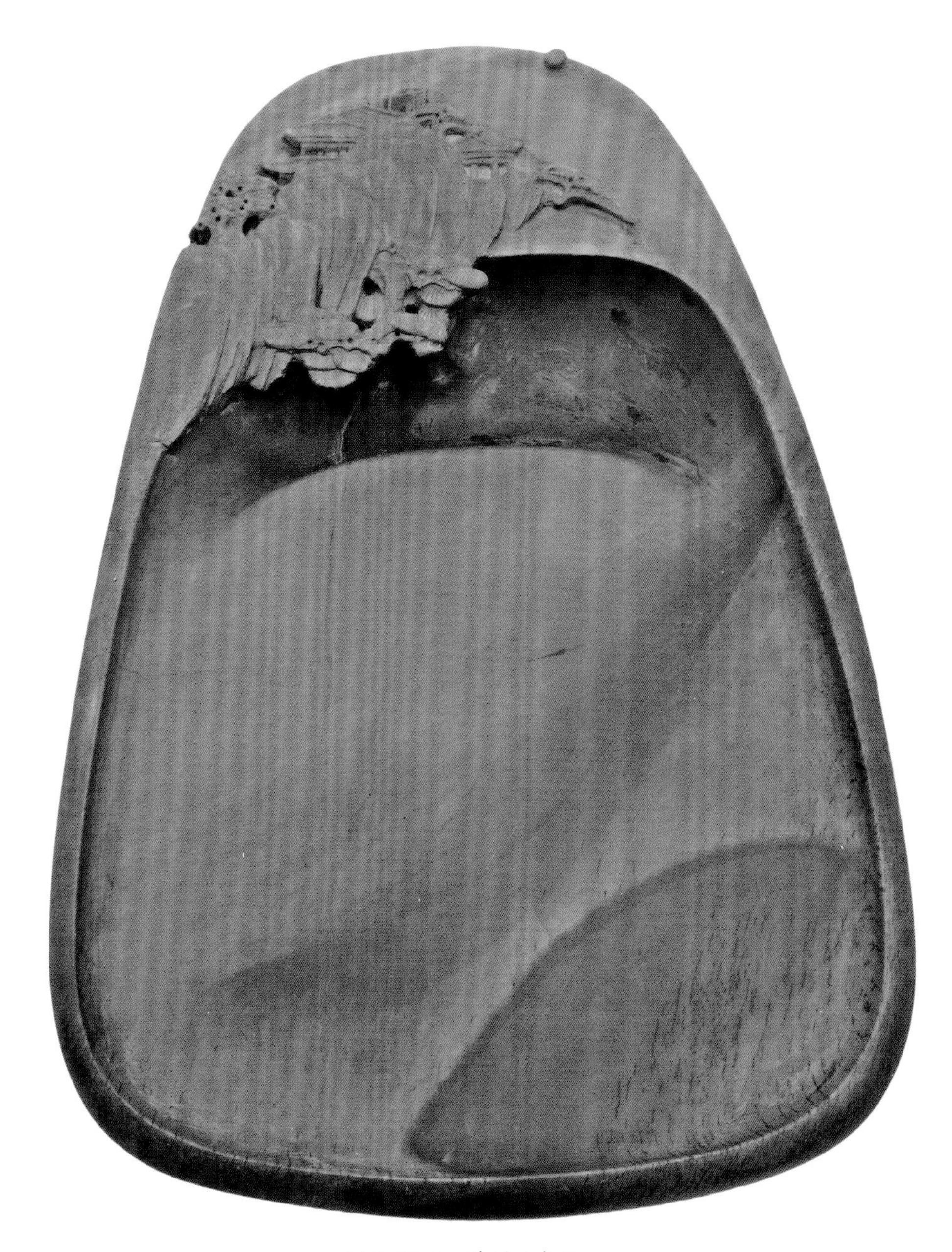

图 2-17-1　随形山水砚

第十八节　广西壮族自治区

一、柳砚

柳砚，产于广西壮族自治区柳州市。石出柳江下游的龙壁山下板滩处、“柳州八景”之一的“龙壁回澜”，又称为“叠石砚”“龙壁柳砚”。据说此“柳”含义双关：一指产地柳州，一指龙壁石砚的开发者柳宗元。

柳砚，历史悠久，始于唐宪宗元和年间，距今已有1200多年的历史了。据传，公元815年柳宗元被贬到柳州任刺史，一次舟游“龙壁回澜”，发现板滩河岸遍布大小奇特、如同天然砚台般的黑石，便采了两件回府作砚台使用，并将其中的一件赠予好友（被

图2-18-1　柳砚

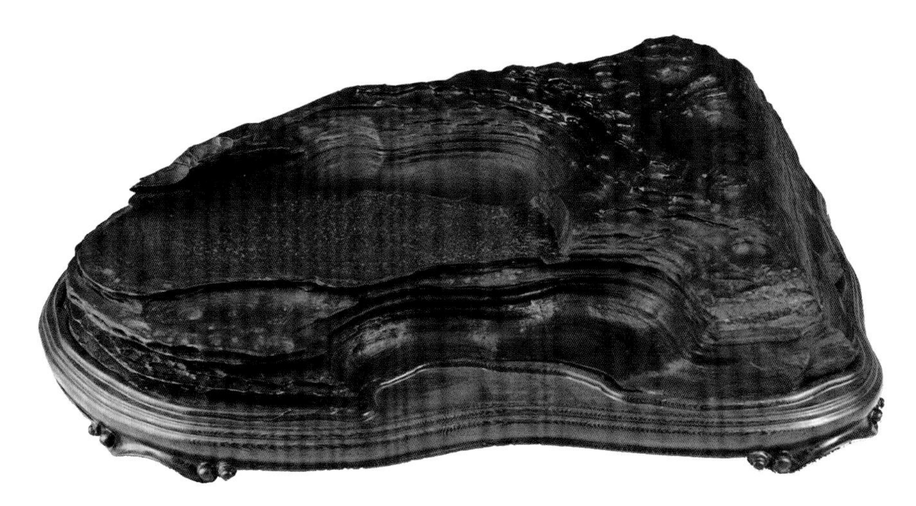

图 2-18-2　龙纹砚

贬至广东连州）刘禹锡。刘得此砚，如获至宝，便修书一封并赋诗一首赠柳，诗云：“常时同砚席，寄砚感离群。清越敲寒玉，参差叠碧云。烟岚余斐亹，水墨两氤氲。好与陶贞白，松窗写紫文。”（《谢柳子厚寄叠石砚》）此段历史已成千古佳话，这也是著名的“龙壁柳砚”的由来。从此，柳砚名声大震。（图 2-18-1、图 2-18-2）

柳砚石属墨石类的砂积页岩，受到柳江清流的浸润，质地相当细腻温润，坚实保水，硬度为摩氏3度至3.5度。色纯黑而有光，层理有序而自然，其形态各异，却均有天然砚池。柳砚石俗称叠层石、千层石、龙壁叠石。其形多见于山形景、平原景，犹如壮观的蓬莱仙境。

柳砚，均为自然形成，形态各异，无须雕琢。石质相当细腻、滋润、坚实。唐代柳宗元对柳砚石作了精辟的评论，他把叠石之色称为“自然石色”，叠石之形称为“特表殊形”，论其质，若做琴座更有“增响亮于五弦，凡铿锵于六律”。因此，柳砚以涩不留笔、滑不拒墨、墨随笔转、得心应手而深受文人墨客喜爱。

时隔千年，当今龙壁叠石，已近告绝，故宜珍藏之。郭荣题诗一首颂曰：“龙壁回澜景色幽，柳侯采石板滩头。殊形特表纹层绝，独具朴贞洁气收。翠岳叠池书韵美，青峰敲玉瑟声柔。衣冠古冢今犹在，柳砚名传誉九州。”

柳砚虽然在唐代就已问世，但由于柳州交通相对闭塞，再加上砚石大多埋在柳江的深水之中，开采极为困难，故一直没有大规模发展起来。20 世纪 80 年代，柳州有关部门在柳江沿岸又重新找到了砚石，恢复了柳砚的生产，受到了书画家们的欢迎。2014 年 1 月 31 日，柳州博物馆推出“龙壁回澜千年古韵——柳州博物馆馆藏古砚、龙壁柳砚精品展”，首次全面再现千年前的柳砚。

二、灵山花石砚

灵山花石产于广西灵山县城的六峰山、花石山、石背山、龙武山等山脉中，以花石山花石品质最佳。

灵山花石属于灰岩再生石，形成于距今 3.5 亿年前中泥盆纪后期，硬度为摩氏 3.5 度。呈乳白色而暗透五彩，由黑、白、红、蓝等色组成不规则的条带层纹理，构成斑斓绚丽的图案，气势磅礴，神韵飘逸。但需磨光后才显露出清晰的山水、人物、花鸟、虫鱼等图纹。

据《廉州府志》记载：灵山花石早在明朝就已被开发利用，并作为朝贡珍品，但由于蕴藏量有限，加之开采难度太大等原因，到清初就停止进贡了。有关用灵山花石制砚则没有文献记载，不过有明末清初所产的灵山花石砚遗存，这足以证明此砚的肇始不会晚于明末。灵山花石砚未见有新砚产出，目前所见均为老砚。（图 2-18-3 至图 2-18-5）

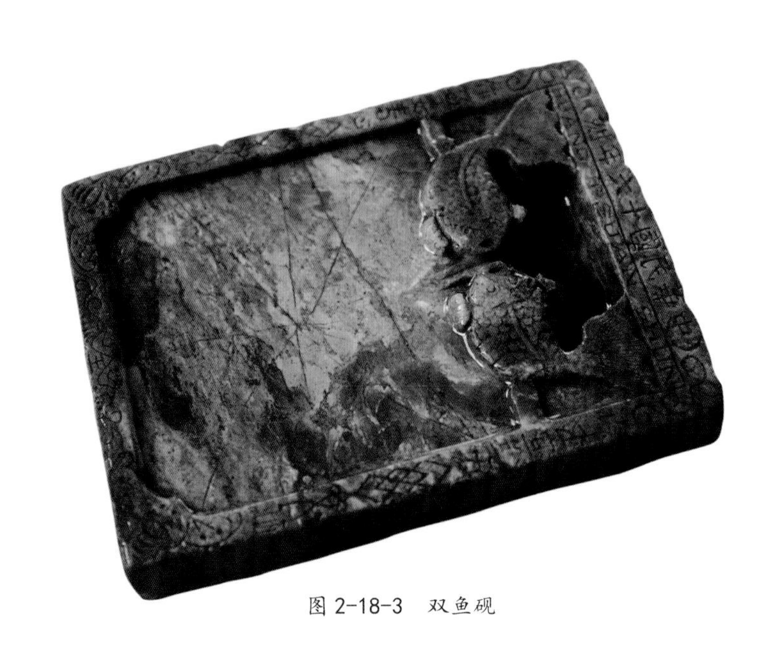

图 2-18-3　双鱼砚

图 2-18-4　鱼纹砚

图 2-18-5　一池砚

三、白矾石砚

白矾石产于广西壮族自治区桂林市。因其色与清初发现的端石异族白端相近，故自清代中期以后常有以白矾石冒充白端者，以求增值。

然而细观之，白矾石石质粗涩，石中有细小石英颗粒，且无脂肪感，色也不如白端莹润。其表面有连片云样鳞状结构，也与白端有区别。

清代以后白矾石砚已少见，目前所见均为老砚。砚石具体产于桂林何处，也无资料显示。（图 2-18-6）

图 2-18-6　朱砂砚

四、龙胜紫砚

龙胜紫砚产于广西壮族自治区龙胜县，是近年来新开发的砚种。

龙胜紫砚砚石取自当地特有的紫玉，其色紫黄相间，古朴典雅，沉稳大方，颇具王者风范，寓意紫气东来，吉庆祥瑞。其中紫底上有玉色图案的“龙眼紫”“玉带紫”“满天星”更是珍贵之材。

龙胜紫砚石质缜密，温润如玉，磨墨无声，发墨光润，扪之若婴儿肌肤，研之若热釜涂脂。其硬度与端砚相当，其下发能力也与端砚不相上下，雕刻上则基本传承了粤派的风格，题材多样，形象生动，刻画细腻，技艺精湛，具有很好的使用价值、观赏价值和收藏价值。（图 2-18-7）

龙胜紫砚在北京 2017 年文房四宝博览会上亮相，引起公众的注意，得到业界赞许。

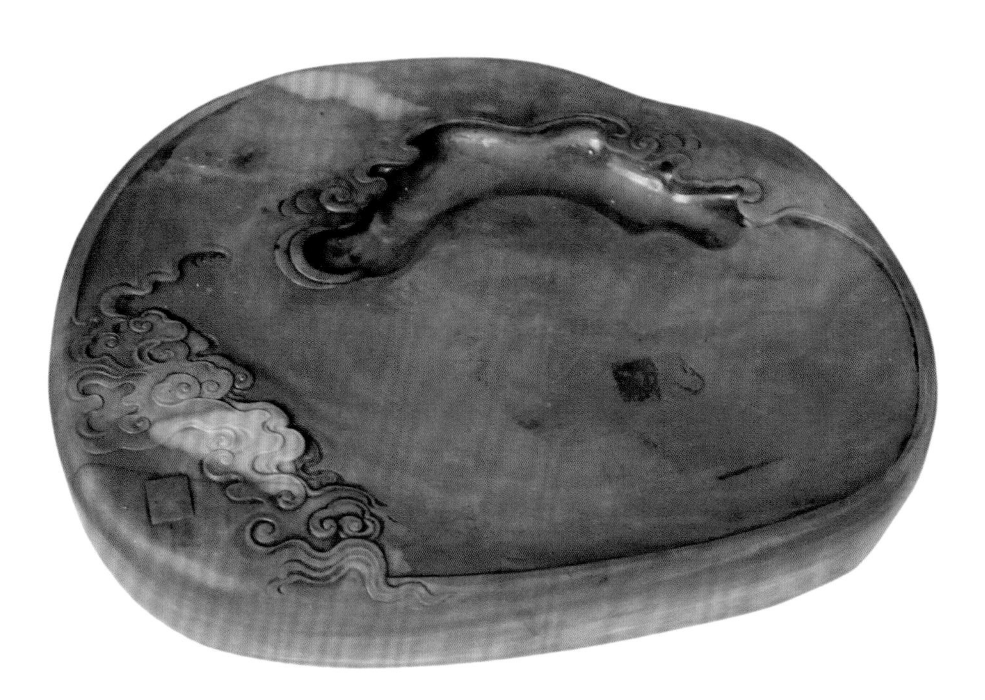

图 2-18-7　山水云纹砚

五、平果石砚

平果石砚，也称桂砚、平果桂砚、平果砺石砚，产于广西壮族自治区西部百色市平果县凤梧乡，为新开发的当地传统古砚。

平果县凤梧乡历属羁縻州，明清两朝属思恩府，相对于广西东部显得闭塞、落后。早在宋元时期，当地土司、道公便就地取材制作桂西古砚，古时壮语称“林剃研墨”，意思是磨剃刀的石砚，明末清初在民间广泛流传，也有古砚留传存世。从现在出土、出水、家传的桂西古砚实物来看，桂西古砚用陶瓷、石灰石、砺石三种材质制作而成，这些砚多追求实用，工艺粗糙，少雕刻，显得简朴大方。之后随着书写方式改变，桂西古砚就逐渐淡出人们的生活。（图 2-18-8、图 2-18-9）

壮族道公后人、平果县凤梧乡民间雕刻制砚艺人农逵，从事端砚制作 20 多年。2016 年，他毅然回到家乡平果县，创立农逵艺雕工作室，在祖传的清朝手抄道教经书《沐浴设戒》后页中发现线索，找到了古经中描述的砚石，重新开发了桂西古砚，得到了社会各界广泛的认可与好评。

图 2-18-8　壮乡春早砚

图 2-18-9　壮族三月三砚

六、构造石砚

构造石也称结构石，产于广西壮族自治区来宾市。岩石在地壳构造运动的作用下发生了变形、变质和风化，呈现出各种各样的断裂、褶皱、断层，从而形成了外表是纯天然的、繁杂多变的格子状表皮，内部则是黑色的石芯，用来制砚，即称构造石砚，也称结构石砚、结石砚。具有古朴、浑厚的沧桑之感。

构造石砚未见历史记载，是一个新开发的砚种。其造型大多保持构造石原状，只在原石上下面打磨平滑，随形挖堂，简洁大方。但其石质坚硬不利下墨，当以观赏为主。（图 2-18-10、图 2-18-11）

图 2-18-10　原石砚

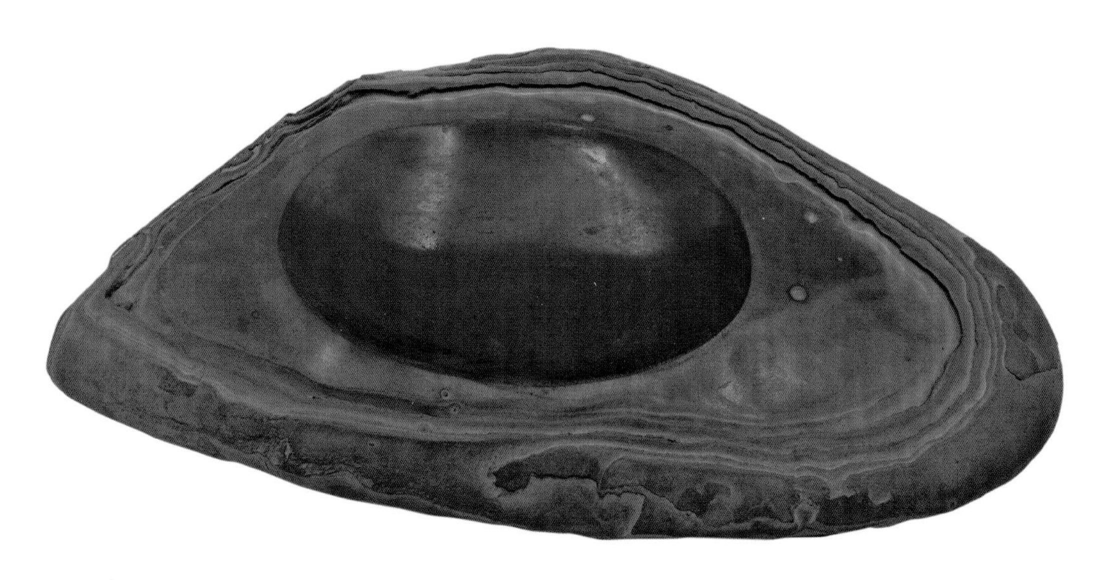

图 2-18-11　圆池随形砚

第十九节　海南省

火山岩砚

火山岩砚，又称火山岩石砚，产于海南省海口市。火山岩是指来自地球深部炽热的岩浆经火山口喷出到地表冷凝而成的岩石。岩浆的成分不同，冷却凝固后所形成的岩石也不同。基性的喷出岩为玄武岩，中性的喷出岩为安山岩，酸性的喷出岩为流纹岩，半碱性和碱性的喷出岩为粗面岩和响岩。当地用于制作砚台的，一般为玄武岩石。

火山岩砚未见于文献记载，可能是因为当地仅将它作为日常生活用品，就地取材，偶尔制作。琼北火山地区被称作羊山地区，这里被火山石覆盖，诉说着海南的石器文明。海口经济学院博物馆内，有火山石砚专题展柜，收藏有20余方火山岩砚。如火山石辟雍砚，三足形，砚底足间凿内外双圈装饰，整砚造型厚重、古朴、端庄。（图2-19-1）

图2-19-1　双堂砚

第二十节　重庆市

一、合川峡砚

合川峡砚，产于重庆市合川区草街镇，取材于嘉陵江沥鼻峡峡口麻柳坪，又称峡砚、嘉陵江砚。

合川峡砚，色泽灰黑，坚实细腻，温润似玉，发墨快，不损毫。因石雕造，造型优美，雕刻精巧，深受文人墨客喜爱。

合川峡砚雕刻技艺始于宋代，盛于清代，历史悠久。明英宗时，吏部尚书李实（合州人）曾题诗赞美，诗云："峡畔茅屋僻，巧工凿石盘。启墨龙云舞，运笔虎榜悬。石腻堪如玉，工艺圣手传。贵似翰家客，四宝居一员。"

合川、北碚皆多取麻柳坪的细青石制砚。合川峡砚与北碚石砚应是同源，或者说渊源密不可分。北碚石砚是嘉陵江峡砚另一个支系，因20世纪30年代在北碚北泉公园雕刻而得名，其石也取材于麻柳坪的细青石。当时有民谚："上峡砚石下峡灰，中峡的磨儿经得推。"

峡砚多为圆形、椭圆形、长方形，一般有砚盖。砚盖面上采取凿、刻、雕、镂的手法，制成各式平刻、浮雕、圆雕的山水、花鸟、云龙等纹饰书画砚。造型美观大方，是人们收藏、馈赠之佳品，深受各方欢迎。民国年间曾是上海四宝斋、徽州老胡开文等大文具店的上品，抗战时期被评为"中国十大名砚之一"。还曾出口海外，受到日本、新加坡等国客商的欢迎。近代书画家及知名人士如于右任、冯玉祥、谢无量等均有题诗赞扬。峡砚数百年来深受文人墨客的钟爱，被誉为“巴渝三大名砚”（合川峡砚、金音石砚、夔砚）之首。

2009 年合川峡砚雕刻技艺被列入重庆市第一批非物质文化遗产项目名录。合川区易宗成被确定为重庆市非物质文化遗产合川峡砚代表性传承人。（图 2-20-1、图 2-20-2）

图 2-20-1　韵砚

图 2-20-2　岁寒三友砚

二、金音石砚

金音砚石，产于重庆市石柱土家族自治县凤凰乡砚台湾，是土家山寨独有的一种砚石。其刚如金，细如璧，敲则声音铮铮，动听悦耳，用来制砚，即称金音石砚。

金音石砚，色泽漆黑光亮，质地坚硬细腻，所研墨汁色黑如油，且不吸水，不损毫，蓄墨数日不干腐。如墨干涸，一经呵气又可濡笔，被文人墨客称赞为“黑中性且温，墨到诗便成”。金音石砚多为长方形和圆形，一般都有砚盖，并用浅浮雕在上面雕刻各种纹饰，还有浮雕或透雕的龙凤、瑞兽，以及“太白醉酒”“月夜出征”“桃花战马”等图案。以自身的品质和独具的魅力为世人所珍视。（图 2-20-3 至图 2-20-6）

图 2-20-3　葫芦砚（带盖）

用金音石制砚，最早可追溯到唐代，那时就有当地民间艺人为之。相传诗人李白流放夜郎时，曾到石柱山隐居，在那里他发现金音石砚，非常喜爱，离开时就挑选了几方砚带走。到了明代，随着砚雕水平的不断提高，金音石砚更加受到文人墨客的青睐。据说明代著名的女将军、官拜太子太保的秦良玉最喜欢用金音石砚，砚铭又常刻皇帝奉赠秦良玉的“太子太保总镇关封印”，所以称“太保金音石砚”。1940 年郭沫若在其所写《咏秦良玉诗》中就有“艳说胭脂鲜血代，谁知草檄有金音”的句子，并说明“石柱有金音石，可作砚，传秦良玉草檄用之”。至近现代，金音石砚仍在生产。20 世纪四五十年代曾一度停产，20 世纪 70 年代末又恢复生产。1984 年石柱土家族自治县成立庆典时，由民间艺人制作了 120 套金音石砚馈赠贵宾，反响强烈。目前生产规模越来越大，雕刻艺术水平不断提高，不仅畅销国内，而且在东南亚一带享有盛誉。

图 2-20-4　花形池砚

图 2-20-5　梅花砚（带盖）

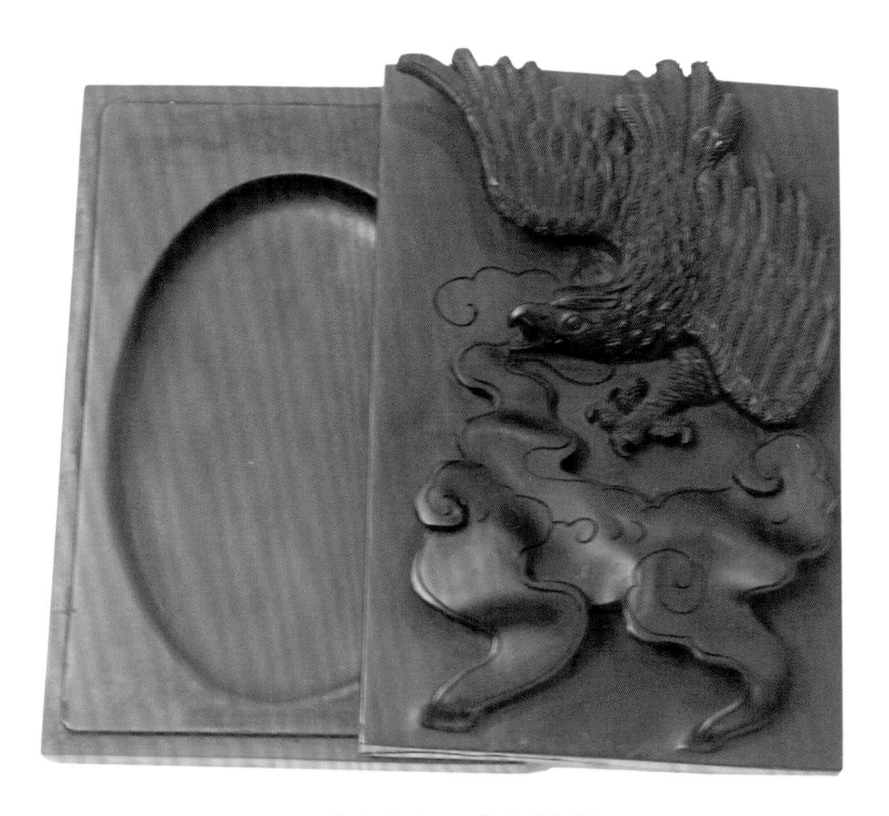

图 2-20-6　云鹰砚（带盖）

三、北碚石砚

北碚石砚，其石出重庆市嘉陵江的上峡牛鼻峡，是当地著名的石雕工艺品之一，因20世纪30年代制作于重庆市北碚区北温泉风景区而得名，又称北泉石砚。

北碚石砚的原材料起初采自嘉陵江沥鼻峡西岸属北碚境内的炭坝，但炭坝的产量与质量都不及一江之隔的合川麻柳坪，后来采用麻柳坪原石，与合川峡砚同源。石色黑中泛灰，质地较轻，石质细腻，发墨较快。造型多为长方形、正方形、圆形、椭圆形等，一般也都配盖，盖面及砚头部分常平雕、深雕花草树木、山水人物、鸟兽虫鱼或名家书体诗词等。（图2-20-7）

有资料表明用北碚石制砚已有80余年的历史。1937年全国抗日战争爆发后，重庆一度成为陪都北碚也被誉为小陪都，各界知名人士和书画家对北碚石砚非常青睐。许多学者、社会名流到了北温泉风景区，都购买北碚石砚作为礼物送人。王家发是当时知名的治砚高手，曾为冯玉祥、李宗仁、林森、于右任等人刻过定制砚。

图2-20-7　北泉景色砚（正、背）

著名爱国将领冯玉祥为王家发的砚台题写了“好男要当兵，好铁莫打钉”的词句。李宗仁为北碚石砚题写了“不可乘快而多言，不可乘快而易事”。林森用楷书题了“前言可法”四个大字。于右任用草书题写了“任重而道远”“清平天下望，博大圣人心”等词句。创建于20世纪60年代初的北碚石砚生产合作社，当时除生产北碚石砚，还生产医用病理解剖刀的磨刀石。

四、万州石砚

万州石砚又称万石砚，为万州悬金崖金星石砚，产于重庆市万州区。

万州石砚之材出自万州悬金崖磁洞，石黑如漆，质润如玉，以水湿之，石上有金星闪现，石干则金星退去，十分奇特。用来制砚易发墨，且久用不乏。宋代唐询的《砚录》、杜绾的《云林石谱》、高似孙的《砚笺》、赵希鹄的《洞天清录》、李之彦的《砚谱》，明代高濂的《遵生八笺》、张应文的《论砚》、曹昭的《格古要论》，清代唐秉钧的《文房肆考图说》、朱栋的《砚小史》、曾兴仁的《砚考》、赵汝珍的《古砚指南》等均有明确记载和较高的评价。

不过令人遗憾的是，宋代所指万州是四川的万州（现重庆市），始于唐代，万州石砚的产地即为渝万州。而明代以后的典籍，都将万州说成是广东万州、粤东万州或琼州府万州，显然是未经实地考察的以讹传讹。因海南之万州始于明（现称万宁），其时四川（重庆）万州已降为万县，使明、清世人只知万州在海南，故在引用宋人万州石砚之说时，主观地冠上广东、琼州等上一级行政区划之名称，应予纠正。

由于在宋代“万崖亦已取尽，如得之，不减端溪下岩”，故现不见古砚遗存，也无法进一步考证。

第二十一节　四川省

一、苴却砚

苴却砚，砚石产于四川省攀枝花市仁和区大龙潭彝族乡，攀枝花西大峡谷、金沙江的悬崖峭壁之中。因砚石产地古代名为苴却，砚以产地命名，故称作苴却砚。

苴却石，形成于晚二叠世，是攀西裂谷岩浆活动与围岩发生热接触变质作用的产物，经过上亿年后形成具有明显条带状、条纹状构造的含钙泥质板岩，硬度为摩氏 3.5 度。石色紫黑沉凝，石质致密细腻，莹洁滋润，发墨如油，存墨不腐，耐磨益毫，呵气可研，叩之有金玉之声，抚之如婴肤娇嫩。砚石由紫黑石、紫砂红石、苴却绿石三大基色构成，其中色泽凝重的紫黑石最为名贵。苴却石石品绚丽丰富，异彩纷呈，有碧眼、青花、金星、冰纹、绿膘、黄膘、火捺、眉子、金线、鱼脑冻、蕉叶白、庙前青等近百种，尤以青如碧玉、红似金瞳、神溢鲜活的石眼最为著名。苴却砚，又被称为中国彩砚，有极品美誉的金田黄，色泽金碧，灿灿然一片金黄；外白如晴雪，内红如丹砂的封雪红，风韵天成；似凝脂初露，嫩润可人的碧云冻，如碧云浮起，丰饶富丽；天然成趣的绿萝玉，如幽谷涌翠，碧波泻玉，又似绿萝蔓延。（图 2-21-1 至图 2-21-6）

苴却砚的雕刻技艺，集众砚雕精髓，广泛吸收石雕、竹雕、木雕、牙雕、雕塑等姐妹雕刻艺术长处，具有民间艺术粗犷豪放的风格。在雕刻中多以深透雕、浅浮雕、高浮雕手法相结合。苴却砚造型主要有仿古砚、随形砚、规整砚，题材主要有龙凤、神话和山水、虫鱼、花鸟等。苴却砚以其独特的艺术魅力，成为集实用、收藏、把玩于一体的艺术珍品。

苴却砚源远流长，相传三国时期诸葛亮平定南中，五月渡泸水（今金沙江）处，即在砚石矿山附近的古拉窄渡口，并在这一带安营扎寨。兵将就地取石磨兵器时发现石质细润，就制成砚品供军前使用，诸葛亮在此喜得七星砚。现在，此地还存有诸葛亮点将台遗址。唐宋时期，多有发配此地的罪臣喜爱用此砚，但终因交通闭塞，未能大量开发流传。明代以来，云南开始用苴却石制砚。苴却砚盛于清代。清光绪、宣统年间著名制砚大师寸秉信所制之砚，在 1909 年巴拿马国际博览会上一举获奖，荣享盛誉，自此苴却砚名震中外。1913 年，云南省政府曾准备开发苴却砚，因制砚师寸秉信病故未成，苴却砚从此失传。

直到 20 世纪 80 年代，在攀枝花市相关部门的重视下，一批文人雅士重新发掘这种即将消失的民间工艺，沉寂多年的苴却砚雕刻技艺得以重放异彩。1989 年，苴却砚被送到中国美术馆展览。我国著名书画家启功、黄胄、傅杰等都曾为苴却砚赋诗题词，赞誉颇多。

2009 年 7 月，苴却砚雕刻技艺被列入四川省第二批省级非物质文化遗产名录。同时，苴却砚制作技艺也被列入云南省第二批非物质文化遗产名录。

图 2-21-1　山林砚

图 2-21-2　张得一铭夔纹砚（正、背）

图 2-21-3　竹节砚（正、背）

图 2-21-4　国粹砚（带盒）

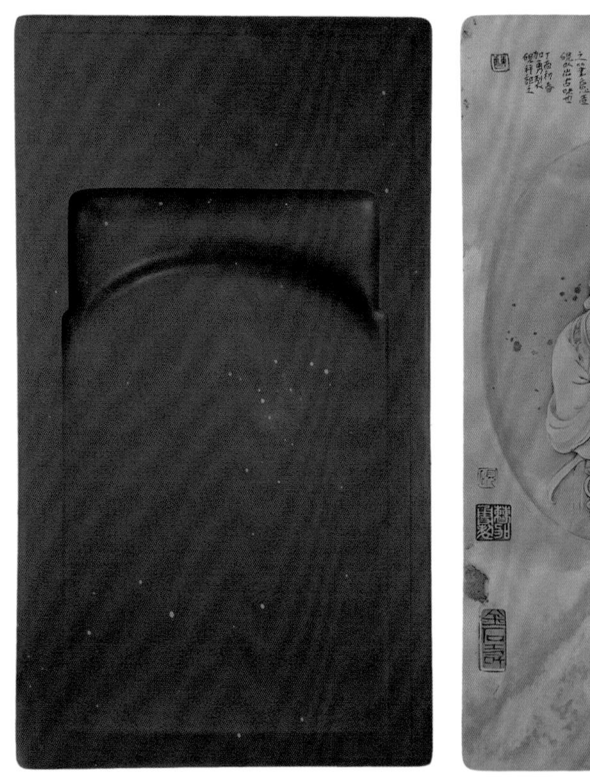

图 2-21-5　美人清妙砚（正、背）

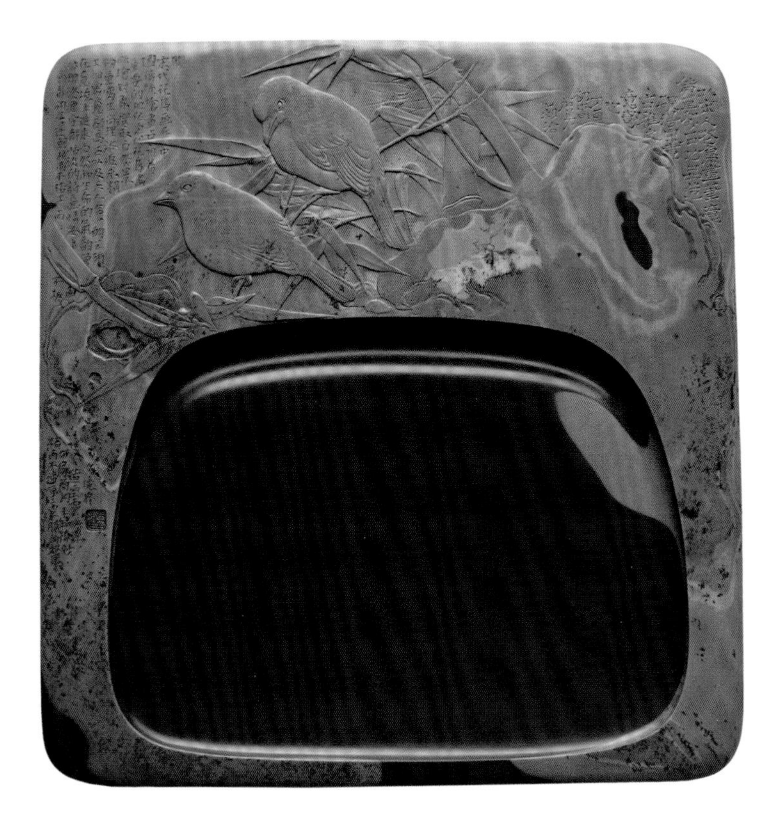

图 2-21-6　宋人花鸟笔意砚

二、蒲砚

蒲砚，砚石产于四川省蒲江县响水洞、盐井沟、大王井、石牛潭等地，也称蒲石砚、蒲江石砚，是四川名砚之一。

传说蒲砚最早闻名于南宋宁宗时，蒲江人魏了翁赴京应试，适逢天寒地冻，应考文人用墨皆冻成冰，唯魏了翁所用蒲砚中墨水不冻，得以顺利应考。从此，蒲石砚美名远扬，川西平原诗书之家即以拥有蒲石砚为荣。明天顺五年（1461）《大明一统志》卷七十二记载："蒲江砚，蒲江县出，其发墨与端（砚）、歙（砚）不异。"根据《砚林脞录》记载，四川邛州属蒲江，产石发黑，记载于《广兴记》。据清朝光绪年间编修的《蒲江县志》记载："蒲石汩出响水洞，其色黑，历久岩匮。今以盐井沟所产者为佳，大王井次之，又其次牛石潭。"（图 2-21-7 至图 2-21-10）

图 2-21-7　一剪梅砚

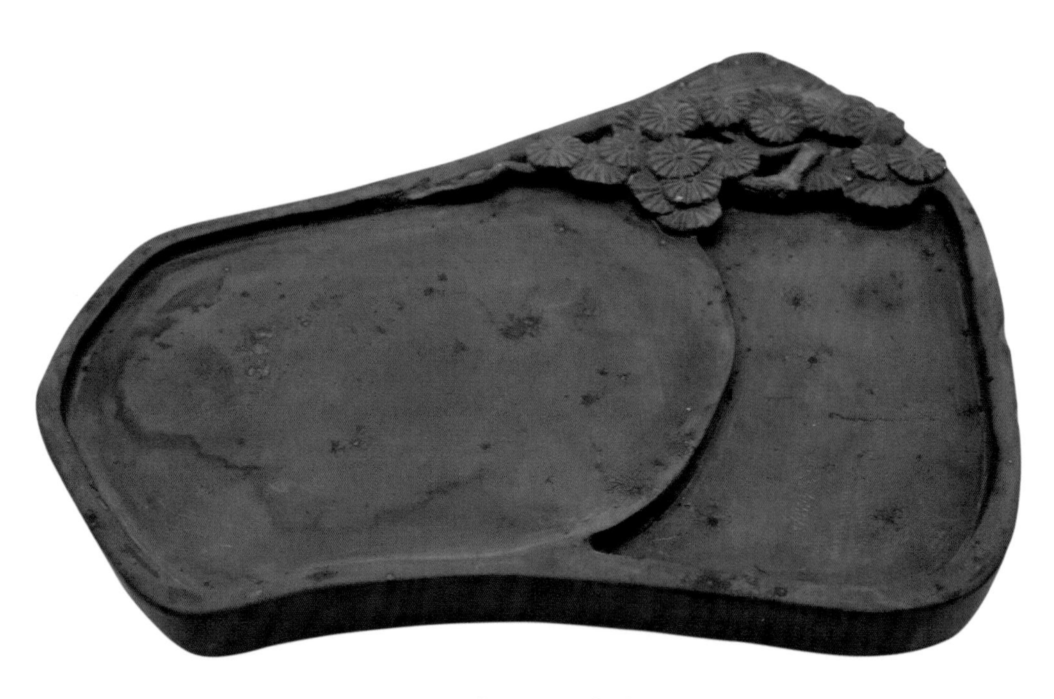

图 2-21-8　松月砚

蒲砚石质坚实细润、媲美玉石，色泽多深沉黝黑如玄铁，间有高雅紫色。蒲石亦多彩，有鸡肝、青紫、冻青、蕉叶白、鳝鱼黄等，以鹤山镇蒲砚村之盐井沟所产的青紫色和鸡肝色蒲石为最佳。磨墨均匀，有“坚如金石，细如粉绸”之称。具有发墨不损毫、天寒墨不冻、书写流利的特点，为文人墨客所喜爱。

蒲砚做工讲究，雕琢技艺精深，多为浮雕。题材广泛，形态古雅。有以神话故事为内容的太白醉酒、寿星献桃、刘海戏金蟾等，还有金鱼、乌龟、荷花、杜鹃等30余个品种。加之精心雕刻的花鸟、风景、人物，更加妙趣横生。《明史考证》《浦江县志》中有“雕光发炯”“既润且坚”“临寒不冰”“当暑不涸”等赞誉。

2018年12月，蒲砚制作技艺列入四川省第五批省级非物质文化遗产代表性项目名录。

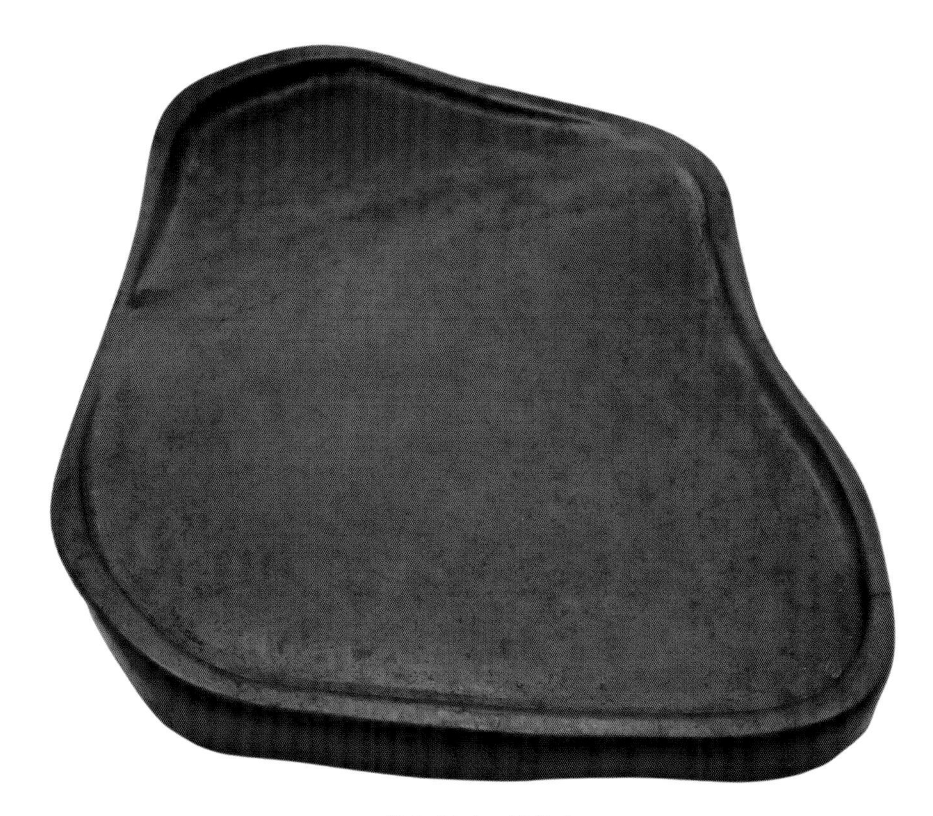

图 2-21-9　随形砚

图 2-21-10　铭文片石砚（正、背）

三、白花石砚

白花石砚，产于四川省广元市青川县，是四川名砚之一。

白花石是一种沉积岩，在墨绿色、紫色或褐色石层中间夹有一层蜡黄色或白色的石层，层次分明，具有较高的观赏价值。石质细润，抚之如肌肤，呵气生云，发墨不损毫，是比较理想的制砚材料。

据史料载，隋唐时期，广元地方就以白花石凿崖造像、雕石为器。广元白花石刻与浙江青田石刻、福建寿山石刻、湖南菊花石刻并称为中国的“四大名刻”。而以白花石为砚，当始于清光绪年间。其时广元县令端秀画了一幅《八骏马》，由技艺精湛的石刻艺人雕刻成砚台，开了以白花石制砚之先河。民国初年，白花石雕刻技艺日臻成熟，民间艺人魏礼先运用多种技法，雕刻出砚台、石屏、笔筒、鱼缸等工艺品。1957 年，魏礼先出席了第一届全国工艺美术艺人代表会议。1962 年，郭沫若应邀题写“广元皇泽寺”五个大字，由魏礼先用白花石勒石而成。白花石砚的几代传人更是继承和发展了传统的白花石雕刻工艺，取得了新的进步。

白花石砚多数配有盖，在石盖面上，往往利用白花石俏色雕刻出“嫦娥奔月”“松鹤延年”“喜鹊闹梅”等吉祥图案。一般运用浮雕、浅浮雕和深雕、镂空雕相结合的手法，因材施艺，追求意境，因而深受海内外客商欢迎。（图 2-21-11 至图 2-21-14）

2007 年 3 月，白花石刻工艺被列入四川省第一批省级非物质文化遗产名录。

图 2-21-11　苍松双鹤砚（正、背）

图 2-21-12　报春砚（带盖）

图 2-21-13　剑门关山水砚（正、背）

图 2-21-14　白玉兰砚（正、背）

四、黎渊石砚

黎渊石砚产于四川省广元市青川县竹园镇松柏村，古村名黎渊里，砚因地而得名，又称剑阁黎渊石砚，是四川名砚之一。

黎渊石具有灰、棕、橙、青等天然色泽层次，适于俏色雕刻龙凤、花鸟、山水等图案，深受百姓喜爱。同时黎渊石石质细腻缜密，刚柔相济，兼有端砚、歙砚之优点。呵气磨墨，不损笔毫，有“发墨、保湿、益毫”三绝。（图 2-21-15、图 2-21-16）

黎渊石制砚始于明代，至清中叶达到鼎盛，清晚期逐渐衰败。据清康熙三年（1664）剑州知州乔钵的《黎渊石铭》记载：“龙城北峙，剑阁东排，黄沙马鹿、黎渊以开，崇山之阴，寒泉之底，冰雪凝骨、苍云润理……端不独兄，歙不可弟，宝此文坛，泰山而砺。”

20 世纪 90 年代，黎渊石砚开始恢复生产，2009 年 7 月，包括黎渊石砚在内的黎渊石刻被列入四川省第二批省级非物质文化遗产名录。

图 2-21-15　山水盖砚（带盖）

图 2-21-16　圆形渠池砚（正、背）

五、宝兴贡砚

宝兴贡砚，又称宝兴石砚、外郎石砚或穆坪石砚，产于四川省雅安市宝兴县民治乡外郎坪。外郎砚石有碧绿、深红、灰黑等色，绚丽多彩。石质坚韧润泽，发墨益毫，储墨不腐，历寒不冰。

宝兴贡砚，历史久远。道光年间，穆坪石工艺人邓公文，耗时三年，琢成“九龙吐水”石砚一具。穆坪土司丹紫红楚以重金收买，送京朝贡。道光皇帝用后爱不释手，遂定为“贡砚”。据《雍正通志》《天全州志》《宝兴县志》记载，穆坪土司自归附清廷以后，每年朝贡一次，朝贡之物，除清廷限额的“贡马四匹、草粮五十石”外，穆坪境内所产的茶叶、砚石也都列为朝贡之物，年年上贡。

宝兴贡砚在20世纪三四十年代曾一度引起重视，此后似乎被人遗忘了。至20世纪70年代末，宝兴县在外郎坪重新开发宝兴贡砚，初步探明其砚石蕴藏极为丰富。20世纪90年代以来，宝兴贡砚得到了更好的开发利用，除传统风格之外，又创造了许多清新雅致且实用的砚台新品种。（图2-21-17、图2-21-18）

图2-21-17　瓦形砚

图 2-21-18　沐绿砚

六、雾山石砚

雾山石砚，产于四川省江油市，因取材于观雾山的一种黑色大理石，因山而得名。又因产地为诗人李白的故乡，故有“学士砚”之称。

雾山石色黑如墨，质细如玉，具有下墨快、发墨好、耐储水、益笔毫等优点，是适合制砚的良材。

雾山石砚是雾山石刻的一种，雾山石刻作为江油的一种民间雕刻工艺发源于唐代。成熟于明清，至清末民初，其工艺日臻成熟完善，作品在川内广泛流传，被誉为四川三大石刻之一。民国初年，江油县（后撤县设市）武都镇开采雾山石而加工雕刻的石砚、雾山石屏获巴拿马万国博览会二等奖。

20 世纪 30 年代，雾山石刻已由石砚发展到笔筒、镇尺等多种文房器具，雕刻题材也由过去的单纯文字和简单纹饰发展成山水人物、花鸟鱼虫皆备，不仅构思精巧，而且刀工细腻，成为美观实用的工艺品。（图 2-21-19、图 2-21-20）

20世纪40年代中后期，雾山石刻衰落，几乎停产。直到20世纪80年代初才又得到恢复和发展，如今已形成以砚台、镇尺、画屏等为主体的系列产品。

2007年3月，雾山石刻被列入为四川省首批非物质文化遗产名录。

图2-21-19　圌岭飞桥砚（正、背）

图2-21-20　圆形铭文盖砚（带盖）

七、龙潭紫砚

龙潭紫砚又称龙潭紫石砚，产自四川省米易县，为区别产于其他地方的紫石砚，通常以产地冠名，称米易龙潭紫石砚。

龙潭紫砚砚石赋存于米易龙潭溶洞风景区内的龙潭沟中，其石质细腻，石眼鲜活，硬度略低于苴却石，具有下墨快、不损毫、呵气成水、贮墨不腐等特点。色泽紫中透红，如缎似锦，中间有金星渗入其中，明快高雅，赏心悦目。（图 2-21-21）

凉山州一地方曾有“清代将龙潭紫砚上献朝廷”之说，清代何东铭《邛嶲野录》对龙潭紫砚有记载：“龙潭沟石，羊肝色，质地坚细，制为砚发墨无异于歙石，又有黄色石及五彩石……僻在深山，无人重宝，且乏良工，故虽珍而不著名。”

龙潭紫砚因地域偏僻，销路不畅，且石质相对疏松，现已基本绝产，故较为难见。

图 2-21-21　椭圆蟹砚

八、凉山西砚

凉山西砚因产于四川省大凉山西昌市而得名，是一个新开发的砚种。据称，为了避免与浙江江山西砚重名，也改称嶲砚。

凉山西砚有人认为是历史上曾经有过的“地方砚种”，且一度有名，只是未能形成规模传承下来。据清代《建昌府志》记载，凉山西砚需采雅砻江相石，并具有膘、眼、晕、玉带等石品特点，所制之砚，在清朝曾作为贡品进宫御用。

凉山西砚砚石取自四川省西部金沙江流域的螺髻山脉，属于沉积岩，主要包括自然冲击石、冰川石和珍珠石等。不仅具有层次分明、石质细腻、手感舒适、发墨益毫的特点，同时还有五彩斑斓、美妙非常的黄绿膘、金银线、封冰红、胭脂晕、火捺、石眼、金星、玉带、水草等纹彩，可与端、歙相媲美。凉山西砚砚石应该也属于苴却砚同脉石材，可称苴却石的姊妹石。（图 2-21-22）

凉山西砚的雕刻由于引进了歙砚的高级技师施艺，并由他们培养出一批当地的优秀技工，因此所雕砚品立意深邃、设计巧妙、善用俏色、文雅简洁，有着明显的徽派风格。凉山西砚迅速崛起，成为砚坛奇葩，被众多书画家和收藏家所关注，前景广阔。

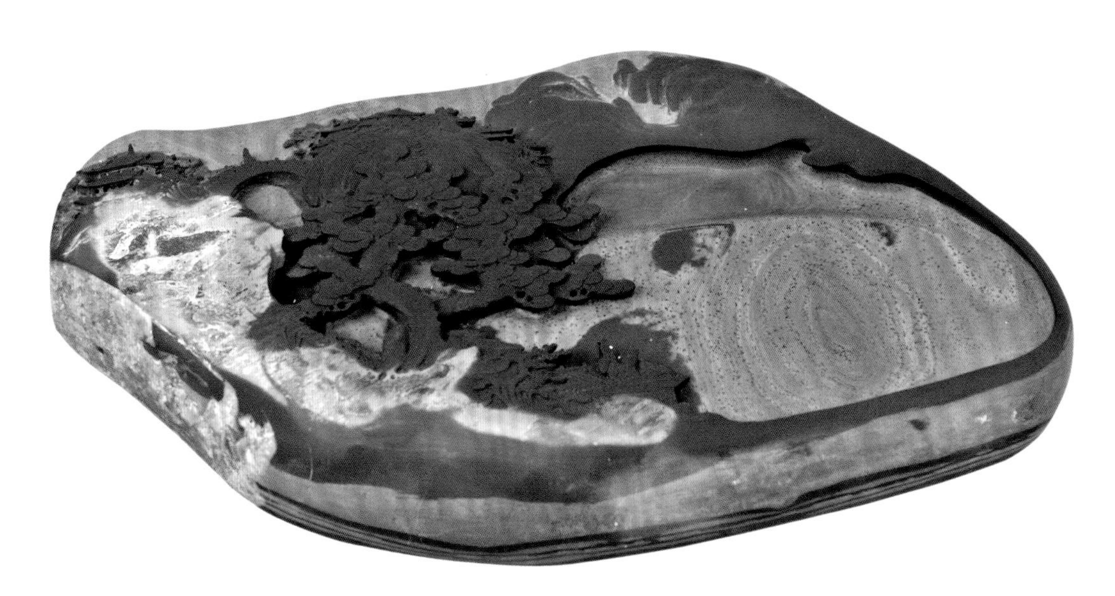

图 2-21-22　虎啸砚

九、菜花石砚

菜花石产于四川省大邑县水湾镇川溪口及雅安市芦山县龙门乡龙门河。其石色黄绿相间，如同春天的油菜花一样，故名菜花石，用来制砚，称菜花石砚。

菜花石是一种蛇纹石，多为子石，质地较硬，呈墨绿色，布满黄色菜花状纹理。硬度在摩氏 2.5 度至 4 度之间。含大量的镁，源于火成岩。

宋代杜绾《云林石谱》："汉州郡菜叶玉石，出深水。凡镌取条段，广尺余。一种色如蓝，一种微青，而多深青，斑驳透明，甚坚润。扣之有声。土人浇沙水，以铁刃解之成片，为响板或界方、压尺，亦磨砻为器。"汉州即今四川省广汉市。这大概是菜花石的最早记载，而用菜花石制砚未见于历史记载，但从遗存的菜花石砚形制看，始于元代或明代早期。《大邑县志》卷十载："菜花石出水中，一名出石，色如菜花，最佳者如绿玉，细润可爱，可作文房水器、图章。"目前所见到的均为旧砚存世，未见现代新砚出现。（图 2-21-23、图 2-21-24）

图 2-21-23　椭圆形砚

图 2-21-24　风字乳足砚（正、背）

十、蒲江红砂石砚

蒲江红砂石产于四川省蒲江县，其矿源体出露于鹤山镇、朝阳镇、寿安湖镇等地，零星分散，开采量不大。

砂石是由于地球的地壳运动，矿粒与胶结物（硅质物、黏土等）经长期巨大压力压缩黏结而形成的一种沉积岩。赋存于白垩系地层，分布较广。由于其结构较为疏松，吸水率高，故多用来修建水坝、桥涵、房屋等。但有少量优质砂石，颗粒均匀，结构紧密，可用来制砚。在传世的古砚中，砂石砚可见于各个历史时期，这可能与砂石砚的取材较容易、雕刻较简单有关。蒲江红砂石砚，其石色青带紫，坚硬细腻。红砂石砚因易风化，实物遗存较少，历史资料也不多见，目前也无新砚生产。（图 2-21-25）

图 2-21-25　瓜瓞砚

十一、中江花石砚

中江花石砚产于四川省中江县，砚石出于中江县城西凯江中。其形如普通鹅卵石，有深浅褐色、猪肝色、青灰色及黑白相间等色彩与花纹，色调自然美观，花纹雅致清秀，尤以龟甲纹、蛇蟠纹为奇绝，图案多样而绝无相同。令人称奇的是，此石加工前其花纹、图案均不显露，与常石无异，如浇水到石面后，其花纹图案立现，而水干后又与常石无异。制成砚，即称中江花石砚。

传说隋朝时，有一年农历九月十一日，中江百姓为美丽善良、专为老百姓解除疾苦的白塔仙姑庆祝生日，西王母派天上的七仙女散花以示祝贺。霎时，中江县的凯江流域上空花雨缤纷。鲜花落入河里，立即变成了花石。当时正值菊花盛开之时，故中江花石多为菊花石。

中江花石石质上乘，软硬适中，打磨抛光后，抚之若婴儿之肌肤，温润细嫩，光彩照人。中江花石在隋唐时期即有磨为器用者，元明时期已能雕成精美的工艺品，亦用来制砚，一直深受文人雅士喜爱。（图 2-21-26、图 2-21-27）

中江花石属观赏石，花石砚也只是花石工艺品的一种样式，也无专门的砚工制作，所以没有固定的砚式和规模，偶尔有店家制砚，作为工艺品出售。如今，随着多年的采挖和凯江的治理，中江花石已面临无石可采的局面，中江花石砚也越来越稀缺。

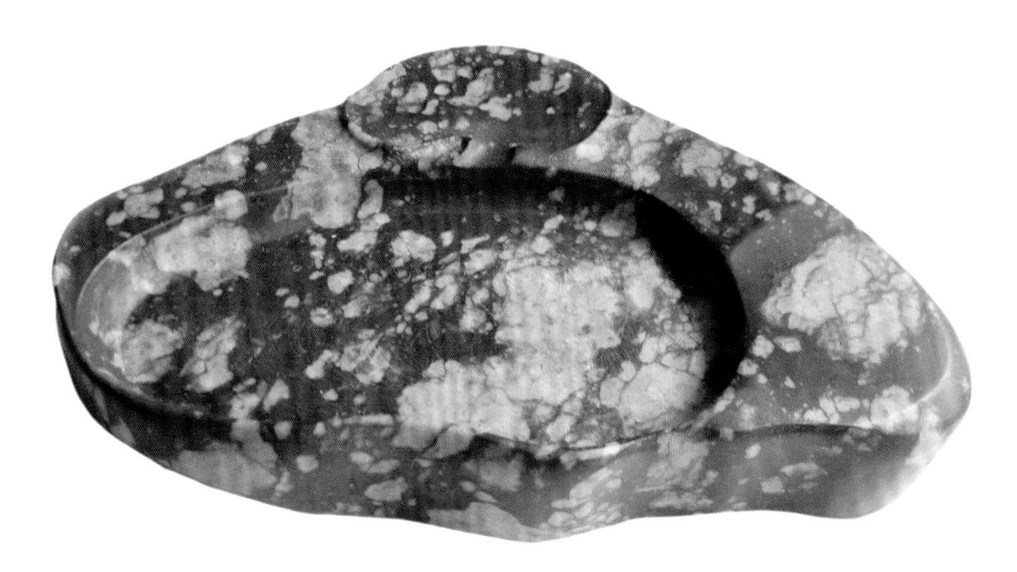

图 2-21-26　随形砚

图 2-21-27　二龙戏珠墨海砚（带盖）

十二、琪砚

琪砚产于四川省宜宾市。目前无琪砚的有关资料，但有实物生产。（图 2-21-28）

图 2-21-28　福禄砚

第二十二节　贵州省

一、思州砚

思州砚，又名思砚、思州石砚、金星石砚、蛮溪砚，砚石产于贵州岑巩县城东坪坝村星石潭。岑巩县唐代属思州，所以得名思州砚。清康熙二十三年（1684）的《思州府志》就有记载：“星石潭，府东七里，产石，间有金星者，坚润可为砚。”《贵州通志》也有记载：“思州段山中金星石，坚润者可琢为砚。”

思州砚砚石属黏土岩，赋存于古生代寒武系地层中。石色青黛，石质细腻，坚润如玉，尤其间有天生圆圆的金星，浑金在璞，流光闪烁。其颜色还有浅绿、灰绿、褐、紫、浅黄等。所制之砚，易于发墨，贮墨不易干涸，藏久不臭。同时，由于磨出的墨汁细腻均匀，使写出的字丰泽饱满，画出的画透亮生辉，富有立体感。因此，为历代书画家所喜爱。有文人称赞：“水石殊质，云滋露液，浑金璞玉，惜墨惜笔。”

思州砚，造型奇巧，工艺精细，以立体浮雕为主，兼以透雕。所雕刻图案题材广泛，优美古朴。尤其是图案中的动物眼睛、植物花蕊、珍宝奇珠以及日月星辰等利用天然金星的纹理雕刻，活灵活现，形象逼真。成品通体漆亮，光可鉴人，仿佛金星闪烁其间。（图2-21-1至2-22-3）

思州砚历史悠久，始于唐代，已有上千年历史。唐代天宝年间便已闻名朝野，当时被纳为“贡品”“御砚”。苏东坡誉为“珙璧”。宋代王安石有“玉堂新样世争传，况以蛮溪绿石镌”的诗句。宋代黄庭坚《答王道济寺丞观许道宁山水图》诗：“往逢醉许在长安，蛮溪大砚磨松烟。”后经元、明两代艺人努力，制砚技艺得到进一步提高，因被明朝列为贡品而闻名遐迩。清洪吉亮《乾隆府厅州县图志》记：“思州府，土贡：葛、铅、铁、金星石、朱砂、水银、蜡、菊、木瓜、竹鸡。”清代《思州府志》亦记载，康熙皇帝把当作贡品的思州金星石砚纳为御砚，是当地历代官府进奉朝臣的必备贡品。清末时，思州砚已开始流传至国外，特别是在日本深受欢迎。抗战时期，贵州作为大后方，迁来的学校、工厂、商行很多，更是文人学者云集之处，这极大地刺激了思州砚的生产，当时制砚作坊遍及星石潭一带，几乎家家都有制砚的能手，使思州砚达到鼎盛时期，在砚林占有重要的一席。周恩来总理生前喜用的两方石砚中，就有一方是伴随他多年的思州砚。思州砚在 20 世纪 40 年代一度衰落，直到 1960 年在周恩来总理多次关怀下，思州砚正式恢复生产。

2005 年 12 月，思州砚制作技艺被列入贵州省第一批省级非物质文化遗产名录。

图 2-22-1　鼓韵蝉音砚

图 2-22-2　二龙戏珠砚

图 2-22-3　瑞兽砚

二、织金石砚

织金石砚，产于贵州省织金县。相传为清同治年间织金县秀才黄乾昌首创，已经有100多年的历史。黄乾昌年幼时即爱好雕刻，后科场屡试不中，便专攻砚艺。织金石砚在清光绪年间被列为贡砚，供皇胄大臣使用。

织金石砚用贵州织金晶墨玉石材精制而成，是贵州大理石的一种，形成于二叠纪。石色呈青、红色，石质坚而细润，具有发墨益毫、贮墨不涸的特点。石砚加盖以后，抗热耐寒，夏日不干，寒冬不冻，所以带盖砚成为织金砚最突出的特点。

织金石砚的雕刻艺术风格，以浮雕和镂雕见长，又以镂空雕最为突出，其造型、构图、雕刻等方面均具浓厚的生活情趣和地方特色，颇受文人墨客喜爱。

黄乾昌兄弟俩以晶墨玉为石料，先由画师用白粉以中国画手法在石砚上绘画，继由艺人按图雕凿，刻出一定的深度与明暗虚实。然后用石绿、白粉、石黄、朱磦等石粉颜料拌和黏结剂填入石槽，凝固后再经研磨抛光。此种手法兼具木刻、版画、篆刻、浮雕的优点，同时还吸取了收、放、推、翻、滚、触等特殊技巧，使漆黑大理石发光，画面浓淡相宜，深浅过渡得当，似天然生成的隐花暗纹。这种焊石工艺，使画面上的山水花鸟、

图 2-22-4　喜上梅梢砚（带盖）

图 2-22-5　梅竹砚（带盖）

图 2-22-6　金竹盖砚（正、背）

飞禽走兽形态逼真，栩栩如生，富丽典雅。（图 2-22-4 至图 2-22-6）

织金石砚从清朝光绪年间至民国一直盛产不衰，特别是抗日战争时期更加昌盛，因贵州是抗战的大后方，文人墨客云集贵阳，可以说是织金砚制作史上的黄金时代。抗日战争结束后，内战爆发，迫使制砚作坊倒闭，砚雕艺人改行。一直到 20 世纪 50 年代初，织金石砚才得到了新生，恢复生产。目前各类产品在全国工艺美术展览会上多次获奖，组织出口后深受国外消费者的欢迎。

三、紫袍玉带石砚

紫袍玉带石砚产于贵州省江口县及印江县，石出梵净山区西南麓的牛尾河畔。因砚石有紫绿相间或相叠，称“紫袍玉带”。通体为紫色，称“紫袍”。中间夹有青绿石层的，称“玉带”。（图 2-22-7 至图 2-22-9）

紫袍玉带石，存在于前震旦区域变质岩地层中，属绢云母千枚岩，硬度为摩氏 3 度至 3.5 度。砚石已有 10 亿年至 14 亿年的成矿史，集万物之精华，吸佛地之灵气，是一种由多层绿玉石和紫红色石间镶而形成的多层彩色宝石，属石中珍品，为中国一绝。

紫袍玉带石砚，石质细腻平滑，带天然光泽，层次分明，具有较高的艺术观赏性和实用性。古往今来，在中国的传统观念中，紫色代表吉祥之色，所谓紫气东来；大红大紫又是民间历来宠爱的色彩，用来寄托希望，正谓福禄荣华，即绵延子孙，

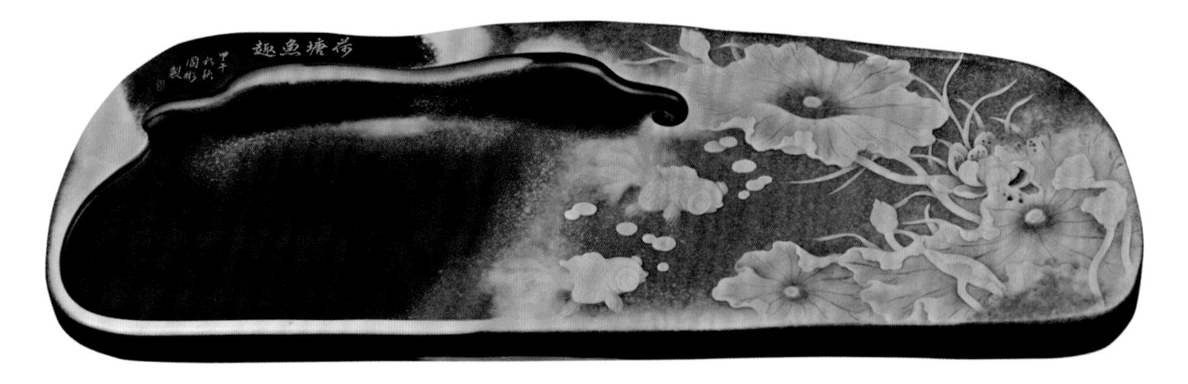

图 2-22-7　荷塘鱼趣砚

升官进爵，玉带横腰，如意吉祥。故紫袍玉带石广受人们的喜爱，并将其作为贡品进献皇帝。

紫袍玉带石雕工艺的历史渊源无文字记载，关于它的传说有两种。一是明代朱氏皇族后代因避祸乱隐于梵净山中，偶然发现此石与自身衣袍颜色一样，中间还夹有浅绿色玉带，取而观之，爱不释手，遂令工匠做成饰物，每日观赏，十分欢喜，将其命名为“紫袍玉带石”。另一说法是，明万历二十八年，明帅刘綎率十万大军平定播州杨应龙叛乱，凯旋路上过印江时，见用该石所作的文房四宝及各种小饰物，甚是喜爱，于是将这些石雕带回南京，并以暗示其平播凯旋、官运亨通的“紫袍玉带”命之。

1962 年，印江石雕艺人用紫袍玉带石制作的《九层宝塔》至今仍陈列在人民大会堂。

图 2-22-8　金玉满堂砚

图 2-22-9　黄果树瀑布砚（带盒）

四、龙溪石砚

龙溪石砚，产于贵州省黔西南的普安县，石出城西九龙山叮咚窑的多条溪流中。《普安县志》记载：“城西县治祖山九龙山，山腰有洞‘叮咚窑’，洞中有水，曰‘龙溪’，产石。琢石为砚，温润而泽，文人宝之，取名‘龙溪砚’。”

龙溪石属距今约 10 亿年以上的沉积岩，硬度在摩氏 3.5 度至 4 度之间。石质致密细腻，下墨快、发墨佳，是较好的制砚材料。龙溪石的颜色有绿豆石、猪肝石两种，其中绿豆石有青绿、墨绿、粉绿等区别，猪肝石也有赭石、熟褐、深棕和浅棕等色，石料上都有木纹状和云纹状等纹理。此外，还有一种青绿色和熟褐色相混合的石料，因十分稀少而较为名贵。

以龙溪石制砚起于何时，目前尚无定论，发端当早于清代。明洪武七年（1374）中原汉文化传入普安。清乾隆年间，拔贡张良夔潜心研习龙溪砚传统雕刻技艺并广为传授。晚清重臣张之洞曾在贵州省黔西南州度过他的少年时光。11 岁时，其父张锳时任兴义（今黔西南州）知府。张锳治下的普安县令高士如，送了张之洞一方普安龙溪石砚。张之洞甚喜，模仿《捕蛇者说》作《龙溪砚记》，称：“普安有龙溪者，产异石，质青而泽，可为砚。使经名士之品题，不啻与玉质金星并重，乃生遐荒，伏草莽，美而弗彰，亦已久矣。……龙溪石砚，既墨而津，金声玉德，磨而不磷。高君获之，乃玩乃珍，泼墨濡毫，献策枫宸。顽石非灵，灵因其人，得一知己，千古嶙峋。”并称赞龙溪石砚“摩挲如缎子，磨墨如锉子，无墨呵口气，能写百余字”。

有资料称，清时龙溪石砚已经在贵州、云南等地广泛销售，很多各地的文人墨客慕名而来寻找，一时传为佳话。可见龙溪石砚的肇始应在清早期或清代之前。民国二十八年（1939）普安人沈锡伯设立龙溪石坊，大批量生产龙溪砚。到20世纪六七十年代这一优秀技艺几近失传，自20世纪80年代后又重新恢复了生产，并使龙溪石砚在各方面上了一个新的台阶。（图2-22-10至图2-22-12）

龙溪石砚多清丽小巧之作，形制有外方内圆形、荷叶形、腰形等，形成云龙砚、山水砚、人物砚、书法印痕砚四大体系。工艺上以浮雕手法为主，辅以少量透雕、圆雕和线刻手法。

2009年9月，龙溪石砚制作技艺被列入贵州省第三批省级非物质文化遗产名录。

图2-22-10　金雕砚

图 2-22-11　海棠池夔龙纹仿古砚

图 2-22-12　太史砚

第二十三节　云南省

一、凤羽砚

凤羽砚，砚石产于被称誉为“凤凰之乡”的云南省大理市洱源县凤羽镇起凤村鸟吊山。相传镇名凤羽即因“凤毂于此，百鸟集吊，羽化而成”而名，砚以地得名。

凤羽石属粉砂质板岩，赋存于震旦系地层中。石呈灰绿色，无明显纹理，洁净无瑕，赏心悦目。凤羽砚石质细腻，条理顺直，有温润似“寿山”、细腻如“田黄”之称。易发墨，不吸水，冬不结霜，夏不蒸发，无异味，四季得水。

凤羽砚采取传统工艺，纯手工雕刻而成。制作考究，古朴大方，雕镂精细，造型别致，不仅具有较强的实用性，而且还有较高的欣赏价值和收藏价值，被昆明世博园、云南博物馆收藏。凤羽砚制作完成后，可直接使用。但按传统工艺，需用食用菜油多次涂抹，涂抹后其颜色由青黑色或青灰色变为黑色或青黑色，不仅美观而且能延长使用寿命。如放置时间过长，菜油风干，产品泛白，重复涂抹菜油即可。

凤羽砚的造型以仿动物形和随形为主，自然古朴，美观大方，上刻“龙凤呈祥”“丹凤朝阳”“松鹤延年”“岁寒三友”等传统吉祥图案，极富民族地方特色。雕刻以深雕、圆雕手法为主，辅以浮雕、镂空雕手法，刻画细致、刀法娴熟、巧夺天工。凤羽砚大多配有砚盖，有利于墨汁长时间保持不干。（图 2-23-1 至图 2-23-3）

据史料记载，凤羽砚始于清顺治年间，已有 300 多年的历史。相传凤羽镇起凤村人杨必登到洱源赶集，途经山关发现了凤羽石并开始制砚。后由于社会动荡、经济萧条、文化落后等原因，使这一民族艺术瑰宝几乎绝灭，直到改革开放后才得到重新开发，不仅生产规模较大，影响也较广，成为云南省重要的工艺品和旅游纪念品，畅销国内外，受到中外宾客的好评和欢迎。

图 2-23-1　二龙戏珠砚（带盖）

图 2-23-2　龙云砚

图 2-23-3　生肖马（带盖）

二、点苍石砚

点苍石出自云南省大理市雄峙云岭的点苍山，以点苍石为砚，即称点苍石砚。

点苍石严格地说是大理石的一种，所以成砚也称大理石砚。点苍山大理石是点苍山特有的一种奇石，由石灰岩经千万年的地质变化而形成，色乳白，有黄斑缀其上，形成瑰丽多姿的花纹。石质细滑，叩之金声，是一种上等的建筑装饰和雕刻的原材料。

以点苍石制砚，因过于细滑，下墨、发墨的效果都不甚好，一般用来做朱批，更多的还是用于观赏，因而其产量较之用同样石材所制的花瓶、笔筒、烟缸、插屏等工艺品相差甚远。故章鸿剑在《石雅》中又称之为“文石”，民间用于柱础故称“础石”，因大理古称榆城而名“榆石”，大理古有“天竺妙香国”之称因而此石又名“天竺石”。

点苍石砚的历史不详，但确有点苍石古砚的存在。目前在当地旅游景点有售方形、圆形带盖的砚台，但制作粗糙，不堪实用。（图 2-23-4）

2009 年，大理石制作技艺被列入云南省第二批省级非物质文化遗产名录。

图 2-23-4　大理石盖砚

三、石屏石砚

石屏石砚产于云南省南部的石屏县，其红河边的砚瓦山产紫石，可用以制砚，砚因地而得名，也称石屏紫石砚。又因明代石屏知州余秉清有诗《碧山鸲砚》，又称碧山鸲砚。

据《石屏县志》介绍，石屏城西南砚瓦山产紫石，色如马肝，不柔不刚，颇发墨，可作砚材。纹理精密细致，属片页状岩石，可像书本一样一张张揭开，一层层剥离。用此石制成的紫石砚，质坚不易碎，细而不滑，磨墨细润无声，贮墨不易挥发，字迹润泽透亮，颇受文人雅士喜爱。石屏石色泽深紫纯净，间有层状绿色，与贺兰石、易水石、苴却石等大致相近。（图 2-23-5、图 2-23-6）

图 2-23-5　双鹊探梅砚

以石屏石制砚史料没有记载，可能与明洪武年间沐英留滇屯田、汉文化南迁有关，至少应不晚于明代。明代石屏知州余秉清有诗《碧山鸲砚》，称赞紫石曰：“南山美产胜端溪，磨琢功成世所稀。曾说昔年廉介士，行装未肯一持归。”从这首简短的诗句中不难看出石屏砚瓦山盛产紫石的悠久历史。清末袁嘉谷在《异龙湖歌》诗中有“砚石龙肝割”的句子称颂石屏石。其质地温润细腻、软硬适中，宜于雕刻，故被用来刻砚及其他工艺品。旧时石屏紫石与大理点苍石、武定狮山石并称“滇中三石”。

石屏石砚近年来仍有产出，基本上是规矩形小砚，保持着传统的砚式，纹饰多取吉祥寓意图案，雕刻多样，红绿色层作巧色剔刻，风格粗放。时至今日，在石屏还有一条街被称作紫砚街，傣族阿少雄等一批新生代的传承人，也还在传承发展石屏紫石砚文化。

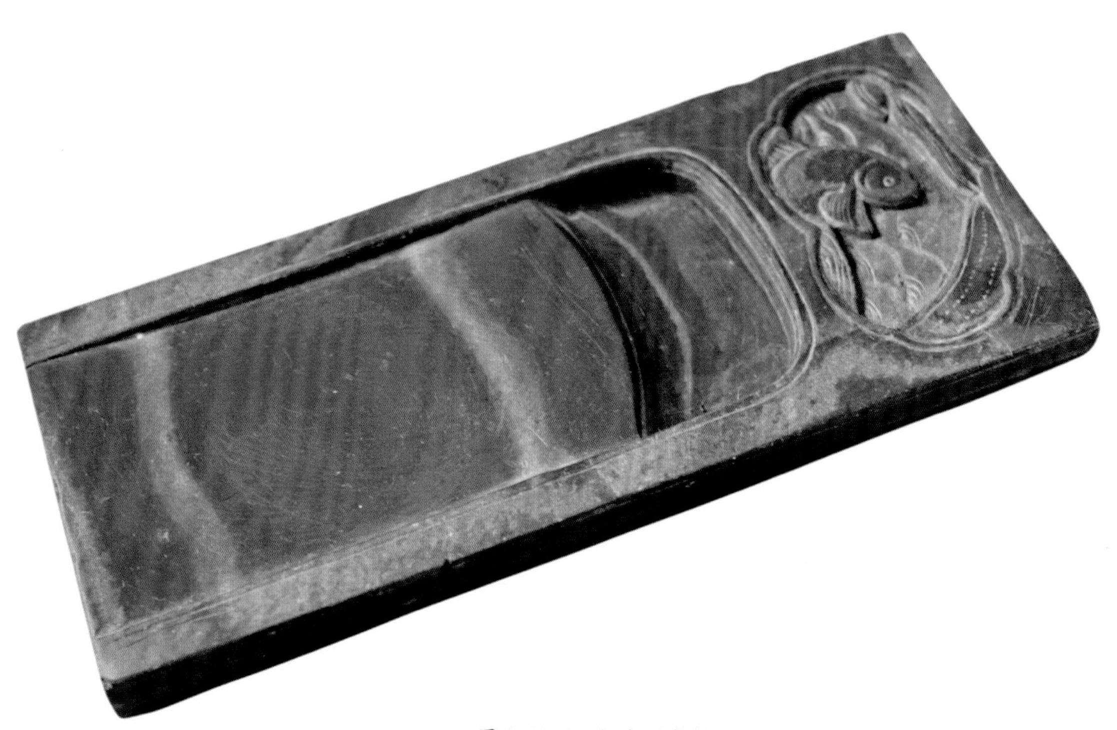

图 2-23-6　鲤鱼跃龙门

第二十四节　西藏自治区

仁布砚

仁布砚产于西藏自治区雅鲁藏布江中游的仁布县，砚因地而得名，是西藏自治区生产的唯一砚种。“仁布”藏语语意为“多宝、聚宝”的意思。

仁布砚的砚材为镁绿泥石岩，其矿物成分主要是镁绿泥石，含量高达90%以上，其余为绿泥石、绿帘石、磷灰石等，呈暗绿、灰绿、浅绿等色，微透明，略有油脂光泽，质地细腻，且具有韧性，硬度为摩氏3度左右，当地称为仁布玉。仁布玉为软玉，适于雕刻琢磨成各种工艺品，极富西藏的民族特色，用来制砚即为仁布砚，具有贮水不涸、便于研墨的特点，更适合研磨朱砂，是一种非常珍贵的文房用品。

仁布玉的开采、加工已有600多年的历史，但仁布玉制砚历史记载不详。由于历史原因和交通的不便，我国历代有关砚台的著作，均无关于西藏产砚石及仁布砚的记载，流传下来的仁布砚数量也极少，故人们对其认知也不多。目前，仁布县玉石雕刻厂有制作仁布砚，但制式、工艺及砚台的功能相对欠佳，只是一种工艺品摆件。（图2-24-1、图2-24-2）

图 2-24-1　龙砚（带盖）

图 2-24-2　二龙戏珠砚

第二十五节　陕西省

一、富平墨玉砚

富平墨玉砚砚石产于陕西省富平县北部山区，其色黑质腻、纹理精细、光洁莹润，抚之若肌，被称为墨玉，故以其制砚称富平墨玉砚。

富平墨玉自秦汉时即有开采，据当地县志载："县北产矿石，诸郡县采者即至，可镌字，琢磨，人号墨玉。"其硬度为摩氏 4 度左右，素为雕刻、制砚的上佳良材，西安碑林馆藏石碑很多都是用富平墨玉所刻，如秦代李斯的《峄山刻石碑》、东汉的《曹全碑》、唐代欧阳询的《皇甫诞碑》、颜真卿的《多宝塔碑》、柳公权的《玄秘塔碑》等。

图 2-25-1　龙砚（带盖）

图 2-25-2　人间仙境砚

富平墨玉砚留传下来的历史遗存极少，也未见文献记载。目前，市场上有新出，多为带盖雕砚，并与笔筒、镇纸等文房用品成套销售。（图 2-25-1、图 2-25-2）

二、岐阳砚

岐阳砚，也称岐山砚，产自陕西省宝鸡市岐山县的岐山南麓，石出距岐山县城东北约 20 千米的角山南沟。岐山县地处古丝绸之路、现代欧亚大陆桥沿线的关中西部，宝鸡市境东北部。北接麟游县，南连太白县，东与扶风、眉县接壤，西同凤翔县、陈仓区毗邻。唐贞观七年（633）分岐山、扶风二县，于今陕西岐山县东北岐阳村设岐阳县。元和三年（808）岐阳县入岐山、扶风二县。

岐山砚石质纯洁细腻，发墨不浮，经久不涸。清代学者吕留良在《天盖楼砚述》中描述，“岐阳砚产于陕，有火捺纹，以石质细腻光滑者为佳。红色而刚燥者为次品。亦有灰色如端者，并有玉带纹，其质较他石为坚也”。（图 2-25-3、图 2-25-4）

岐阳砚制作精细，造型古朴。传统雕刻内容为鸳鸯戏水、五福捧寿、犀牛望月等，图案显得雅致大方，栩栩如生。砚侧多饰以狮虎纹、云雀纹、几何纹等。

国内收藏市场上发现最早的岐阳砚产自宋代。明末清初，岐阳砚曾盛极一时，年产超过 20 万方，行销西北各省，在西北地区独树一帜，被称为“陕西一宝”。近代因石材渐趋枯竭，岐阳砚也逐步衰落。目前岐阳砚只有少量生产。

图 2-25-3　灬雨石鼓砚

图 2-25-4　汧沔石鼓砚

第二十六节　甘肃省

一、栗亭砚

栗亭砚产于甘肃省徽县。因历史上徽县地区内的伏镇、栗川、泥阳等地属栗亭县，砚因地而得名，是甘肃省的历史名砚之一。

栗亭石出自今伏镇、泥阳与游龙交界之处。这里河谷幽深、山脉绵长，大自然的灵气造就了卓越的砚材，使栗亭石肌理柔嫩如美人之肌肤，质地润泽如昆仑之美玉，呵气成雾，久磨不乏，发墨益笔，贮水不涸，具有极好的使用价值。而栗亭石的纹色更是绚丽多彩，其栗色如端，黑色如歙，绿色如洮河，黄色如澄泥，又有白色或金色的条纹，既如端砚之金银线和冰纹，又像歙砚之水浪和眉纹，还伴有金星点点，具有很高的观赏价值，是制砚不可多得的良材。

栗亭砚兴盛于宋代，已有1000多年历史。宋代米芾在其《砚史》中记载："栗亭石，色青，有铜点，大如指，理慢，发墨不乏，亦有瓦砾之象。"然而历经战乱，世事沧桑，栗亭砚最终沉没于历史长河之中，不为后人所知。而唐代诗人李白《殷十一赠栗冈砚》诗中的栗冈砚，究竟与栗亭砚和栗玉砚是何关系，目前无确切的解释。

21世纪初，陇南、成县、徽县等地制砚人曾先后探查古产地，终无发现。直到2006年徽县文化部门调集有关人员在县境内进行了详尽的实地考察，历经一年多的艰苦工作，终于在伏镇郭家庄附近找到了栗亭砚石老坑产地，并邀请外地制砚艺人雕刻样品，在省内的各种节、会上展示，反响十分强烈。

重获新生的栗亭砚在继承传统的基础上又有了很大的发展，它既继承了传统的工艺，又结合自身纹色的特点，还广泛吸收了端、歙、洮等名砚的创作理念和表现手法，随石赋形，因材施艺，巧妙地运用了浮雕、圆雕、透雕的技法，使栗亭砚初步形成了造型奇绝、雕刻细腻、俏色精妙、富含天趣的独特风格。（图 2-26-1、图 2-26-2）

2017 年，敦煌文博园内设立了 3200 平方米的栗亭砚馆，收藏栗亭砚 3000 件。

2017 年 10 月，栗亭砚制作技艺被列入第四批甘肃省非物质文化遗产代表性项目名录。

图 2-26-1 龙砚（带盖）

图 2-26-2　彩云追月砚

二、栗玉砚

栗玉砚，砚石同栗亭砚一样产于甘肃省陇南市徽县的伏镇、栗川、泥阳等地（古属栗亭县）。陇南市武都区城关镇、安化镇、龙坝乡，陇南市西和县的大桥乡、龙凤乡，陇南市成县等都有栗玉砚雕刻的传统，其与栗亭砚雕刻风格也完全一致。为此，有一种意见认为，栗玉砚与栗亭砚是同一砚种的两个名称。但宋代米芾《砚史》中将“栗亭石”与“栗玉砚”分别列条予以记载和描述，一为“成州栗亭石色青，有铜点，大如指，理慢，发墨不乏，亦有瓦砾之象”，一为“成州栗玉砚，理坚，色如栗，不甚着墨，为器甚佳”，说明两种砚的质地是不相同的，而且徽县将所制之砚称栗亭砚，相邻的成县、武都则多称栗玉砚。栗玉砚质地坚硬如玉，颜色如同野栗色。清乾隆年间的著名鉴赏家沈青崖在《洮河砚诗》中赞美洮砚时有“肌如蕉叶嫩，色比栗亭深”之句，指洮石中的瓜皮黄洮砚比栗亭所产的“栗玉砚”的颜色要深一些。因色质之异，所成砚品分称为栗亭砚、栗玉砚。

2011 年 3 月，武都栗玉砚制作技艺被列入甘肃省第三批省级非物质文化遗产名录。

三、嘉峪石砚

嘉峪石砚，也称嘉峪关石砚，产于甘肃省嘉峪关市。石出市西北嘉峪山后的黑山峡深处，故又称黑山石砚。

嘉峪石砚历史悠久。清代常钧《敦煌杂抄》一书记载："嘉峪山石，可做砚。青色紫，与崆峒、栗亭砚相仿。"据《肃州志》载，早在魏晋时期，人们就已经开始采用黑山岩石制砚磨墨了。现存于甘肃省博物馆的明嘉靖年间兵部尚书、兰州人彭泽的墓中出土的一方古琴形石砚，颜色纯正，造型古朴，雕工精细，砚背镌有"嘉峪石砚"四字铭文，是目前见到最早的嘉峪石砚。

嘉峪石存在于古生代奥陶系地层中，属泥质板岩，硬度在摩氏 4 度左右。嘉峪石砚石质致密，温润如玉，质坚而细，扣之有声，发墨快而不损毫，储墨久而不干，是文房四宝之佳品。纹理清晰，色彩绚丽。有青、绿、黄、赤、浅绿、灰绿、褐等色。是西北地区的制砚良材，在历史上曾被文人推崇。

嘉峪石砚在雕刻艺术上既保持了传统特色，又具有对现代意识的探索，大多采用综合性工艺，用透雕、浮雕、圆雕等技法，同时具有地方玉雕、卵石雕等特色，并且吸收了敦煌艺术的长处。其造型有仿古砚、自然砚、规格砚等，图案多种多样，有神话传说、山水、花鸟等。制作生产的龙凤砚、八仙砚、古币砚、寿星砚、竹节砚、钟砚、琴砚、龟砚等，极具鉴赏收藏价值，深受国内外宾客的青睐。（图 2-26-3 至图 2-26-5）

2011 年 3 月，嘉峪关石砚制作技艺被列入甘肃省第三批省级非物质文化遗产名录。

图 2-26-3　蛇砚（带盖）

图 2-26-4　门字砚

图 2-26-5　一指池砚（正、背）

四、岷县石砚

岷县石砚，砚石产于甘肃省岷县西江乡和禾驮乡，又分别称西江石砚、禾驮石砚。

岷县石有两种，一种是红绿两色相间的阴阳石、鸳鸯石，也叫双色石、西江石；另一种是单色绿石，偏灰绿，是禾驮石。岷县石砚砚石从 1995 年左右开始开采，开采历史只有 20 几年的时间，其产地距洮砚产地喇嘛崖、水泉湾等相距 50 千米，完全属于不同的矿带。其硬度低，有易变形、变色、开裂等缺点，加上表层渗墨，并非理想的砚材。岷县石的主流是阴阳石，色彩华丽，极适于巧雕。（图 2-26-6、图 2-26-7）

也有人说，岷县西江石，石质不差，因与喇嘛崖相距几十千米，又在洮河流域之上，故历史记载属洮砚石的一种。也有人把禾驮沟、西江与纳儿、卡日山，作为洮砚的坑口之一。

图 2-26-6　西江石盖砚

图 2-26-7　独钓寒江雪砚

第二十七节　青海省

青海石砚

青海石砚产于青海省黄南藏族自治州泽库县。石呈暗绿色，阳光下隐约可见深色条纹，雅致沉稳，与甘肃的洮河石和嘉峪石相近，硬度适中，为摩氏3.5度左右。结构细腻，下墨、发墨好，易于雕刻，故被选来制砚，是近年来新开发的砚种。（图2-27-1）

由于青海当地没有制砚行业，所以砚石多被甘肃洮砚产地的人买走，有的甚至以此冒充洮砚，应注意加以识别。

青海石砚现有少量产出，其详细资料欠缺。作为一个砚种，收录于此供参考。

图2-27-1　淌池砚

第二十八节　宁夏回族自治区

贺兰砚

贺兰砚产于宁夏银川，石出贺兰山东麓笔架山。据考证，贺兰石已三易采地。清乾隆年间在笔架山前沟开采，清末在后沟找到了优异石层，今天我们还可以在这里见到旧时采石洞的遗迹。现今则移到贺兰山山脊处的小口子沟沟源，这里石质更优，蕴量丰富。

贺兰石是经区域变质作用而生成的粉砂质泥质黏板岩，赋存于震旦系地层中，硬度约为摩氏 3.5 度。贺兰石质地细腻，色泽清雅莹润，往往紫中嵌绿、绿中附紫，坚而可雕，刚柔相宜，发墨、存墨、益毫耐用。以天然深紫色和豆绿为主色调，被称为“紫底”和“绿彩”，有紫色和绿色呈条带状，称为紫袍玉带。还有云纹、眉纹、银线、石眼等，常有似云、似月、似水、似山的图案，雅趣天成。贺兰砚不吸水，易发墨，不损毫，深受文人墨客的推崇和喜爱。（图 2-28-1 至图 2-28-5）

贺兰砚的雕刻特点既有北方粗犷豪放的风格，又有南方细腻的神韵。砚人往往根据石料的质地、色彩、纹理走向、大小、厚薄等不同的特点，设计不同的雕刻内容，以充分发挥其纹色的特点，用俏色产生独特的艺术效果。在继承和发扬的基础上，贺兰砚借鉴了牙雕、玉雕等姐妹雕刻艺术的优点，发展为浅浮雕、圆雕、镂空雕相结合等技法，形象逼真、气韵生动、线条圆润、刀法细腻，达到很高的艺术水准。

贺兰砚的造型及图案，跳出了装饰范围，内容广泛。其图案有神话传说、山水花鸟等百余种。而且贺兰石砚利用它的天然双色，交相掩映，更显得美观大方，绝妙非常。

贺兰砚始于清康熙年间，已有300多年历史。《宁夏府志》中记载："笔架山在贺兰山小滚钟口，三峰矗立，宛如笔架，下出紫石可为砚，俗呼贺兰端。"在晚清光绪年间，贺兰石受到新任宁夏道台谢威风的青睐，曾招南方制砚名手，传技于当地，使贺兰砚更具有独特的风格。在长期的实践中，艺人们不断总结提高制作方法，使石砚雕刻技艺日臻完善。清末宁夏知府赵惟熙曾为贺兰石砚题诗说："贺兰富研材，堆砌成小山。夙有临池兴，薄书倘余间。"宁夏回族自治区为祝贺1997年香港特别行政区回归而备的礼品，就是用贺兰石制作的石砚《牧归》，为祝贺澳门特别行政区政府成立赠送的礼品也是贺兰石雕《九羊启泰凤归图》。

2011年5月，贺兰砚制作技艺被列入第三批国家级非物质文化遗产项目扩展名录。阎森林被确定为国家级非物质文化遗产代表性传承人。

图 2-28-1　岁月无声砚

图 2-28-2　三羊开泰砚（带盖）

图 2-28-3　满园春色砚（带盖）

图 2-28-4　池趣砚

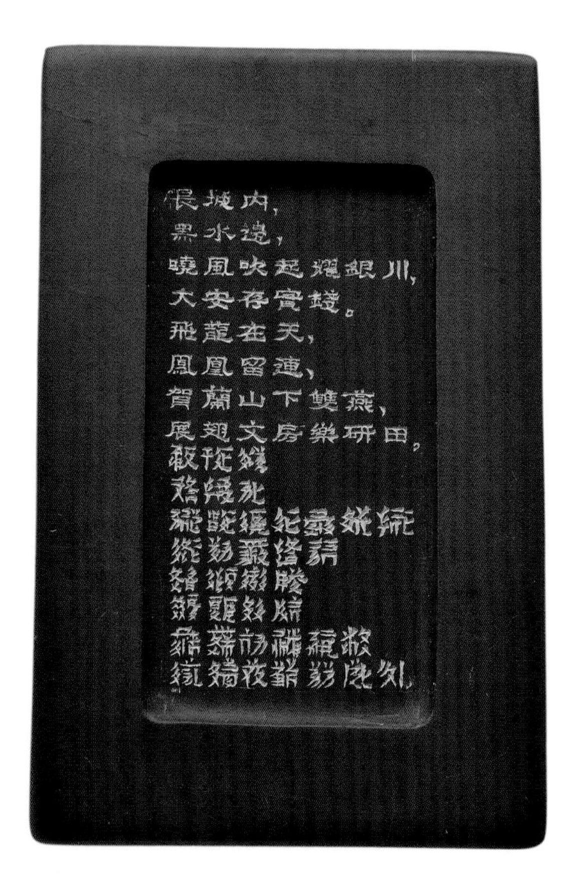

图 2-28-5　乐研田砚（正、背）

第二十九节　新疆维吾尔自治区

新疆泥石砚

新疆泥石是大漠戈壁石的一种，主要产于哈密市南 90 千米的南湖戈壁深处一个被称为“泥石坑”的地方，属于沉积岩中的泥岩或泥沙岩。

新疆泥石分为生泥石和熟泥石两大类，生泥石质地较粗，含有杂质，不被看好，熟泥石质地较为细润。熟泥石可用来制砚，称泥石砚，是新开发的砚种，填补了新疆无砚的空白。

新疆泥石颜色丰富，有棕、绿、黄、黑和杂色等。

新疆泥石砚少有生产，由端、歙、洮等地砚工偶尔得石加工成砚，且产量很小，所以市场上较为难见。（图 2-29-1、图 2-29-2）

图 2-29-1　石函砚（带盖）

图 2-29-2　天成砚

第三十节　台湾地区

一、螺溪砚

螺溪砚砚石产于台湾彰化县南40千米的东螺溪河床。螺溪砚，根据最早可见的文献记载，在《彰化县志》中，存有清嘉庆年间举人扬启元撰写的《东螺砚石记》："彰之南四十里有溪焉，源出内山，由水沙连下分四支，最北为东螺，溪产溪石，可裁为砚，色青而玄，质润而栗。有金砂、银砂、水波纹各种，亚于端溪之石。然多杂于砂砾之中，匿于泥涂之内，非明而择之不能见，一若披沙而拣金者……"螺溪石常年在溪水中冲刷浸泡，因此结构紧密，光滑细润，具有易于发墨、不染沙尘、贮水不干、严冬不冻、不伤笔毫、易于清洗的特点。其硬度在摩氏3度至4度左右，相当耐磨，即使用上数年，砚堂也不会出现凹陷情况，实为不可多得的制砚良材。

螺溪石，属变质岩中水成岩或火成岩。林长华在《台湾螺溪名砚》中描述砚石的色泽主要有黑色、灰色、褐色、紫色、浓绿色、浅蓝色，最让人称奇的是一石两色的，或内外各一色，或双色掺半，或多色混杂，甚至有花纹或斑点，多彩多姿，美不胜收。诗人林维朝赞颂："采自东螺绝壑间，瑰奇片石照人寒。光涵秋水疑龙卵，色濯春波类马肝。轻拂能蒸云幕幕，微呵常结露团团。圆池岂是寻常品，真可端溪一例看。"

连横在《台湾漫录》中撰有一篇名为《螺溪砚》的短文，记录了明代郑宁靖王朱术桂留下的一方螺溪砚，这是目前所知最早的一方螺溪石砚，可惜此砚已流落日本，不见

实物。（图 2-30-1 至图 2-30-6）

1949 年以后，台湾与大陆隔绝几十年，大陆所生产的各种名砚很难销往台湾，促使螺溪砚异军突起。现在，二水镇已成为知名的砚石城镇。那里生产的大批螺溪砚销售至中国香港、澳门地区以及日本、美国、东南亚和拉美等国家，深受客商欢迎。

以螺溪石制砚，绝大多数都是依其原始石形石乳来加以雕琢。图案简朴，刀法古拙，而且每方砚都留下一些天然石皮，使砚具有一种与众不同的天然之美。一些砚作还镌诗题铭，成为具有文化内涵、集实用和观赏为一体的艺术珍品，令海内外多少人士以能得到一方螺溪砚而为平生幸事。

图 2-30-1　祥龙献瑞砚

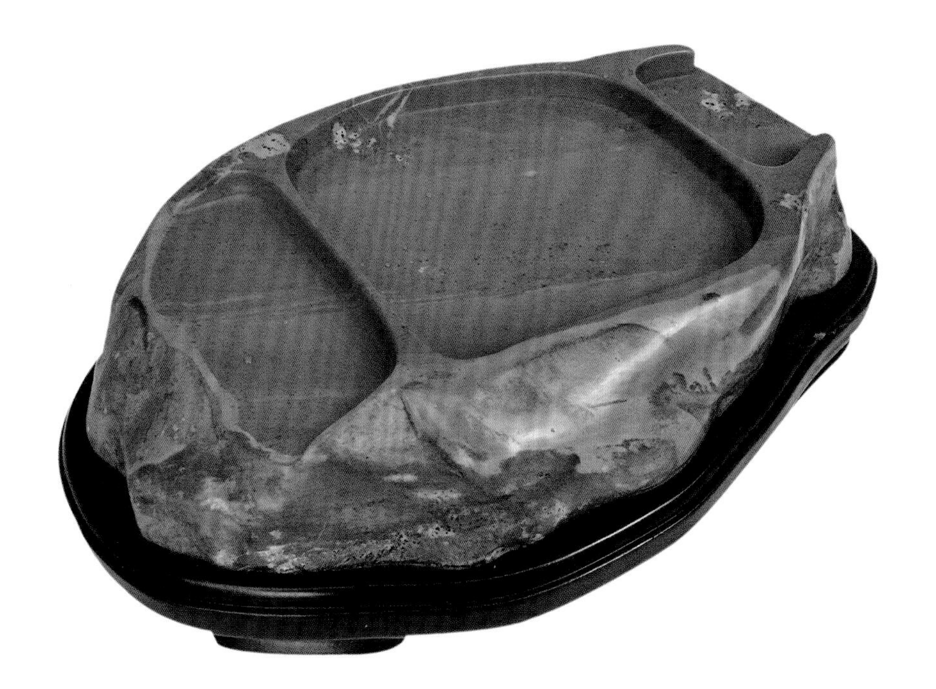

图 2-30-2　知足砚

图 2-30-3　串金串银砚

图 2-30-4　诸事如意砚

图 2-30-5　百年褴砚

图 2-30-6　羊羊如意砚

二、屏东铁丸砚

台湾屏东大武山沿山一带（北从荖浓溪、隘寮溪、万安溪、林边溪、枋山溪、枫港溪，南至保力溪）盛产铁丸石，因石质含带金属，故取其名。受气候影响产生氧化作用，石皮呈现褐色、古铜色，古朴典雅，更能令人感受到古朴的韵味。

铁丸石硬度达 3 度至 5 度，是制砚的好石材，可塑性非常好，除了雅石艺术欣赏、雕制砚台外，亦可在其他雕件创作中有很好的呈现。

百年前屏东就有砚石记录，如连横《台湾诗乘》部分诗词："傀儡之山有美石，小者如掌大如席……遂令山下少人行，石亦因之埋沙碛……今年有客贾其中，偶携片石压车轭。到家留作捣衣砧，敲扑崩余仅盈尺。我乍见之心暗惊，乞得归来更护惜。杜门十日亲琢磨，制成一砚方而泽。环腰痕似火捺红，数点斑如鸲眼碧。"傀儡山即是屏东北大武山，亦是铁丸石产地。

"环腰痕似火捺红，数点斑如鸲眼碧。"正是铁丸砚特有石皮钉眼的写照。铁丸砚最大的特色就是一石一砚及石皮上的天然图腾，在雕砚中应以不破坏石皮为原则精心设计。砚台石品有木纹、牛毛纹、钉眼（小金星、大金星）、金沙点等。色系以墨黑、灰黑为主。

屏东内埔雅石艺术联谊会极力推广铁丸砚，就是认准了它的独特性，无论在形、质、色上都涵盖了石之艺术性的基本条件。尤其在砚堂墨黑、砚缘石皮古铜色之对比上深具美感。铁丸砚蕴藏了艺术欣赏之价值，质地温润，研磨带腊，书写流畅，宜用、宜赏、宜藏。（图 2-30-7 至图 2-30-11）

图 2-30-7　枯木逢春砚

图 2-30-8　皓月当空砚

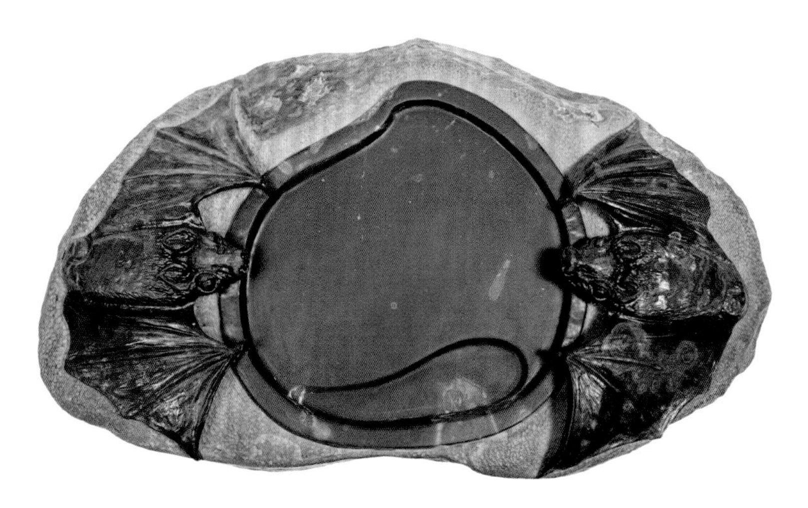

图 2-30-9　双蝠拱寿砚

图 2-30-10　金蟾砚

图 2-30-11　图腾砚

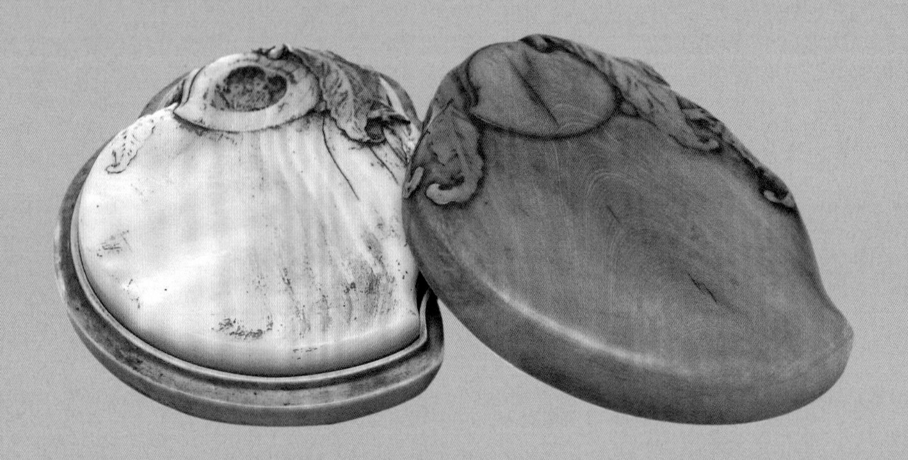

第三章

其他材质砚

炎黄子孙智慧勤奋，不仅就地取石镌为砚，更能千材百质治为砚。金银铜铁锡，陶瓷砖瓦泥，竹木琉璃玉，无所不能，无所不可，琳琅满目，美不胜收。千奇百怪、五彩缤纷的砚台品种，成就了中国文房一道亮丽的风景线。

第一节　烧制砚

一、砖瓦砚

砖瓦砚，顾名思义就是以砖瓦为材料雕制而成的砚。砖瓦砚与澄泥砚的质地尽管相近，但与澄泥砚的最大区别是，砖瓦砚是先烧制成砖瓦，后改制砚台，而澄泥砚是依砚烧制而成。

历史上的砖瓦砚多以秦砖汉瓦为材料（其他地区也有就地取材的），因为秦汉时，一些著名的宫殿建筑所用的砖瓦质量要求极其严格，泥土都经过反复淘洗，有时还要掺入一些金属物质，使质地坚实细腻，与烧制澄泥一样。砖瓦经高温烧制后，体重声清，用来制砚，有些比澄泥效果还好。

砖瓦制砚，首先要挑选砖瓦的品种。人们通过反复的实践认识到，秦代的周丰宫瓦、阿房宫瓦，汉代的未央宫瓦、长安瓦，曹魏时期的铜雀台砖，晋代的太康砖等都是秦汉砖瓦中的上乘之品，比其他时代和地方的砖瓦更适合制砚。清代朱栋《砚小史》说："阿房宫砖砚为蜜蜡色，肌理莹滑如玉，厚三寸，方可盈尺，颇发墨。"未央宫砖砚"色黄黑，形如肾，长六寸、阔四寸、厚一寸。扣之声清而坚，上有'建安十五年'阳字一行，上篆'海天初月'四字。"其次，挑选出的砖瓦还要调理其性，据说是先将古砖瓦置于容器中，用生油浸泡数月，待杂质尽去，质地致密温润，再加工成砚，自然软滑发墨，保湿利毫。

以砖瓦为砚，最早见于唐宋，盛行于清乾隆、嘉庆时期，大多为文人学者所刻。宋代高似孙《砚笺》中记载铜雀砚、汉砖砚20多种。以砖瓦制砚，为实用者，往往只刻个墨堂、墨池，能用来研墨即可。为了赏砚者，则会在形制和纹饰上都下一番功夫。秦汉砖瓦往往有年代、砖瓦名称及制造者姓名。砖瓦之面也普遍带有菱形、网形、龙形、线形等纹饰。

用砖瓦制砚，一般只在无纹处略加雕琢，多为简单的吉祥图案以及诗词、铭文等。形态古朴，不拘一格，是最具实用、观赏和收藏价值的文房用品，尤为文人墨客所喜爱，成为点缀书房、展示古风古趣的雅玩。（图3-1-1至图3-1-3）

图3-1-1　万历元年建制砚

图 3-1-2　大明遗风砚

图 3-1-3　斧形砚

二、石末砚

石末砚是一种将砚石碾成粉末，与水及其他矿物质混合起来重新烧结而成的一种砚。因主产于山东省青州、潍州而得名青州石末砚。唐宋时曾较为流行，广被使用。后晋刘昫《旧唐书·柳公绰传弟公权附传》：“常评砚，以青州石末为第一，言墨易冷，绛州黑砚次之。”欧阳修、苏东坡、蔡襄、李之彦等对青州石末砚均有好评，可见非同一般。宋代末年，随着石质砚的发展与应用，石末砚便停止烧制，又因其易碎，故流传下来的古砚非常稀少，知之者更少。石末砚是将“烂石”碾碎，然后澄细为石泥，制成砚形，入窑烧制为石末砚，其生产工艺基本与澄泥砚相同，只是原料有别。（图 3-1-4 至图 3-1-6）

近些年，河北廊坊石文堂石民和山西五台县雅艺斋的惠东存经反复研制，成功恢复了石末砚的生产。经试用，下发、保湿、护毫功能均与一般石砚不相上下。

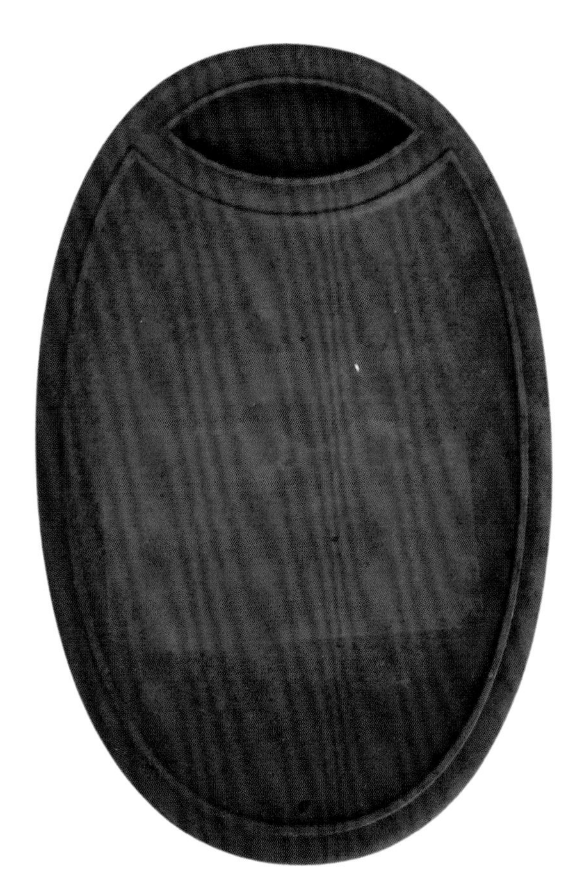

图 3-1-4　椭圆形砚

图 3-1-5　风字砚

图 3-1-6　仿古砚

三、陶砚

陶砚是指以泥土为胎，不施釉，经烧制而成的砚，亦称“缸砚”。始于汉代，兴于两晋时期。后历朝虽有烧制，但产量不大，影响也不大，更由于易破碎，故古陶砚保留到今天的不多。相传北宋时，四川一滕姓老人，能把破损的酿酒缸软化，割制成砚。苏轼曾将这类陶砚赠苏辙，苏辙撰有《缸砚赋》一篇。宋代米芾《砚史》：“陶砚，相州土人自制陶砚，在铜雀上，以熟绢二重淘泥澄之，取极细者，燔为砚。有色绿如春波者，或以黑白填为水纹，其理细滑，着墨不费笔，但微渗。”又载：“今杭州龙华寺收梁传大夫瓷砚一枚，甚大，磁褐色，心如鏊，环水如辟雍之制，下作浪花擢环近足处，而磨墨处无磁油，然殊着墨。”故宫博物院藏有汉代（有说唐代）十二峰陶砚，高足，砚面呈箕形，砚左、右、后三面塑有山峰，集实用性和观赏性于一体，非常奇异。陶砚今仍有零星生产，器型多为圆形带盖，纹饰简单。（图 3-1-7、图 3-1-8）

图 3-1-7　鹅形砚

图 3-1-8　鹌形砚

四、瓷砚

瓷器在我国历史悠久，其种类繁多、釉色丰富、造型优美、烧制精良，自出现之日起便与人们的生活密不可分。

以瓷器烧制瓷砚始于汉代，盛于西晋、南北朝时期，这期间多为青瓷砚。隋唐时期，由于石质砚逐渐受到重视，又具有无可替代的优势，瓷砚的发展受到一定影响，从主角变成了配角。隋代的瓷砚多为白瓷，唐代的多为黑瓷。宋代瓷器的生产重心移到江西景德镇后，瓷器的烧造技术有了很大提高，瓷砚也从单一釉色转变成以白色釉为底，上面以彩釉绘制图案的彩瓷砚。明清时期瓷器的生产技艺更是达到炉火纯青的地步，瓷砚也由彩瓷变成青花瓷。砚的形状也由最初的圆形带足砚发展到今天我们所见到的明、清瓷砚的样式。（图 3-1-9 至图 3-1-12）

瓷砚在砚堂中间研墨的地方不施釉，以便下墨，有的砚在砚侧和复手处有落款，清代的瓷砚还有的将砚堂制成空心，使用时可以注入热水，防止冬天砚池结冰。瓷砚虽然釉色漂亮，图案细腻，但质脆易碎，干燥欠润，使用功能不好，因此直到今天虽有产出，但多数是为观赏把玩之用，很少有人用其磨墨濡毫。除了江西景德镇外，福建德化、浙江龙泉、广东石湾、湖南醴陵等地也有瓷砚生产。

图 3-1-9　古丁纹砚

图 3-1-10　九桃砚

图 3-1-11　四君子砚

图 3-1-12　青花砚

五、紫砂砚

紫砂是产于江苏省宜兴市丁山镇的一种特殊陶土，因颜色大多呈紫色，故通称“紫泥”。

以紫砂制器，相传始于宋代，到明代中期逐渐兴旺，至清时更是达到高峰。紫砂砚应是由传统的茶具类器具发展而来，它除具有石砚发墨快、不损笔、易于洗涤的优点外，还具有极强的可塑性，适合制砚人因材施艺，充分发挥自己的艺术才能。

由于紫砂砚温润、素雅、手感极佳，所以也深受清宫皇室的钟爱。据说在康熙年间就已有紫砂砚生产，而在故宫博物院馆藏的几百件宜兴紫砂器精品中，就有不少宫廷紫砂砚，以雍正年间的为最早。现在紫砂砚还有生产，造型多为随形和仿物形，题材为花鸟虫鱼、吉祥图案等，雕刻带有浓郁的海派风格。（图 3-1-13 至图 3-1-15）

图 3-1-13　紫砂盖砚

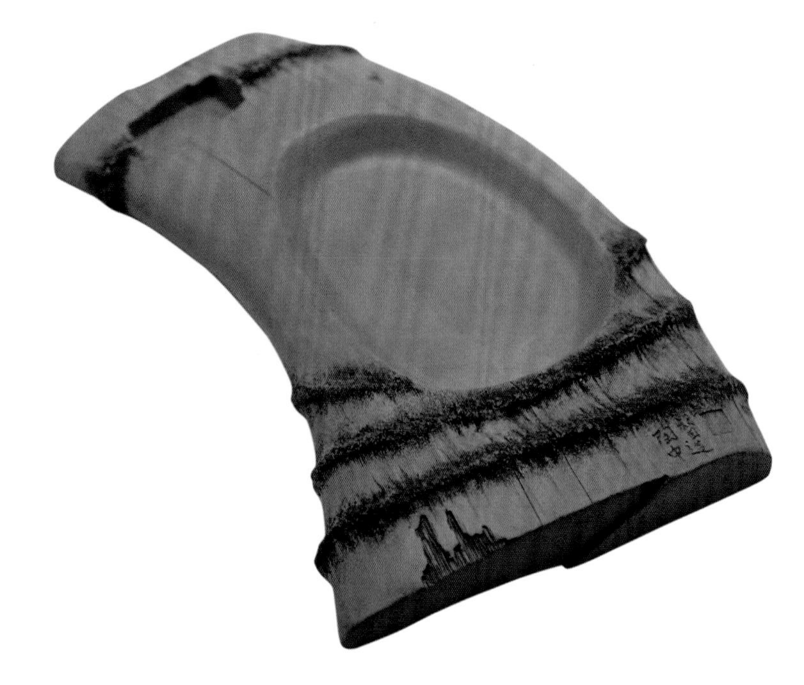

图 3-1-14　竹节砚

图 3-1-15　长方砚

六、紫澄砚

紫澄砚产于江苏宜兴，是一种创新型的砚种，砚作者将紫砂砚与澄泥砚的原材料及制作方法有机结合起来，使这种新型的紫澄砚不仅有紫砂砚的“粗”和“刚”，也有澄泥砚的“细”和“柔”，从而兼备了粗而不顽、细而不滑、刚不露骨、柔足任磨的特点。使用起来有下墨快、发墨好、蓄墨久、不损毫的优点，在性能上超过单纯的紫砂砚或澄泥砚，在色泽上也兼有二者的特点，艳而不浮，亮而沉稳。由于紫澄砚制作工艺较为复杂，又有紫砂砚和澄泥砚在前，故目前只有极少数人能够制作，产量也极少，市场上难得一见。（图 3-1-16）

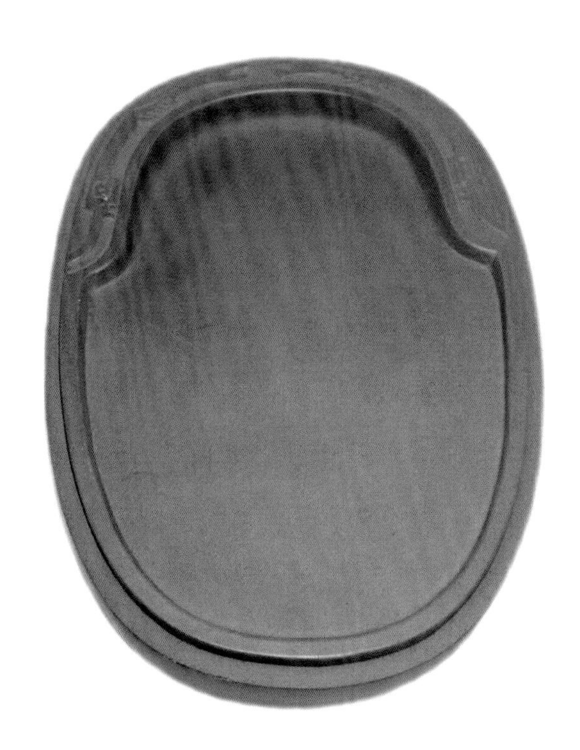

图 3-1-16　龙纹砚

第二节　竹木砚

一、木砚

以各种木材制作的砚，称为木砚。据考证木砚始于西汉，后各代均有出现。宋代苏易简《文房四谱》：“傅玄《砚赋》云：‘木贵其能软，石美其润坚。’因知古亦有木砚。”

由于木材毕竟较石材、金属、陶瓷等材质软，且吸水性强，又易于干燥开裂，故以其制砚，多用于观赏把玩，并无多大实用价值，因此，流传下来的古砚也很少。

木材质地软，可塑性强，木砚的雕刻适于各种器型、各种繁简纹饰及文字、印章等。比较著名的古代木砚有天津市博物馆收藏的清代“贯耳瓶形木砚”，此砚为大腹瓶形，有双耳，瓶腹为砚堂，瓶口凹下为砚池，造型别致轻巧，有一定艺术水准。木砚的材质多为硬木，如檀木、花梨木、鸡翅木等。（图 3-2-1 至图 3-2-3）

图 3-2-1　龙砚

图 3-2-2　富甲一方砚（带盖）

图 3-2-3　如意砚

二、漆砂砚

漆砂砚，属于漆器的一个品种，我国的江苏省、安徽省的一些漆器厂都有生产。

漆砂砚以优质木材做内坯，以生漆为主料，伴以金刚砂、瓷粉等矿物，经制胎、烧蓝、做地、涂漆、雕刻、做里、磨砂等工序得以完成。具有庄重古朴、美观大方、发墨保湿、经久耐用、质地轻盈、携带方便等特点，可与石砚相媲美。

漆砂砚的历史十分悠久。早在汉代就已达到十分兴旺发达的程度。漆砂砚到了宋代有了进一步发展，在很多漆器作坊中均可制作，漆砂砚也得以在社会上广为流传。宋代李之彦《砚谱》载：“《晋仪注》：太子纳妃，有漆砚。”但到了北宋末期的宋徽宗时代，由于种种原因，漆砂砚的工艺便已失传。

明清两代，漆器进入了空前繁荣的时期，扬州更是号称全国漆器制作中心，并先后涌现了著名漆艺大师卢映之、王国琛、卢葵生等人。也正是卢映之在清康熙五十六年（1717）恢复了宋代漆砂砚的制作工艺，仿制成功了失传数百年的漆砂砚。清道光六年（1826），著名学者顾广圻在其所著的《思适斋集》中评价漆砂砚：“有发墨之乐，无杀笔之苦，可与端歙媲美。”1840 年鸦片战争后，扬州漆业日趋萧条，点螺、檀梨木螺钿硬嵌等工艺相继失传，漆砂砚也最终被历史湮没。20 世纪 80 年代，江苏扬州、安徽屯溪漆器厂恢复了漆砂砚的生产。江西婺源大畈过氏漆器技艺已经传承三代，其所制漆器及漆砂砚被称为徽州过氏漆砂砚，为当代漆砂砚后起之秀。

漆砂砚的品种甚多，有的微红色似端砚，有的呈黑色如歙砚，有的淡绿色像洮砚，有的暗黄色若澄泥砚，再配以菠萝漆砚盒，古朴典雅，精美纤巧，深受国内外书画家、收藏家的好评和欢迎。（图 3-2-4、图 3-2-5）

图 3-2-4　醉翁亭砚（正、背）

图 3-2-5　竹塘砚（正、背）

三、竹砚

以各种竹子为材料制作的砚，称竹砚。据宋代李之彦《砚谱》记载：“《异物志》云，广南以竹为砚。”宋代苏易简《文房四谱》：“西域无纸笔，但有墨。彼人以墨磨之甚浓，贮以瓦合或竹节，即其砚也。”

如同木砚一样，竹子的质地也较石材、金属、陶瓷为软，制成砚后使用效果同样不佳，也容易开裂变形，不易保存。但由于竹子在人们心目中有“高节”“虚心”的“君子之风”，故常有文人墨客用来制砚，主要用于观赏把玩、寄托情怀，数量很少，历史遗存更少。近代有弘一法师制作的一方佳砚传世。

以竹为砚，多取坚老之竹直接截取为竹节形或瓦形，上挖墨堂、墨池即成，偶尔缀以草虫蜘蛛、竹叶竹枝，以增加砚之情趣。现有新制竹砚出，多为把玩。（图 3-2-6、图 3-2-7）

图 3-2-6　与天无极砚

图 3-2-7　仿西厓竹刻砚

第三节　金属砚

以金属制砚称金属砚，古已有之。主要有金砚、银砚、铜砚、铁砚、锡砚等，以铜砚为最多。金属大多数是作为砚石的装饰盒出现的，但到清末民国时期，也有直接以铜为匣的，匣盖内嵌一薄薄的砚石作研墨用，匣底则填上棉花等吸水物，浇入墨汁，随时蘸用，方便快捷。当然也有将金属砚制成和真砚一样的样子，但也只是“样子”而已，并不能真正用来研墨，更多的是用来装饰、观赏、把玩和收藏，只有铁砚质地较硬，造价低廉，尚可用来研墨。

一、银砚

金砚未见于市，银砚常可见。银砚始于三国，大抵为雅士富豪甚至王公贵族赏玩之物，并非实用之砚。至魏晋南北朝时期，进一步得到定型和发展。宋代高似孙《砚笺》：“傅元《砚赋》曰：‘锻金铁以为池。’十六国《春秋》：‘刘聪引帝入燕，从容谓曰：卿赠朕银砚，忆否。’魏武《杂物疏》：‘御物三十种，有纯银参带砚一枚。’”而内蒙古赤峰出土的辽代银砚、银笔筒、银盘和银洗成套的文房用具，出土时置于墓室内供桌上，砚台和笔洗中尚存积墨。这套银质文具比中原石质、瓷质、玉质文具更加质轻耐用，其中双连笔筒尤其具有特色，便于将毛笔随身携带，适合游牧生活需要。

拍卖公司和网络常有银砚上拍出让。目前也有银砚制作，大多为随形或椭圆形，带盖，

图 3-3-1　愿者上钩砚

砚面和盖雕刻山水、人物、龙凤等图案，作为工艺品销售。（图 3-3-1）

二、铜砚

铜砚始于秦汉。自汉以来，皆有铜铸的砚台制作，数量较少。江苏徐州出土有东汉铜兽形砚盒，上嵌有宝石，极精。宋代苏易简《文房四谱》:“东魏孝静帝有芝生铜砚。”宋代米芾《砚史》载 :“晋砚，见于晋顾恺之画者，有于天生叠石上刊人面者，有十蹄圆铜砚中如鏊者。”“又有人收古铜砚，一龟衔一砚如莲叶，两足，龟腹圆，墨水不可出，以笔头就之则出。”又载：“又丹阳人多于古冢得铜砚，三足蹄，有盖，不镂花，中陷一片陶，今人往往作砚于其中，翻以为匣也。”元代有用铜制成暖砚的，长方盒形，砚心下设有一抽屉，可能为盛热水暖砚之用。铜砚，通常都铸刻有饰纹。铜砚属于砚中别品，一般少用于研墨，多用于掭笔。以后历代皆有制作，或鎏金，但传世品甚罕。（图 3-3-2、图 3-3-3）

图 3-3-2　龟形砚

图 3-3-3　琴砚

三、铁砚

西汉时始以铁铸砚，故称铁砚，为金属砚之一种。汉代墓葬中普遍随葬有砚，辽金以后，有更多铁砚。藏于瓦房店市博物馆的辽金或元明时期铁砚，为一个整体铸件，呈长方形，通高 8 厘米。由砚面、四足和基座组成，砚面长 12 厘米，高 7.3 厘米。砚面与底座之间空通，前后各有一个 3.5 厘米 ×3 厘米的方孔相通，可由此取放炭火，两侧各有 2 个镂空的“卍”字图案作为通风孔，基座面的四角各有一个小孔，当为燃尽的炭灰下落之处。铁砚造型优美，构思巧妙。砚面光而不滑，发墨虽不如石砚，但因砚面下可置炭火炙烤，使得墨汁在寒冷的气候下不至于冻结，同时还可作为手炉使用，是石砚所不能企及的。

铁砚产生的历史很早，以铁为砚始自扬雄，《徐氏笔精》中载：“洪崖先生欲归河内，舍人刘守璋赠以扬雄铁砚。”晋时仍有铁砚的制作，前秦王嘉《拾遗记》中载：“张华造《博物志》成，晋武帝赠青铁砚，此铁于阗国所贡，铸铁为砚也。”宋代时，青州的熟铁砚颇能发墨，其制作为人们所称誉。而宋代李之彦《砚谱》中又有：“青州熟铁砚甚发墨，有柄可执，晋桑维翰铸生铁砚。”宋代吴淑《事类赋·什物部·砚》：“《洪涯先生传》曰：先生欲归河内，舍人刘守璋与道士吴恪、儒生张隐来谒，赠先生扬雄铁砚，并四皓鹿角枕。”但宋元铁砚传世甚少，传世以明清制品为多。此后，可见铁制暖砚。（图 3-3-4 至图 3-3-6）

图 3-3-4　月牙池暖砚（带盖）

图 3-3-5　王彦款报国砚

图 3-3-6　环纹印

四、锡砚

锡砚为金属砚之一种，多见于明清，那时制砚材质更加丰富。锡砚的用途如下：1. 官署用砚。明代谢肇淛《五杂俎·卷十二·物部四》记载："扬雄、桑维翰皆用铁砚，东魏孝静帝用铜砚，景龙文馆用银砚，今天下官署皆用锡砚，俗陋甚矣。"《随录卷之三》有录："盗奋然跃起。攫公案锡砚向公胸一掷，公痛仆地……"2. 学生用砚。清代阮葵生《茶余客话·教习学士供给》有录："教习学士到馆，旧例行工部给公座桌椅、锡砚、笔架、铜炙砚……"3. 官署行刑中使用。明朝的西四牌楼（即西市）、清朝的菜市口，都是处决死囚的刑场，也都是当时北京城繁华的地段。行刑当天搭上席棚，摆好案几，案上准备朱墨、锡砚和锡制笔架，笔架上搁放几支新笔，然后升座行刑，因为每杀一人，刽子手提上头来，监斩官按例要用朱笔在犯人头上点一点。4. 同期文学作品也出现锡砚的描述。明代董说著《西游补》第八回："（阎罗殿）案上摆着银朱锡砚一个，铜笔架上架着两管大红朱笔……"5. 冥器。为殉葬物品。（图 3-3-7、图 3-3-8）

图 3-3-7　暖砚

图 3-3-8　飞鱼砚（带盖）

第四节　料器砚

一、琉璃砚

琉璃砚，狭义的料器砚，生产约始于元末明初（14 世纪中叶）。料器制作工艺是明清时代普遍使用的工艺品制作工艺之一。料器以一种熔点较低的玻璃为原料制作，最早由西域地区（今中国新疆及中亚地区）传入。山东博山的料器制作已十分繁荣兴盛，目前仍有琉璃砚作为工艺品生产。（图 3-4-1）

琉璃砚过于硬滑，不能下墨、发墨，主要用来珍赏把玩，无实用价值。

图 3-4-1　荷塘月色砚

二、玻璃砚

以玻璃制砚，主要用来把玩收藏。徐珂编撰《清稗类钞》：“朱竹垞（朱彝尊）有玻璃砚一方，大仅如小儿手掌，四缘刻铭识殆遍，俱镶以金，底边隐隐似水纹，盖钱牧斋之物也。”

清代是中国古代玻璃器发展史上最辉煌的时期，康熙三十五年（1696），清宫设立皇家玻璃厂，即养心殿造办处玻璃厂。雍正朝制作的玻璃品种有单色玻璃、珐琅彩玻璃、套玻璃、刻花玻璃和描金玻璃等数种。雅昌艺术网曾拍过一方清雍正鹦鹉玻璃砚，为单色玻璃，是传世雍正朝玻璃器中的杰作。（图 3-4-2）

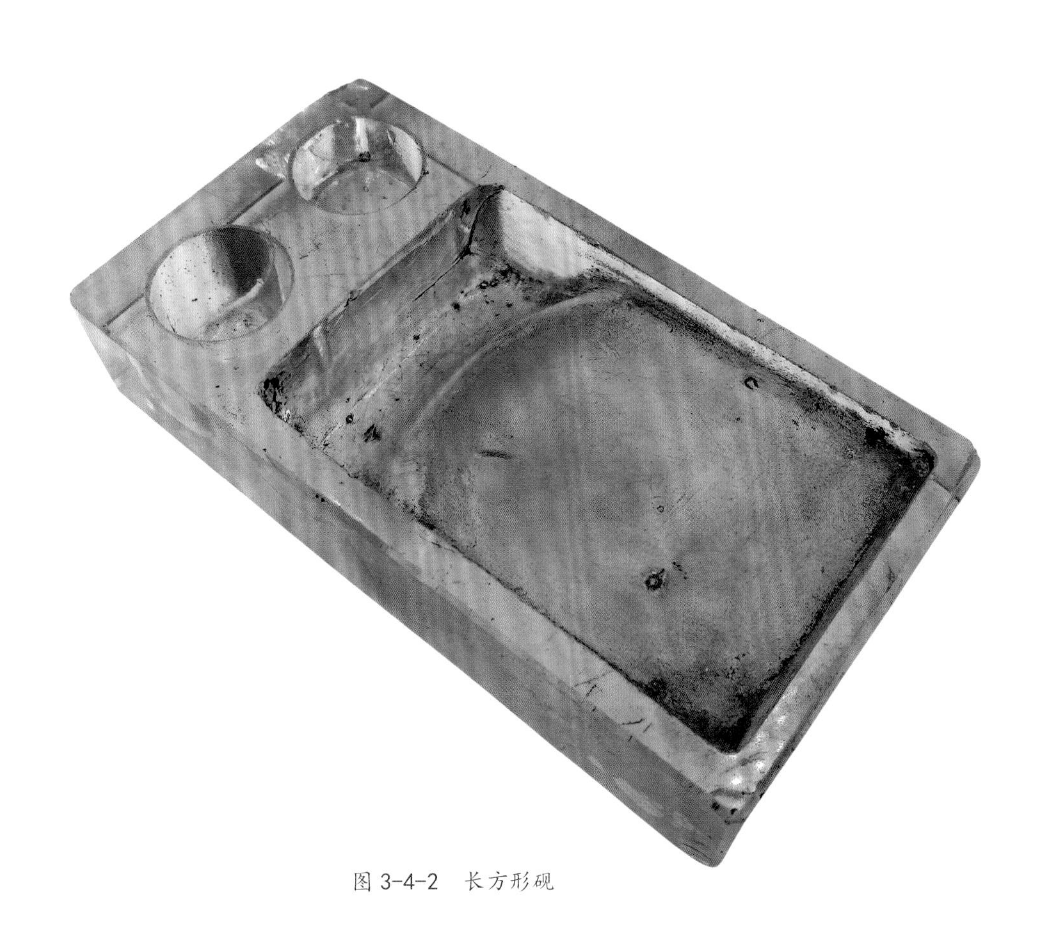

图 3-4-2　长方形砚

第五节　宝石砚

一、翡翠砚

翡翠属高档宝玉石，虽然传入我国的历史较短，但人们对其喜爱和珍视的程度却一点也不比白玉差。由于翡翠质硬理滑，用来制砚并不能下墨、发墨，故其象征意义大于实际意义，观赏和收藏价值完全取代了实用价值。（图 3-5-1）

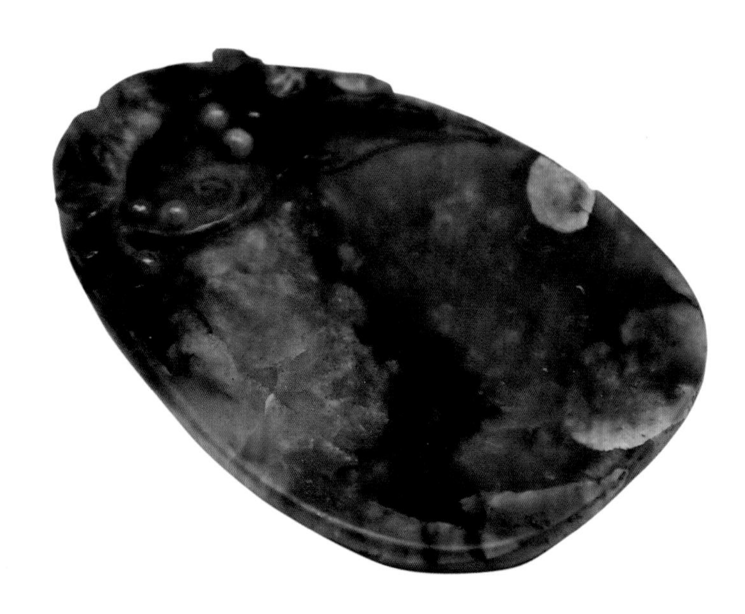

图 3-5-1　葡萄满园砚

二、玛瑙砚

玛瑙砚出产甚少，在砚谱上也记载不多。其一为材质本身过于高贵，加工成砚台成本太高；其二为玛瑙的质地太硬，对加工的要求太高。所以，玛瑙砚成了达官贵族显示自己身份的象征。玛瑙以二氧化硅（SiO_2）为主，硬度为摩氏 7 度至 7.5 度，形成大约在 1 亿年以前。玛瑙以其色彩丰富、美丽多姿，而被当作宝石或用以制作工艺制品。玛瑙砚质地坚硬，适用于研朱作画，或作眉砚。（图 3-5-2）

图 3-5-2　旭日东升砚

三、青金石砚

青金石的主要产地有阿富汗、智利、俄罗斯、加拿大等国，中国至今未发现青金石矿床。青金石既可作玉雕，又可制首饰。青金石制砚历史不详，今天所见最早的是清代青金石砚屏、砚台。其实用价值不大，可研朱砂或作笔掭。（图 3-5-3、图 3-5-4）

图 3-5-3　如意砚

图 3-5-4　云月砚

四、孔雀石砚

孔雀石原产于巴西，是一种脆弱但漂亮的石头，有“妻子幸福”的寓意。绿的孔雀石，虽然不具备珠宝的光泽，却有一种独一无二的高雅气质。孔雀石是一种含铜碳盐的蚀变产物，常作为铜矿的伴生产物。硬度为摩氏 3.5 度至 4.5 度，适合制砚。中国的孔雀石主要产于广东阳春、湖北大冶和赣西北。孔雀石又被称作“蓝宝翡翠”“翡翠蓝宝”“蓝玉髓”。（图 3-5-5）

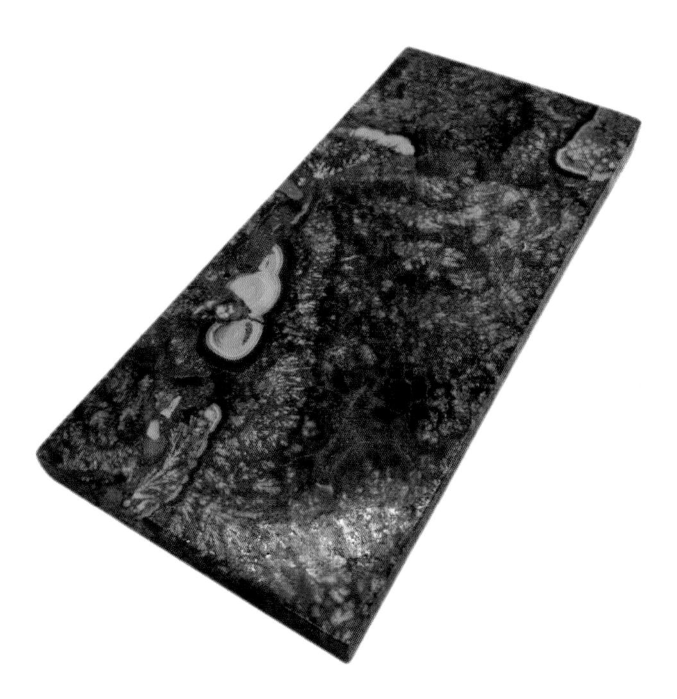

图 3-5-5　孔雀石砚板

五、水晶砚

水晶砚，历史悠久，宋代米芾在其《砚史》中云:“信州水晶砚，于它砚磨汁倾入用。”宋代李之彦《砚谱》载：“丁恕有水精砚，大才四寸许，为风字样，用墨即不出光，发墨如歙石。”《天津艺术博物馆藏砚集》中收有“近代长方水晶砚”一方。民国马丕绪《砚林脞录》中说:“宋代有水晶砚，福建有水晶砚石。”水晶，宝石之一，古称“水精”“水玉”“白附”“千年水”“黎难”，又称“赤石英”“紫石英”“青石英”，因其为透明晶体，故常呼之“水晶”。清代乾隆皇帝颇嗜砚台，然而从其内府所制《西清砚谱》巨著中，尚未见宫中藏有水晶砚。现以水晶制砚，因其材源少，硬度大，雕作难，代价高，其多制作为工艺品，主要用来把玩收藏，故将其真正雕作砚台极为罕见。（图 3-5-6 至图 3-5-8）

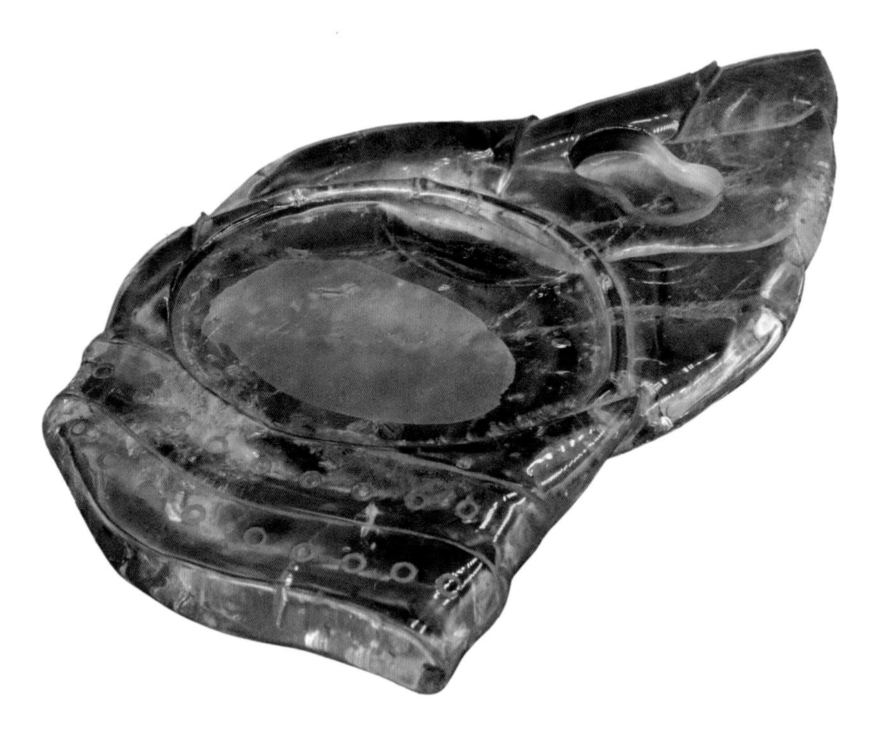

图 3-5-6　节节高升砚

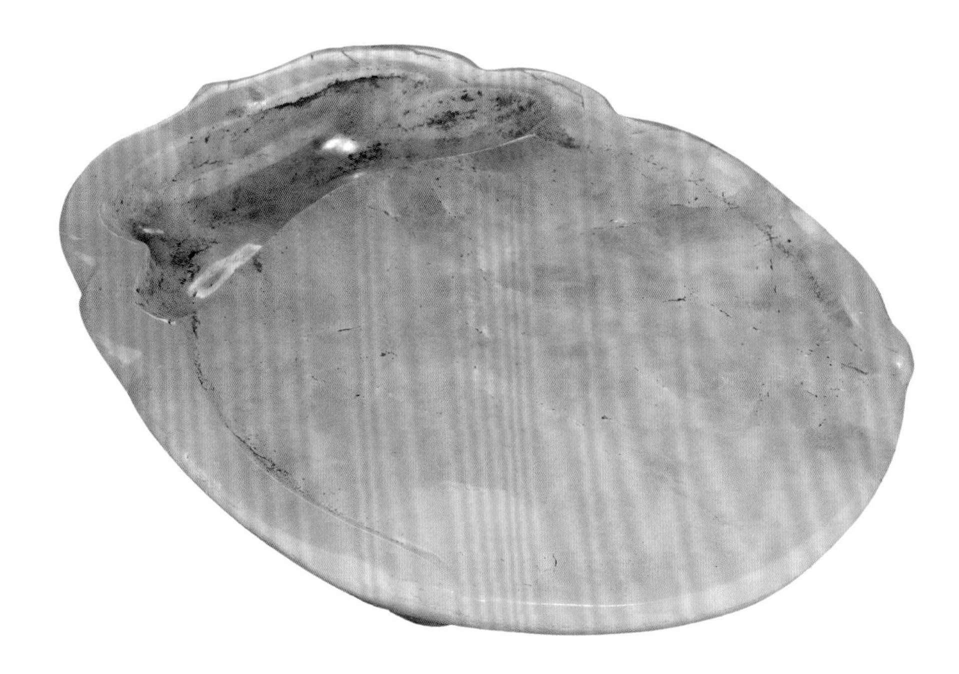

图 3-5-7　蝉形砚

图 3-5-8　卧牛砚

第六节　化石砚

凡矿坑明确的，如菊花石砚、角石砚等，已列入石砚。此处所说化石砚，指矿坑不明的化石砚。

一、木化石砚

木化石，即硅化玉、硅化木或木化玉。《曝书亭集》第十五册，有朱彝尊为木化石砚作的铭文。石树，产于浙江省台州临海市海水中。该石是一种树木化石，色白，《素园石谱》有记载。唐代郑遂《洽闻记》："永昌年中，台州司马孟诜奏：临海水下，冯义得石连理树三株，皆白石。"（图3-6-1）

清代高兆铭化石砚，以距今4亿年以前奥陶纪的生物化石为原料，砚背的中部白色的笋状物即是。这类石质温润细腻，古来有琢其为砚的传统。长方门字形，砚堂平坦，剔地阳镌勾云纹，墨池凹下，池中剔地一丝不苟，脊线分明，运刀秀挺，非俗工所能为。此砚侧有铭："其色温润，其制古朴……永宜宝之，书香是托。"落款："康熙丙申（1716）固斋高兆。"

乾隆钦点的《西清砚谱》中曾有一方元代赵孟頫的木化石砚，正面磨平未加雕琢可研墨，背面有乾隆御铭"松花石须千年"和赵孟頫铭"较端溪为胜，作砚甚宜"。可见木化石发墨不亚于端石，有很好的实用价值。

图 3-6-1　松鹤图砚

二、贝壳化石砚

贝壳化石是距今 1.8 亿年晚三叠纪的产物，系海洋软体动物死后，其贝壳胶结成岩石所至，学名“贝壳灰岩”。贝壳化石全球均有分布。四川、重庆境内长江两岸也多见，因为晚三叠纪时这里曾是一片汪洋。贝壳化石质地坚密，化石形成的图案妙趣天成，色彩斑斓，成砚别有一番情趣。贝壳化石砚至少不晚于元明，且在川渝较常见。现有许多人将其制作成工艺品，重庆城口甚至有居民用其作砖垒房。贝壳化石砚在重庆、自贡、成都市场上也有见到。（图 3-6-2）

图 3-6-2　龟背砚

三、海百合茎化石砚

海百合化石形成于5亿年前，因外形似百合花而得名，由萼、腕、茎和根四部分组成。这些化石大多保存在灰岩或青岩中，分布广泛而丰富，以中国西南各省为最，贵州、四川、湖北均有产出。海百合茎化石清晰明显，因色泽红如桃花、绿如翡翠、蓝如宝石而得名"七彩百合玉"，多制成工艺品，也有制成砚台等文房及印石的。（图3-6-3）

图3-6-3　海百合茎化石砚（正、背）

第七节　其他砚

一、玉石砚

玉砚是指用玉石制成的砚。除了有明确产地的和田白玉、汉白玉等外，玉制砚较多，如黄玉、青玉、碧玉、墨玉以及辽宁岫岩玉、河南南阳玉、独山玉、云南黄龙玉等。

以玉制砚，据考证始于3000多年前的商代。最早记述玉砚的文献就是西汉刘歆的《西京杂记》，其中载："汉制：天子玉几……以酒为书滴，取其不冰；以玉为砚，亦取其不冰。"宋代米芾《砚史》载："玉砚，玉出光为砚，着墨不渗，甚发墨，有光，其云磨墨处不出光者，非也。余自制成苍玉砚。"宋代李之彦《砚谱》载，许汉阳笔以白玉为管，砚乃碧玉，以玻璃为匣。玉砚历代均有生产，但比起用玉制作的其他工艺品来说，比例很小。

玉砚虽然质地细润坚实、保湿益笔，但大多数滑而不发墨，最多用来研朱砂，更多的是被历代皇室和达官显贵用来当作高雅的装饰品、高档的馈赠礼品和贵重的收藏品。玉的硬度高，雕琢比石砚困难，因此制作相对简单。玉砚现仍有生产，特别是改革开放以来，随着收藏风潮的兴起，玉砚作为艺术品进入市场，成为备受青睐、价格昂贵的收藏品。（图3-7-1至图3-7-3）

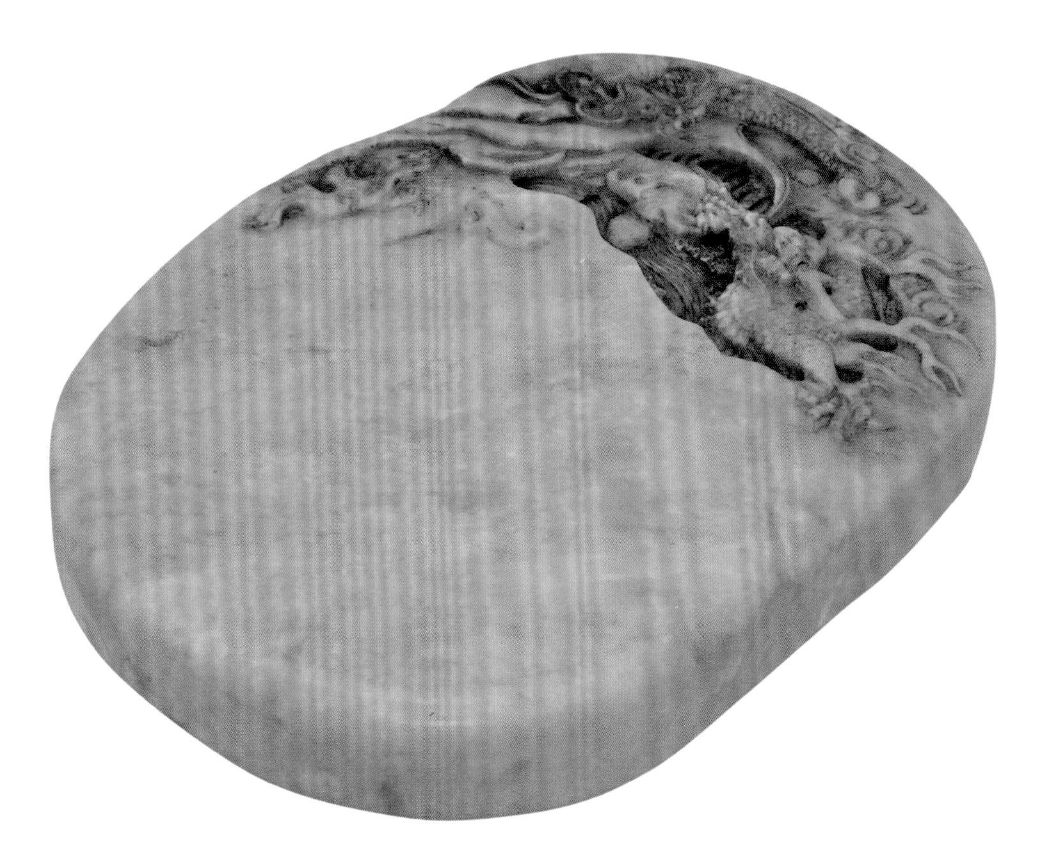

图 3-7-1　回龙湾砚

图 3-7-2　云龙墨玉砚

图 3-7-3　松鹤延年砚

二、纸砚

清人邱菽园《菽园赘谈》卷一，在谈到蔡伦改进造纸术以来民间纸制品的发展情况时，提到“贵州出纸砚，用之历久不变”。邓之诚在其《骨董琐记》卷一也说：海宁北寺巷一位姓程的人，善制纸砚，质地极佳，“色与端溪龙尾无异，且历久不敝”，颇为艺林所珍爱。这种奇特、美妙的纸砚，是以一种特制的纸为主要原料，辅以石砂、黑漆等物制成。（图 3-7-4）

图 3-7-4　纸砚

三、墨砚

墨要与比自身硬的砚合作才能研出墨汁来，墨和墨之间硬度基本相当，在以墨制成的砚上研墨则毫无意义。因此，以墨制砚，只是墨的造型上增加了一个花色品种而已。

关于墨砚，究竟是墨制的砚，还是砚形的墨，确实很难定性。用此类砚，只要往砚里加点水，用毛笔匀匀便可用；墨砚的不足之处是易干裂，水加多了，易发涨开。这种墨砚的墨，质量均属一般。目前市场上可见20世纪五六十年代生产的墨砚，屯溪老街也有制品，更多出现于各地文化市场的地摊。（图3-7-5至图3-7-7）

图3-7-5　绿墨砚

图 3-7-6　九子砚

图 3-7-7　菩提树下砚

四、象骨砚

中国名砚博览会上，曾出现一方年代久远的用大象脊椎骨制成的象骨砚，这方砚台直径20厘米，为一整块大象脊椎骨加工而成，比人造砚台更为奇巧。有关古脊椎动物所鉴定后认为，这是大象靠近尾椎部分的一块脊椎骨，距今有五六千年，虽然石化，但还没有形成化石，十分罕见。以象骨制砚的记载最早见于唐代，其观赏性要大于实用性。此外还有象牙砚。（图3-7-8）

图3-7-8　玉兔朝元砚

五、蚌砚

在魏晋皇室的御砚中，不仅有铁砚、银砚，还有蚌砚。据文献记载，魏晋有一种取河蚌为砚材的“蚌砚”。宋代李之彦《砚谱》载：“袁彖赠庾翼蜯砚。”袁彖（447—494），字伟才，小字史公，陈郡阳夏人，袁颀之侄。南北朝时期官员、诗人，仕宋、梁两朝。庾翼（305—345），字稚恭。颍川鄢陵（今河南鄢陵）人。世称小庾、庾征西、庾小征西。东晋中期将领、外戚、书法家，征西将军庾亮、晋明帝皇后庾文君之弟。蜯，即蚌。（图3-7-9、图3-7-10）

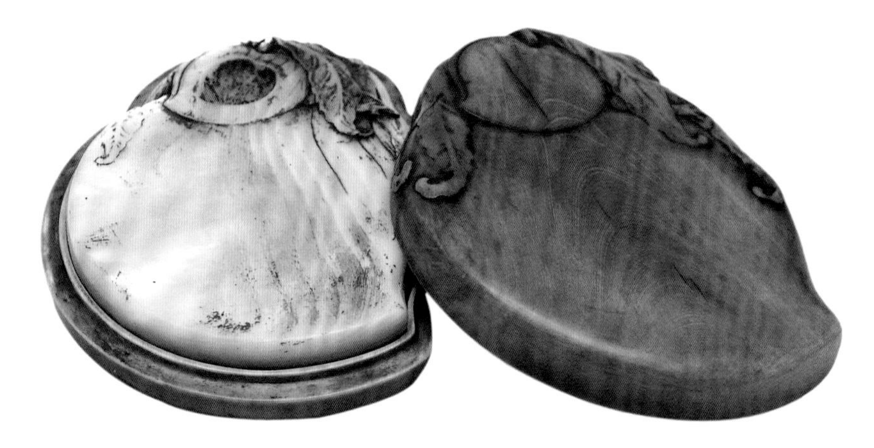

图 3-7-9　桃砚

图 3-7-10　蚌砚

六、橡胶砚

橡胶砚为日伪时期日本所制，之后被用于民间。20 世纪 50 年代左右，橡胶砚作为学生用砚，也常见使用。曾发现“泰州橡胶厂制橡胶砚”“上海全记橡胶砚”“朝阳砚”“信业”“顺德橡胶砚”等。（图 3-7-11）

图 3-7-11　学生砚

七、陨石砚

陨石是来自地球以外太阳系其他天体的碎片，绝大多数来自位于火星和木星之间的小行星，少数来自月球和火星。它们大致可分为三大类：石陨石（主要成分是硅酸盐）、铁陨石（铁镍合金）和石铁陨石（铁和硅酸盐混合物）。陨石砚未见历史文献记载，网上偶见。山东临沂陨石收藏家徐淑彬先生，在博客中首先提出尝试制作了陨石砚，目前已制作了近 30 方。（图 3-7-12、图 3-7-13）

图 3-7-12　铁陨石随形砚

图 3-7-13　天宝砚

八、树脂砚

现代有用树脂添加石灰甚至铁屑等物质制砚，谓之树脂砚。由树脂压铸翻模制作而成，饰以各种式样，或刻花纹，或置浮雕，更甚者饰以圆雕、透雕，望之栩栩，举之沉重，刮之坚硬，可批量生产，多为坊间制假之物。有黄、白色仿象牙等石砚，有灰、紫、褐色仿歙石等砚，有制作石眼仿端砚等。古玩市场多摆有这类树脂的“假货”，仔细辨别，假货与真品质地不同，表面粗糙有细孔，砚底刮屑烧之（只需烧屑），易燃，有胶焦味，可以鉴别。（图 3-7-14）

图 3-7-14　云龙纹

附录

在编辑过程中我们发现，有50余种砚台只有极简单的文字记述，无更翔实的历史资料，未见实物遗存，也没有新砚产出。个别砚种虽有产出，但名称上仍存在争议，不过毕竟是我国砚坛中的一员，故作为附录刊出，供参考。

北京市

西山灰黑石砚，具体产地不详，在北京南城出土最多，在元大都遗址也有出土，但目前尚未查到明确的文字记载，也未有新砚产出。

河北省

乌金砚，有人认为即燕畿梅山乌金石砚，清代唐秉钧著《文房肆考图说》、清代曾兴仁《砚考》和民国赵汝珍《古玩指南》均有记载，但未见历史遗存，近年已有人开发出此砚，但需进一步鉴定确认。

永平府唐山砚，光绪五年（1879）《永平府志》卷二十三载："唐山在贾家山西，孤高秀出有暖泉数十，上有姜将军庙。将军后唐时人，斩蛟有功，没，葬此山。土人建庙祀之。有张勖碑记，唐山顶上有石城，周二百余丈。相传为后唐李嗣源屯兵处，基址犹存，山之名以唐者实始于此。西南岭下有小洞，其石色黑上多金星，有大如棋子者，土人取其石作砚磨墨颇佳。"目前未见实物遗存及其他资料，也未有新砚产出。

邢石砚，宋代杜绾《云林石谱》："形（邢）州西山接太行山，山中出石，色黑，亦有峰峦奇巧，可置几案间。土人往往采以为砚，名曰'乌石'，颇发墨。又一种稍燥。苏仲恭有三砚，样制殊不俗。"目前未见实物遗存及其他资料，也未有新砚产出。

山西省

静乐紫石砚。《我国的砚石和砚石分布》一文中有如下表述："山西省以产澄泥砚著称于世，但是静乐和五台地区所产的紫石（紫石砚）、五台石（五台砚）也是很好的砚石。"目前少见实物遗存及其他资料，也未有新砚产出。

吉林省

鸭绿江石砚。浙江省平湖市博物馆有一方御赐高士奇的鸭绿江石砚（是否为鸭绿江石，尚未考证），目前未见其他实物遗存及其他资料，也未有新砚产出。

江苏省

褐黄石砚，米芾《砚史》："褐黄石理粗，发墨不渗，火煨不燥。"因煨烧工艺所致，褐黄石砚即太湖澄泥石砚。

连云港雪砚，是一种大理石砚，因产在江苏连云港，大理石又晶莹似雪，故称连云港雪砚。目前未见实物遗存及其他资料，也未有新砚产出。

太湖石函砚，宋代高似孙《砚笺》"太湖石"条引皮日休序曰："处士魏不琢买龟（应为'鼋'）头山叠石砚，高不及二寸，其刃数百，谓太湖砚。"据《中国石砚石谱》中说："产于江苏无锡与苏州之间山中，唐代时已开采使用。其石质细密，呈黑灰色，当地人多叫做石函砚。"所以应该是苏州鼋头山一带的石灰岩叠石砚。目前未见实物遗存及其他资料，也未有新砚产出。

浙江省

吴兴青石砚，产于浙江省湖州市。清代陈元龙《格致镜原》卷三十八记述吴兴的青石圆砚时云："今苕霅（吴兴的别称）间不闻有此石砚，岂昔以为珍今或不然？或无好事者发之，抑端璞徽砚即用，则此石为事所略也。"可知此砚系工匠偶尔为之，也未有新砚产出。

江山彩石砚，又称孔雀石砚，产于浙江省江山市，是一个新开发的砚种。江山彩石是江山的一种建筑石，石色青灰，满布红色雨点，像是一种人造的大理石。现今有人因其纹色美丽，用来制砚，暂名江山彩石砚。

观音石砚，又名永嘉石砚，产自浙江省温州市（温州市古称永嘉）。有观点认为观音石也是温州石砚的一种，即产自温州江北罗浮山的华严寺岩石砚。目前未见实物遗存及其他资料，也未有新砚产出。

象山石砚，民国《象山县志·物产考》载："砚石《道光志》：出交绾村山，质坚，黝，有金星如龙尾石，可为砚。《蓬山清活》录：叠石岭产石，天然匀薄，人或取以齿黑，因号为砚石，然石质粗硬，随理冰裂，不任裁斫，故非美材也。今东乡黄沙有青皮石可为砚，西乡蔡家岙亦产砚石，较各处略佳。"但目前未见有实物遗存及其他资料，也未有新砚产出。

安徽省

祁门紫石砚，产于安徽省祁门县。祁门紫石砚砚坑在安徽省祁门县大洪山的昌江，南部德兴的乐安河以及上洲和胥岭，相邻的黟县方家岭和江西省婺源县江湾镇的晓容也有分布。祁门紫石砚呈紫绛色、紫红色，有类似端砚的鱼脑冻、蕉叶白等纹理，还有的含红色鱼子。但目前未见有新砚产出。

福建省

栲栲石砚，有关栲栲石砚的记述见王文正《中国石砚石谱》："栲栲砚产于福建的富志山。"此砚石质地细腻，分为黄、红、白、紫、黑五种，以暗黑中有鹧鸪斑纹的为石玩上品，目前未见实物遗存及其他资料，也未有新砚产出。

永安砂湖石砚，永安砂湖石砚产于福建省永安县，永安砂湖石多为石灰岩。目前未见实物遗存及其他资料，也未有新砚产出。

江西省

分宜石砚，产于江西省新余市分宜县。宋代杜绾《云林石谱》记载："袁州分宜县江水中产石，一种紫色，稍坚而温润，扣之有声，纵广不过六七寸许，惜乎地远稀罕，不可常得。土人于水中采之，琢为砚，发墨宜笔。但形质稍朴，须借镌砻。"清代曾兴仁《砚考》记载："山石细润发墨。"目前未见实物遗存及其他资料，也未有新砚产出。

钟山石砚，产于江西省湖口县，石出钟山地区。钟山石形色各异，多为紫红色，属安山岩类。有关钟山石砚的记述，仅见于米芾《石钟山砚铭》。铭曰："有盗不御，探奇发瑰。攘于彭蠡，斫钟取追。有米楚狂，惟盗之隐。因山作砚，其词如陨。"钟山石砚目前未见实物遗存及其他资料，也未有新砚产出。

南安石砚，又称大余石砚，江西省大余县古称南安，故名。砚石产于赣州市大余县吉村镇。属泥质岩，石质温润朴拙，色泽明亮光艳，形状富于变化，纹理清晰细腻，在唐代已闻名遐迩。那里素来爱石者众，多用此石制作砚台、石壶等工艺品，目前未见实物遗存及其他资料，也未有新砚产出。

信州水晶砚，宋代米芾《砚史》中云：“信州水晶砚，于他砚磨汁倾入用。”信州水晶砚目前未见实物遗存及其他资料，也未有新砚产出。

庐山青石砚，北宋米芾著《砚史》云：“庐山青石砚，大略与潭州谷山同。”庐山青石、庐山绿石，与金星砚同出一脉，应是金星砚的一种石品，现仍有产出。

山东省

褐色砚，明代高濂在《遵生八笺》中称：“他如墨角砚、红丝砚、黄玉砚、褐色砚、紫金砚、鹊金墨玉石砚，皆出山东。”据当地制砚人认为历史所载之褐色砚，应是淄砚中名彩淄的一种石品。

旋花石砚，产于山东省临朐县冶源镇老崖崮村和三阳山、赤良峪一带，当地也称红花石，是红丝石产地附近的表面石，质地较红丝石为差。间有深红色、灰黄色的纹理，盘旋缭绕，也可制作砚台。现多以红丝砚名义销售。故应属红丝砚的一种石品。

湖北省

归州绿石砚，米芾在《砚史》里称：“归州绿石砚，理有风涛之象，纹头紧慢不等，治难平，得墨快，渗墨无光彩，色绿可爱，如贲色，澹如水苍玉。”但未见有实物存世，今亦未闻有产出。也有人认为归州绿石砚就是大沱石砚。

龙马金花砚，据《归州志·物产》载：“龙马石产龙马溪中，其色黑，上有金花，可为砚及屏、磬之类。”据有关资料称，明代当地新滩镇上的石匠便利用龙马石雕刻各种工艺品，到了清代，出现了“龙马金花砚”，但目前未见有实物遗存及其他资料，也未有新砚产出。

墨玉砚，清代赵希鹄的《洞天清录》中这样记载：“墨玉砚，荆襄鄂渚之间，有团块墨玉璞并与端溪下岩黑卵石同，而坚缜过之，正堪作砚，虽不如玉器出光，留其锋耳。但黑中有白玉相间，甚者阔寸，许玉石谓之‘间玉玛瑙’，其白处又极坚硬。拒墨，若用纯黑处为砚，当在端溪下岩之次，龙尾旧坑之上。”但目前未见有实物遗存及其他资料，也未有新砚产出。

湖南省

辰州石砚，产于今湖南省沅陵、麻阳一带，因这里古称辰州，砚因地得名。高似孙《砚笺》称为“沅石砚”。清赵汝珍《古玩指南》：“湖南省辰州属沅州，产石，色深黑，质粗糙，或有小眼。二州人自制者，多作犀牛、龟、鱼、八角等式样。端溪市侩贩归，刻作端石式样称为黑端，以售于过往士商官宦。”但目前未见有实物遗存及其他资料，也未有新砚产出。

洮石砚，清赵汝珍《古玩指南》载：“洮石砚出自湖南长沙，色绿，故又名绿石砚。虽细润，但不受墨。”此洮石砚并非甘肃的洮河石砚，亦无甘肃洮河石之优异石质。有人认为洮石砚即谷山砚，亦待商榷。目前未见有实物遗存及其他资料，也未有新砚产出。

龙牙石砚，杜绾《云林石谱》载：“潭州宁乡石，产水中或山间，斫而出之，多龙牙，色紫稍润，堪治为研，亦发墨，土人颇重之。”但目前未见有实物遗存及其他资料，也未有新砚产出。

圭峰石砚，据曾兴仁《砚考》载，圭峰石“色多青，细润，刻砚多花饰，长沙人取端砚样仿制。识者称为潭州石，不知者，呼为澄泥砚，有加鸲鹆眼伪为端砚者”。但目前未见有实物遗存及其他资料，也未有新砚产出。

祈阇山禹余粮砚，禹余粮即木鱼石，俗称凤凰蛋、还魂石、太一余粮，石出常德市祈阇山，故名。该石呈紫黑色，外形古朴，内中空空，与浙江仙居木鱼石相似，但石内腔粗糙不平，剖开后可为墨海、笔洗等墨汁容器和洗笔用具，但不能磨墨。目前未见有实物遗存及其他资料，也未有新砚产出。

文家市砂石砚，《中国砚研究》一书称：“砚石产河床中，浅绿色，肌理温润，下墨、发墨均好。”但目前未见有实物遗存及其他资料，也未有新砚产出。

灌浮石砚，产于湖南省沅陵县，因山峦起伏如书页又称万卷岩。灌浮石表面淡青色，内深紫而带红，或有金线及黄脉相间者，名紫袍金带。有的面上还有非常清晰的图案花纹，像是先秦的文字符号。此石奇特之处在于其一层层地生长在岩壁前，每揭下一片放进水里不会马上沉没，而是在水上漂浮一阵后方慢慢沉下，因为这个缘故，当地人将这种石头称为浮石。但目前未见有实物遗存及其他资料，也未有新砚产出。

湘乡石砚 ，曾兴仁《砚考》中载：“湘乡石，猪肝色，细润发墨，不亚端溪水岩。”有观点认为湘乡石砚即溪砚。

蔡子池青石砚，曾兴仁《砚考》载：“蔡子池南深石穴中产青石，可制砚。”蔡子池位于耒阳，相传为东汉蔡伦造纸时浸洗麻头、破布、树皮的池子，面积约133平方千米，四周用麻条石砌成。正中东西向筑石桥一座，分成南北二池。但目前未见有实物遗存及其他资料，也未有新砚产出。

重庆市

夔州石砚，产于古夔州，即今重庆奉节、云阳一带。又因色为深黑，也称为夔州黔石砚，是四川历史名砚之一。据《砚林脞录》载，夔州石砚始于宋代，“色黑理干，间有墨点，如墨玉光，发墨不乏”。北宋米芾《砚石》中亦称夔州黔石砚“色黑、理干、发墨”。但目前未见有实物遗存及其他资料，也未有新砚产出。

四川省

滹州石砚，产于四川泸州，故称“泸州石砚”。泸州石砚暗黑、受墨，可与万州县金崖石砚比美。据《砚材脞录》记载，滹州石砚始于宋代。但目前未见有实物遗存及其他资料，也未有新砚产出。

平武砚，砚石产于四川省绵阳市平武县豆叩镇砚石村。但目前未见有实物遗存及其他资料，也未有新砚产出。

灌县尤溪石砚，据《四川通志》载：“尤溪石，灌县……坚细可作砚。”但目前未见有实物遗存及其他资料，也未有新砚产出。

天波砚，产于四川省川南地区珙县。其西郊河水或滩高水急，或清澈见底，中多奇石，称天波石，可制砚。但目前未见有实物遗存及其他资料，也未有新砚产出。

云南省

宜良金星石砚，有资料记载，云南省宜良县涌金山出产金星石，有少量遗存实物，但未闻有新砚产出。

武定狮山石砚，产地不详，只闻旧时其石与石屏紫石和大理点苍石共称“滇中三石”，有人曾采此石做砚。但目前未见有实物遗存及其他资料，也未有新砚产出。

陕西省

丹石砚，产于陕西省延安市，高似孙的《砚笺》云：“丹石砚，唐林父遗予丹石砚，粲然如芙蕖之出水，杀墨而宜笔，尽砚之美。唐氏谱天下砚，而独不知兹石之所出，余盖知之。”并收录了苏轼《丹石砚铭并叙》铭曰：“彤池紫渊，出日所浴，蒸为赤霓，以贯旸谷，是生斯珍，非石非玉。因材制用，璧水环复。耕予中洲，我艺元粟。投粒则获，不炊而熟。元丰壬戌之春东坡题。”曾兴仁《砚考》则载：“丹石砚，可研丹，扣之无声，发墨。”目前未见有实物遗存及其他资料，也未有新砚产出。

南郑金星石砚，在《我国的砚石和砚石分布》一文中有如下记述:“陕西只产一种砚石，叫金星石（金星砚），出自汉中市南郑区云台山。”目前未见有实物遗存及其他资料，也未有新砚产出。

甘肃省

通远军漉石砚，是产于甘肃省陇西一带的古代砚种，也称通远军砚。宋代杜绾《云林石谱》巩石条云：“巩州（今陇西县一带）旧名通远军，西门寨石产深土中，一种色绿而有纹，目为水波，斫为研，颇温润，发墨宜笔。”米芾《砚史》中《通远军漉石砚》也说：“石理涩，可砺刃，绿色如朝衣，深者亦可爱，又则水波纹，间有黑小点，土人谓之湔墨点……其中者甚佳，在洮河绿石上……亦有赤紫石，色斑，为砚，发墨过于绿者……又有黑者……亦可作砚，而坚不发黑。”可见，通远军漉石砚在宋代是实实在在地存在着，而且从以上的文字中，我们似乎觉得通远军漉石砚与洮河砚有着太多的相似之处。如色绿而有纹，目为水波，间有黑小点，土人谓之湔墨点。因此，今人更多地理解为指的是洮砚。只不过二者产地相距甚远，不可能为同一矿脉，亦可能古人记载地名有误。遗憾的是此砚宋以后没有文字记录，目前也没见到实物，故无法加以考证。

栗冈石砚，唐代大诗人李白《殷十一赠栗冈砚》诗曰："殷侯三玄士，赠我栗冈砚。洒染中山毫，光映吴门练。天寒水不冻，日用心不倦。携此临墨池，还如对君面。"栗冈石砚与栗亭砚、栗玉砚有何关系，不得而知。目前未见有实物遗存及其他资料，也未有新砚产出。

甘肃省合水县板桥乡出砚，称板桥砚，相传由郑板桥集砚石而得名。砚石细而不腻，柔而不滑，古代曾为贡品。目前未见有实物遗存及其他资料，也未有新砚产出。

滩哥石砚，宋代高似孙《砚笺》记载："滩哥石砚，神龙改元，天竺僧示滩哥石砚。王夔西人，习知西州，言滩哥石黳黑，在积石军西。"据传高似孙记载的这方滩哥石砚，由唐及宋、元，几经战乱，未曾丢失，直到明朝初年经水路运抵南京，明太祖朱元璋非常喜欢，置文华殿使用。宋濂对此砚非常熟悉，明洪武十一年（1377）奉旨写下《滩哥石砚歌》，其中有句："朱君嗜古米黼同，三代彝器藏心胸。滩哥古砚近获见，惊喜奚翅逢黄琮。"据宋濂介绍，此砚长约 4 尺，宽约 3 尺，雕工精良，但明以后，这方巨砚下落不明。应是砚名，而非砚种。

宁石砚，产于宁州，即今甘肃省庆阳市宁县。宋代高似孙《砚笺》卷三记有宁石砚，不知所据。此后明高濂《遵生八笺》沿用高说。目前未见有实物遗存及其他资料，也未有新砚产出。

霍兰石砚，曾兴仁《砚考》载："甘肃（霍兰石），质细，多眼，发墨。"霍兰石砚同贺兰石砚音相近，且石细多眼，也与贺兰砚相似，是否是《砚考》的误写，有待进一步研究。目前未见有实物遗存及其他资料，也未有新砚产出。

空青石砚，产于甘肃省。《甘肃通志》仅载："柔腻，润泽，色翠绿，发墨良。"目前未见有实物遗存及其他资料，也未有新砚产出。

台湾地区

福德砚，产于台北市。这里的福德坑山，又名鸢山，位于台北市三峡镇西北部，濒临大汉溪，为台湾小百岳之一，产一种砚石叫"福德石"，可制砚。目前未见有实物遗存及其他资料，也未有新砚产出。

参考文献

1. 刘红军著．《砚台博览》[M]. 香港：华人国际新闻出版集团，2010 年 4 月．

2. 关键著．《中国名砚·地方砚》[M]. 长沙：湖南美术出版社，2010 年 9 月．

3. 孙文芳著．《中国名砚览胜》[M]. 北京：中华书局，2006 年 1 月．

4. 李尧著．《石砚鉴定》[M]. 福州：福建美术出版社，2011 年 10 月．

5. 桑行之等．《说砚》[M]. 上海：上海科技教育出版社，1994 年 10 月．

6. 米芾，高似孙等．《砚史 砚谱》[M]. 北京：中国书店，2014 年 1 月．

7. 啸石楼，一壶等．《中国砚石别品资料》[OL]. 中国文房天下网．

8. 张建主编．《鲁砚鉴赏》[M]. 北京：燕山出版社，2013 年 1 月．

9. 马丕绪著．《砚林脞录》[M]. 北京：中国书店，1992 年 2 月．

10. 陈东升，李文德编著．《青州红丝砚谱》[M]. 济南：济南出版社，2014 年 6 月．

11. 谌歆羽，戴聿著．《湘砚探源》[M]. 长沙：湖南美术出版社，2018 年 1 月．

12. 史杰民著．《砚林漫步》[M]. 济南：山东美术出版社，2014 年 12 月．

13. 傅绍祥著．《红丝砚》[M]. 潍坊市新闻出版局，2005 年 1 月．

14. 王玉明著．《洮砚的鉴别与欣赏》[M]. 兰州：甘肃人民美术出版社，2014 年 7 月．

15. 上海博物馆编．《惟砚作田》[M]. 上海：上海书画出版社，2015 年 7 月．

16. 赵汝珍著．《古玩指南》[M]. 青岛：青岛出版社，2008 年 1 月．

17. 刘克唐著．《鲁砚的鉴别和欣赏》[M]. 武汉：湖北美术出版社，2003 年 6 月．

18. 刘祖林．《中国松花砚》 [M] 长春：吉林美术出版社，2014 年 10 月．

19. 胡中泰．《歙砚》 [M] 北京：中国友谊出版公司，2015 年 10 月．

20. 刘演良．《端砚》 [M] 北京：中国友谊出版公司，2015 年 10 月．

后 记

中华炎黄文化研究会砚文化工作委员会原名誉会长刘红军先生一直有个心愿，即组织编写一部能全面系统介绍中国各地各类砚台的《中国砚台大全》，以填补中华砚文化的空白。他于2010年编写出版了《砚台博览》，书中介绍了80余个砚种。随着对砚台文化研究的不断深入，他感到还有许多需补充完善的地方。于是在组织编撰《中华砚文化汇典》时，确定把《众砚争辉》这一分册作为《砚种卷》的开篇，集中反映全国各砚种基本情况，起到纲领和索引作用。

此书正文由四大名砚、各地砚种、其他材质砚三部分组成，其中各地砚种按国家行政区域划分排序。正文加附录共收集了200余个砚种，图片400余张。对于只有文字记载没有实物的砚种，在附录中作了说明。

这10年中，我们查阅了大量文献资料，深入多地考察调研，多方收集砚台图片，广泛征求意见建议。经过多年努力，此书终于成稿。这里要衷心感谢张汉荣同志为此书的初稿做了大量文案工作，奠定了扎实的基础，感谢广大砚界朋友的指导帮助，感谢为本书提供大量精美砚台图片的各砚种传承人、收藏家、专家学者，特别是王文海、陈良等砚种收藏家，提供了本书大部分小砚种图片，使得书稿更加丰富多彩。此书在出版过程中，天津唐承文化发展有限公司魏建新先生给予了大力资助，在此一并表示感谢。

由于我们能力所限，对有些砚种历史渊源、现实状况等介绍还有不完整、不严谨的地方，一些砚台图片的甄别也可能不够准确，有的还不完全能够反映该砚种的石纹花色和雕刻风格。希望广大砚文化工作者继续努力，在此基础上有更准确、更全面的著述面世，也希望广大读者理解包容、批评指正，不吝赐教。

编者

2019年10月

图书在版编目（CIP）数据

中华砚文化汇典. 砚种卷. 众砚争辉 / 关键，张翔著. -- 北京 ：人民美术出版社，2021.3
ISBN 978-7-102-08092-5

Ⅰ. ①中… Ⅱ. ①关… ②张… ③张… Ⅲ. ①砚－文化－中国 Ⅳ. ①TS951.28

中国版本图书馆CIP数据核字(2020)第088628号

中华砚文化汇典·砚种卷·众砚争辉

ZHONGHUA YAN WENHUA HUIDIAN · YANZHONGJUAN · ZHONGYAN ZHENGHUI

编辑出版　人民美術出版社
（北京市朝阳区东三环南路甲3号　邮编：100022）
http://www.renmei.com.cn
发行部：（010）67517602
网购部：（010）67517743

责任编辑　邹依庆　范　炜
装帧设计　翟英东
责任校对　魏平远
责任印制　夏　婧
制　　版　朝花制版中心
印　　刷　鑫艺佳利（天津）印刷有限公司
经　　销　全国新华书店

版　次：2021年6月　第1版
印　次：2021年6月　第1次印刷
开　本：889mm×1194mm　1/16
印　张：26
ISBN 978-7-102-08092-5
定　价：368.00元